华为智能计算技术丛书

HUAWEI

毕昇编译器
原理与实践

华保健　高耀清 ◎ 编著

清华大学出版社
北京

内 容 简 介

本书详细讨论了毕昇编译器的设计原理与实现,深入介绍了现代编译器设计和实践。全书共 8 章,包括编译器概述,鲲鹏处理器,编译器前端的词法分析、语法分析和语义分析,编译器中端的中间表示、中间代码生成、中间代码优化、静态单赋值形式等,编译器后端的指令选择、指令调度、寄存器分配等内容。本书重点讨论了毕昇编译器中使用的先进编译优化技术,如循环优化、自动向量化、多级存储优化和反馈式优化等,并讨论了基于 AI 的编译器自动调优等内容。为方便读者学习和掌握相关内容,书中每章都给出了可以继续深入学习的文献,并给出了丰富的习题供读者练习。

通过阅读本书,读者可以深入理解编译器设计的基本原理和实践技术、鲲鹏指令集体系结构、毕昇编译器的优化技术等内容,从而为将来从事编译器理论深入研究和工程实践打下坚实的基础。

本书可作为高等院校、科研机构等相关单位从事编译原理教学和科研的教师或研究人员的参考书,也可作为高等院校信息与计算机科学、软件工程等相关专业的本科生、研究生学习编译原理的教材或参考书,还可供对编译原理和实践等领域感兴趣的工程技术人员参考使用。

图书在版编目(CIP)数据

毕昇编译器原理与实践/华保健,高耀清编著. —北京:清华大学出版社,2022.10(2025.3重印)
(华为智能计算技术丛书)
ISBN 978-7-302-61985-7

Ⅰ. ①毕… Ⅱ. ①华… ②高… Ⅲ. ①编译程序-研究 Ⅳ. ①TP314

中国版本图书馆 CIP 数据核字(2022)第 191089 号

责任编辑:刘 星
封面设计:刘 键
责任校对:申晓焕
责任印制:丛怀宇

出版发行:清华大学出版社
 网 址:https://www.tup.com.cn, https://www.wqxuetang.com
 地 址:北京清华大学学研大厦 A 座 邮 编:100084
 社 总 机:010-83470000 邮 购:010-62786544
 投稿与读者服务:010-62776969, c-service@tup.tsinghua.edu.cn
 质量反馈:010-62772015, zhiliang@tup.tsinghua.edu.cn
 课件下载:https://www.tup.com.cn, 010-83470236
印 装 者:三河市君旺印务有限公司
经 销:全国新华书店
开 本:186mm×240mm 印 张:17.25 字 数:398 千字
版 次:2022 年 11 月第 1 版 印 次:2025 年 3 月第 5 次印刷
印 数:3401~3900
定 价:79.00 元

产品编号:093878-01

FOREWORD
序　　一

  随着 5G、云计算、大数据、IoT 等技术的不断应用，万物互联带来了海量多样性的数据。数据的流动驱动了计算架构的深刻变化，云数据中心承载海量数据的分析、处理和存储，并且形成中心训练和边缘推理的云边协同，这些趋势预示着多样性算力时代的到来。

  作为系统核心软件的编译器，向上承载着多种高级编程语言，向下连接着芯片指令集，是连接应用软件与芯片的纽带。在多样性算力百花齐放的时代，如何尽量保证多种设备共语言、共代码，在提高开发效率的同时提供高性能，是编译技术面临的新挑战。近十年来，编译器领域发生了几个重要的变化：首先，高度模块化、具备高可重用性和友好协议的编译器在工业界和学术界的影响越来越大，逐渐形成了良好的编译器软件生态；其次，随着多样性算力的普及，以及芯片迭代的加速，编译技术的重心越来越偏向针对微架构的优化，以释放芯片的算力；最后，伴随着深度学习技术的进展，编译领域中一些老问题，有了新的尝试思路。

  华为毕昇编译器针对鲲鹏架构做了大量深度优化，并集成了基于深度学习的自动调优机制。毕昇编译器支持多语言、多后端，同时支持多算力之间的协同优化，以实现计算产业编译器扎到根、打造多样性算力协同核心竞争力为目标。本书基于毕昇编译器，对前端、中端、后端的原理和算法进行了全面的介绍。除此之外，本书还有以下特点：一方面，详细介绍了当前广泛应用的 ARM 指令集，将基于 ARM 指令集的鲲鹏架构优化贯穿于整本书中，具有很强的实用性；另一方面，剖析了大量毕昇编译器基于经典编译技术进行算法优化改进的案例，并给出了非常详尽的说明，使读者在学习编译理论的同时，能够了解工程实践与理论的差异，有助于引导感兴趣的读者思考和发现问题，以便更好地学习和优化。

  相信这本书可以为编译器及相关领域的人才培养提供有力的支持！

郑纬民

中国工程院院士/清华大学教授

2022 年 6 月

FOREWORD
序　二

　　近年来，随着云计算、物联网、人工智能、5G 等新技术的不断普及，万物互联、万物感知和万物智能的智能社会正加速到来，由算力、算法和数据等组成的计算产业体系正成为智能社会发展最关键的基础设施，而基础软件作为计算产业的根技术，助力计算产业快速地向前发展。

　　编译器作为计算机科学中基础软件的经典研究领域，能够跨越人机交流鸿沟，将人类易懂的高级语言翻译成硬件执行的机器语言。早在 1966 年 Alan Jay Perlis 就因其在高级程序设计技术和编译器技术方面的突出贡献而成为首届图灵奖得主，此后又有多位学者因其在编译领域的贡献而获得图灵奖，编译器领域自此也成为图灵奖得主较多的领域之一。编译技术被称为计算机科学皇冠上的一颗明珠，它既可以向上帮助应用开发者加速编程产能，实现高效编程，节省开发时间，又能够向下使能多样化硬件极致性能，强化芯片竞争力。作为基础软件核心之一的编译器，也是驱动计算产业发展的关键力量。

　　作为计算产业基础软件中核心的一环，在面对计算产业不断涌现出的新兴应用、新兴场景时，编译器也在编译优化、芯片支持、软硬协同等诸多方面不断进行技术创新，以满足这些计算产业不同场景（如 HPC、大数据、金融）的诉求。但是，随着摩尔定律放缓和登纳德缩放定律接近终结，编译器性能持续提升也面临着巨大的挑战。首先是单算力编译优化难题，通用处理器从单核到多核，发展到如今的大小多核，芯片技术架构的不断创新需要依赖编译器技术去解决包括大小核并行、多维架构优化、内存墙等诸多制约高性能处理器性能发挥的瓶颈问题。其次是多样算力的协同优化困难，不同算力往往使用不同的编译器，缺乏通用的编译能力，给开发者带来较高的开发调试成本，同时不同算力独立编译及优化，缺少算力间的协同，无法充分发挥系统的整体性能。如何实现统一编译、支持多样算力协同及代码融合优化，将算力有效转化为生产力，是编译器面临的新的关键挑战。

　　面对这些挑战，华为已持续投入海内外专家对编译器进行相关的基础技术研究与探索，并针对计算产业的算力极致发挥提供整体解决方案。为此，华为在 2020 年的全联接大会上发布鲲鹏全栈解决方案，毕昇编译器作为计算产业鲲鹏原生编译器首次发布，2021年持续发布毕昇编译器支持多算力编程和编译，释放计算鲲鹏＋昇腾＋XPU 等多算力极致性能。

　　在算力极致发挥的解决方案中，毕昇编译器作为上层应用和底层硬件的桥梁，起到承上启下的核心作用。毕昇编译器是华为自主研发的一款高性能商用编译器，它具备通用性、高性能和场景适应性特征。不同场景下根据性能、精度和安全等特性诉求，可以发布毕昇不同的部署形态，提供最优解决方案。

在计算产业中，毕昇编译器主要具备几大关键特征：

（1）毕昇编译器满足多算力支持，既支持鲲鹏＋昇腾＋XPU的多算力协同优化，又支持单算力的极致性能优化，可根据不同场景的性能目标，满足多场景需求，实现统一架构。

（2）作为鲲鹏原生编译器，通过架构无关通用编译优化技术和鲲鹏芯片的协同，实现毕昇编译器超行业开源绝对的性能领先和鲲鹏架构竞争力领先。

（3）多语言（C/C++/FORTRAN/领域定制语言……）支持，多后端支持（鲲鹏/昇腾/x86/RISC－V……），实现一套代码多形态部署，提供安全可信的编译器解决方案。

未来，毕昇编译器会在编译传统优化技术、多算力编程和编译以及新型的编译技术等方向持续演进，为开发者提供更好的编程编译体验，释放多算力异构架构下的极致算力。

随着编译器版本的逐步演进，毕昇编译器提供了很多核心特性，如内存和循环优化，这类架构无关的优化特性极大地提升了其性能，并能够在多架构上复用；Autotuner基于AI的迭代调优，能够快速帮助获得程序的最优性能路径以及关键性能特征；指令预取关键特性，既解决当代鲲鹏上的关键性能瓶颈，又通过软硬件协同提供新的指令集解决方案，为更优的下一代鲲鹏设计提供关键硬件特性；精度优化模型，实现鲲鹏算法精度问题快速向标准目标收敛；在昇腾上，突破主尾块分离、多级预取等关键技术，来提升算力计算的流水并行度；在多算力方面，毕昇编译器同时支持鲲鹏＋昇腾的语言表达，实现鲲鹏＋昇腾同时开发，通过跨算力间的协同优化，实现鲲鹏＋昇腾上最优算力调度……通过打造一系列关键特性，毕昇编译器在芯片评测模型Spec2017上，其实现性能超越开源GCC 25%以上，是鲲鹏竞争力发挥的关键要素之一，同时昇腾上支持关键模型比拼持续保证竞争力，并在计算多样性算力编程和编译上，将持续给毕昇使用者带来惊喜。

本书在全面介绍经典编译器理论的同时去繁化简，着重于现代编译技术的讲解，向开发者展示了毕昇编译器作为一款现代编译器商用开发的具体实践，帮助读者更好地融会贯通。比如在中端优化部分，作者就以内存硬件速度增长与CPU速度增长的不匹配为切入点，通过实例介绍了毕昇编译器是如何巧妙地运用循环优化、多级存储优化等技术来提高程序局部性能，从而减少了访存开销对性能的影响，向读者展现了计算机技术作为一门应用学科的魅力。本书还详细描述了鲲鹏处理器的设计创新，提醒读者软硬件从来不是割裂的，编译器开发者只有对体系结构知识有清晰的认知，才能真正构筑好这座连接软硬件的桥梁。

作为华为第一本介绍编译器的书籍，本书除了能让开发者掌握编译器的通用原理外，也能让开发者了解如何结合华为的鲲鹏、昇腾芯片，快速地进行编译优化。希望编译器从业者、芯片开发从业者、科研人员、高校师生等通过对本书的学习，可以在各自的行业和领域内持续进步，同时希望各行各业的伙伴们学习、使用毕昇编译器，基于毕昇编译器进行软件开发实践，也希望更多有志之士加入编译器技术研究行列，共同推动我国基础软件生态建设的蓬勃发展。

华为技术有限公司常务董事

华为 ICT 产品与解决方案总裁

2022 年 6 月

PREFACE
前　　言

编译原理与技术是计算机科学中古老的、高度发达的，同时也是成果应用最广泛的课题之一。 编译器原理涉及的知识体系非常广且繁杂，和计算机科学的许多分支学科（如形式语言与自动机、类型系统、算法设计分析、程序设计语言、最优化理论、指令集体系结构等）都有密切联系。 同时，编译器工程又涉及算法数据结构、软件工程、软件测试等领域的知识，包含很多编程技巧和各种工程优化。 对编译器设计者、程序员和相关领域的学习者来说，除了需要掌握扎实的编译理论知识外，全面分析和学习优秀的编译器实践也非常重要。

本书以华为毕昇编译器的具体设计和实现为例，全面讨论了现代编译器设计的基本原理和实现技术。 华为公司在编译器设计与实现方面有十几年的历史，毕昇编译器就是最新发布的一款面向鲲鹏体系结构的编译器，支持 C/C++、FORTRAN 等源语言，通过引入高性能编译器算法、加速指令集、AI 迭代调优等创新技术，达到了性能极致、安全可信的设计目标； 成功支持了华为各种产品和解决方案。 作为第一本深入介绍毕昇编译器设计原理和实践的书籍，希望通过本书能让更多读者深入了解毕昇编译器，共同推动国内编译器技术研究和实践的发展。

本书以毕昇编译器为主线，理论与实际相结合，通过对编译器设计原理和毕昇具体实践的详细讨论，让读者能够对现代编译器设计和实践有更深入的理解。

本书定位为“编译器原理”课程的教学参考书，其主要受众包括计算机相关专业的本科生和研究生，此外，编译器领域的从业者和对编译原理感兴趣的读者也可以参考使用。

在本书的编写过程中得到了许多支持和帮助，特此表示感谢。 特别感谢华为公司 Fellow 胡子昂博士在本书的撰写过程中给予的建议和支持； 感谢华为公司的谢桂磊、梁思伟、陈海波、骆能军、丁为杰、何璐等领导和业务主管对本书写作的大力支持与指导； 感谢华为公司的魏伟、张文、程伟、郭歌、彭成寒、伊金静等技术专家和同事提供相关资料与技术支持； 他们在本书撰写和修订过程中，提出了非常详尽的意见和建议，对提升本书的质量提供了非常大的帮助。 感谢中国科学技术大学李曦教授、孙广中教授审阅了本书初稿； 感谢中国科学技术大学先进编译技术实验室的同学们对本书撰写工作提供的支持，尤其感谢胡霜和刘晓妍两位研究生在初稿准备中做出的极大贡献。

限于作者的知识水平和时间，书中难免有疏漏和不妥之处，恳请读者指正。

华保健　高耀清
2022 年 6 月

CONTENTS

目　　录

第 1 章

编译器概述

编译器是一种重要的系统软件,负责将一种语言构造的程序翻译成另一种语言构造的等价程序。编译器是非常复杂的大型软件,其中既包含了许多中间阶段,也使用了大量复杂的数据结构和算法,同时还涉及软件工程实践。本章首先讨论编译器的主要概念、发展历史、典型结构和主要阶段,然后讨论编译器设计的主要原则,最后以毕昇编译器为案例,讨论现代编译器的典型结构。

1.1 编译器基本概念

所有的计算机应用都依赖于计算机软件和程序,而这些软件一般采用某种高级程序设计语言编写。要让这些软件在计算机上运行,就必须将它们由高级程序设计语言表达的形式翻译成能够被计算机执行的底层形式,而这项翻译工作正是编译器要完成的主要任务。

从高层看,编译器是一种软件系统,它将以某种高级语言编写的源程序转换成一种等价的、用另一种低级语言编写的目标程序,编译器的简单架构如图 1-1 所示。其中的高级语言一般包括 C/C++、Java、Python 等,低级语言一般包括汇编或机器二进制语言等。广义上,编译器的定义可以扩展到更一般的形式,即编译器可定义为:将一种语言构造的程序翻译为等价的另一种语言构造的程序的软件系统。可能的翻译过程包括将高级语言程序转换成另一种高级语言程序,例如将 Java 语言的程序翻译成 C 语言的程序;将一种机器语言程序转换成另一种机器语言程序,例如将 x86_64 汇编语言程序翻译成鲲鹏体系结构汇编语言程序;或者将一种高级语言程序转换成一种中间语言程序,例如将 C/C++ 翻译成 LLVM 字节码的程序等。

和编译器密切相关的另一个重要软件系统是解释器,解释器作为另一种常见的语言处理器,它并不把源语言编写的程序翻译生成目标程序,而是直接解释执行源程序。解释器的简单架构如图 1-2 所示。相比于编译器,解释器的主要优势在于它直接处理源程序,可以独立于具体硬件等执行环境;并且可以更好地进行错误诊断。但是,因为解释器逐条语句地解释执行源程序,缺少对程序的优化过程,所以其执行效率一般要低于编译器。

图 1-1　编译器的简单架构　　　　图 1-2　解释器的简单架构

在实际应用中,有些语言采用了编译和解释结合的方案,即源程序首先被编译成底层的中间代码格式,然后解释器对中间代码进行解释执行。例如,Java 语言处理器结合了编译和解释的过程,Java 源程序首先被 Java 编译器编译成一种被称为 Java 字节码(Java Bytecode)的中间表示形式;然后由 Java 虚拟机(Java Virtual Machine,JVM)对得到的 Java 字节码进行解释执行。通过这种执行方式,Java 做到了跨平台,即只要在目标执行平台上实现了 Java 虚拟机,则在一台机器上编译得到的 Java 字节码,就可以在目标执行平台的 Java 虚拟机上解释执行。

Java 并非第一个采用这种混合执行方式的语言。例如,Lisp 语言系统早已采用了编译器和虚拟机解释执行的实现方案;Smalltalk-80 语言系统也使用了字节码分发和虚拟机解释执行的方案。

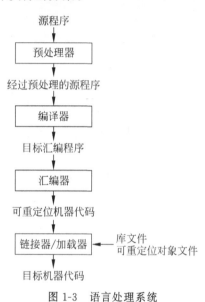

图 1-3　语言处理系统

如图 1-3 所示,除了编译器之外,创建一个可执行的目标程序还需要一些其他的程序。比如,一个源程序可能被分割成多个模块,并且各个模块分别被存放于独立的文件中。把源程序聚合在一起的任务会由一个被称为预处理器(preprocessor)的程序独立完成。预处理器往往还要负责头文件包含和宏处理等工作。

接下来,预处理器将经过预处理的程序传递给编译器,作为编译器的输入。编译器往往会产生一个汇编语言程序作为其输出,因为和二进制机器指令相比,汇编语言程序更加容易输出和调试。之后,编译器再把所产生的汇编语言程序交由被称为汇编器(assembler)的程序进行处理,生成可重定位的机器代码。

大型程序经常被分成多个模块进行开发和编译,称为分离编译(separate compilation)。因此,分离编译所产生的可重定位的机器代码,必须和其他可重定位的目标文件以及库文件链接到一起,才能形成真正能在机器上运行的二进制代码;这个任务由被称为链接器(linker)的软件完成。最后,在程序执行时,加载器(loader)把可执行的目标文件加载到计算机内存中执行。

1.2　编译器发展历史

编译器设计和实现是计算机科学中历史悠久和高度发达的一个学科。自 20 世纪 50 年代中期以来,编译器设计就一直是计算机科学的重要研究领域。FORTRAN 编译器是第一个被广泛使用的高级语言编译器,它是一个多遍系统,它的设计和实现已经引入了现代编译器中的很多重要概念,如独立的词法分析器、语法分析器及包括寄存器分配在内的很多程序优化算法等。

20 世纪六七十年代,研究者研究并构建了许多有影响力的编译器。其中包括经典的优化编译器,如 FORTRAN H、Bliss-11 和 Bliss-32 编译器,以及可移植的 BCPL 编译器等。这些编译器可以为各种复杂指令集计算机(Complex Instruction Set Computer,CISC)体系结构生成高质量的目标代码。

20 世纪 80 年代,精简指令集计算机(Reduced Instruction Set Computer,RISC)体系结构的问世对编译器设计产生了深远影响。该体系结构要求编译器设计者不仅需要跟踪新的程序设计语言特征,还要研究并设计新的编译算法,以便能最大限度地发挥新硬件的计算能力。这些趋势导致了新一代编译器更加专注于强有力的中端代码优化、后端代码优化及代码生成技术的研究,这一阶段的编译器的典型架构如图 1-4 所示,现代 RISC 体系结构的编译器仍然遵循该架构模型。

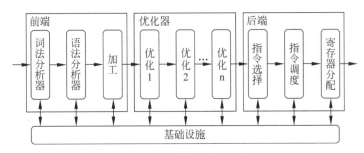

图 1-4　编译器的典型架构

从 20 世纪 90 年代开始,编译器技术人员开始专注于研究微处理器系统结构中提出的问题,包括处理器中的多功能部件、内存延迟和代码并行化等。事实证明,20 世纪 80 年代提出的针对 RISC 架构的编译器的结构和组织仍然具有足够的灵活性来应对这些挑战,因此研究人员可以通过构建新的遍(pass),并插入编译器的优化器和代码生成器中,来应对体系结构提出的挑战。

1.3　编译器的基本功能与结构

编译器的主要任务是识别源语言构造的程序,并把它映射成语义上等价的目标程序。根据这两项任务性质的不同,可以将编译器的结构分解为两个主要部分:前端(front-end)和后端(back-end),如图 1-5 所示。

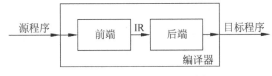

图 1-5　两阶段编译器的结构

　　前端专注于理解源语言程序,把源程序分解为多个词法单元,并检查这些词法单元是否满足语言规定的语法结构。然后,编译器使用这个语法结构来创建该源程序的一个中间表示(Intermediate Representation,IR),现代编译器中经常使用抽象语法树(Abstract Syntax Trees,AST)来编码程序的高层表示。接着,编译器前端检查该源程序是否符合程序语义的规定。为了进行语义检查,前端还会收集有关源程序的信息,并把信息存放在一个被称为符号表的数据结构中。

　　后端专注于将源程序映射到目标机器上,其要完成的任务包括为源程序的语法结构选择合适的机器指令,以及为源程序的变量分配适当的目标机器的资源等。后端往往也需要使用前端生成的符号表。

　　将编译器设计为独立的前、后端两个阶段体现了软件模块化的重要思想,即前端只需要保证源程序符合正确的语法结构,并生成恰当的中间表示。而后端只需将此中间表示程序映射到目标机器的指令集和有限的资源上,由于后端仅处理前端生成的中间表示,因此它可以认为中间表示没有任何的语法和语义错误。另外,这种两阶段编译器结构使得一种中间表示能够服务于多种源程序与目标机器的组合:既可以针对单个前端,构建多个后端,从而产生可变目标的编译器,也可以针对同一个后端,构建不同语言的前端,使它们生成同样的中间表示。

　　现代的优化编译器一般还会引入中端(middle-end),它是一个和具体语言以及具体目标机器无关的中间阶段。引入中端的编译器结构如图1-6所示。引入中端的主要目的有两个:第一,引入中端可以使得编译器的前端和后端解耦,即多个语言的前端都可以生成公共的中端代码,而中端代码又可以进一步生成不同目标机器的代码;第二,在中端上可以设计并实现与语言以及目标机器无关的程序优化算法,对程序的性能、规模或其他指标进行通用优化。

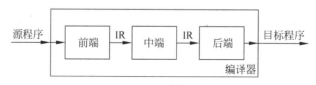

图1-6　三阶段编译器的结构

　　和前端以及后端的关注点不同,中端主要关注设计良好的程序中间表示并实现有效的程序优化。然而,编译器中实现的程序优化错综复杂,其复杂性主要来源于三方面:第一,优化算法的设计取决于具体的优化目标,而在很多情况下,优化目标之间并不一致,甚至存在矛盾。例如,循环展开(loop unrolling)优化通过尝试展开循环来对代码进行加速,而这一般会增大代码的规模,在很多存储受限的场景中并不适用。第二,由于理论上的限制,很多优化算法无法得到问题的最优解,因此,对于这类优化,编译器往往只能求解近似最优解。例如,寄存器分配算法在理论上已经被证明是NP完全(Non-deterministic Polynomial Complete,NPC)问题,在实践中,编译器往往会使用启发式算法(heuristics)尝试求解近似最优解。第三,编译器采用的优化算法相互影响。即使某个编译优化算法可以被证明是最优的,但它与其他优化算法的交互也可能产生次优的结果。

接下来,按照三阶段的组织方式,对编译器的主要阶段进行讨论。

1.3.1　前端

在编译器能够将程序转换为可执行的目标机器代码之前,它必须理解程序的语法形式和内容,即程序的语法和语义。前端需要检查源程序代码是否符合正确的语法和语义,如果检查通过,它会给该程序建立中间表示代码;否则,前端会向程序员反馈错误诊断信息,帮助程序员修复错误。

编译器前端一般可分为词法分析、语法分析、语义分析和中间代码生成等四个阶段。

1. 词法分析

词法分析(lexical analysis)是编译器理解输入程序的第一个步骤。词法分析器读取程序的字符流,将字符聚合形成单词(lexeme),产生单词流,再应用一组规则来判断每个单词在源语言中是否合法,如果单词合法,词法分析器会分配给它一个词类,并形成记号(token)。

例如,对于如下 C 语言的赋值语句:

```
x = y + z * 23;
```

词法分析器读入该语句,标识其中的各个单词,并把每个单词归入对应的词类,然后输出形如(k,s)的二元组作为记号,其中 k 是记号的词类,s 是记号的单词。对于这个赋值语句,词法分析器会将其转换为下述记号流:

$$(\text{Var}, " \text{x} ")$$
$$(\text{Assign}, " = ")$$
$$(\text{Var}, " \text{y} ")$$
$$(\text{Add}, " + ")$$
$$(\text{Var}, " \text{z} ")$$
$$(\text{Mul}, " * ")$$
$$(\text{Num}, " 23 ")$$
$$(\text{Semi}, " ; ")$$

在实际的编译器实现中,记号的词类 k 一般可用枚举类型实现。

2. 语法分析

编译器前端的第二个步骤是语法分析,它接受词法分析器产生的记号流作为输入,并使用输入语言的语法规则判断此记号流所表示的输入程序在该程序设计语言中是否有效。如果语法分析器判断输入流是一个有效程序,它将构建该程序的一个中间表示,供编译的后续阶段使用;如果语法分析器判断输入流不是一个有效程序,语法分析器将向程序员报告问题和提供适当的诊断信息。

例如,Java 语言的语句可能包括以下语法规则:

$$S \rightarrow x = E;$$

$$E \rightarrow x \mid n \mid E+E \mid E*E$$

其中,S 和 E 分别代表语句和表达式,而 x 和 n 分别代表变量和整型常数,则可为上述示例语句

```
x = y + z * 23 ;
```

构建如下推导:

$$
\begin{aligned}
S &\rightarrow x=E; \\
&\rightarrow x=E+E; \\
&\rightarrow x=E+E*E; \\
&\rightarrow x=y+E*E; \\
&\rightarrow x=y+z*E; \\
&\rightarrow x=y+z*23;
\end{aligned}
$$

推导从语句 S 开始,在每一步,它都重写当前语句中的一项,将其左部替换为可以从上述规则中推导出的某个右侧项。例如,第一步使用规则

$$S \rightarrow x=E;$$

替换 S。第二步使用规则

$$E \rightarrow E+E$$

替换表达式符号 E,以此类推。最终,编译器可验证通过推导生成的句子是否与词法分析器产生的记号流匹配,若匹配就证明该语句是满足语法结构要求的一个合法的程序语句。

3. 语义分析

语法正确的句子可能语义是非法的,因此语义分析(semantic analysis)阶段检查源程序是否和源语言定义的语义规范一致。如果语义分析通过,则语义分析阶段将该程序交给编译器的后续阶段处理;否则,语义分析阶段将反馈适当的错误信息给程序员,以便对代码进行相应修改。

语义分析的一个重要工作是进行类型检查(type checking),即编译器检查每个运算符是否具有类型匹配的运算分量。仍以前面的 Java 赋值表达式

```
x = y + z * 23 ;
```

为例,按照 Java 语言的语义规定,如果变量(如 x 或 y)没有预先声明,则编译器应该报告一个"变量未声明"的语义错误;或者,如果变量的类型不匹配(如变量 z 的类型是字符串类型),则编译器需要报告"乘法的操作数类型不匹配"的特定语义错误信息,提示程序员修改代码。

语义分析的任务取决于语言具体的语义规范,因此往往是编译器中最复杂的阶段之一。

4. 中间代码生成

在源程序的词法分析、语法分析和语义分析完成后,编译器前端处理的最后一个问题是生成一个明确的、低级的或类机器语言的中间表示。编译器可以使用各种不同种类的中

间表示,这取决于源语言、目标语言和编译器应用的各种特定的转换。编译器可以采用的中间表示包括语法树、有向无环图(Directed Acyclic Graph,DAG)、图、线性表示等。

对于语句

```
x = y + z * 23 ;
```

编译器可能为它生成如下线性的中间表示:

```
t₀ = 23
t₁ = z * t₀
t₂ = y + t₁
x = t₂
```

其中,$t_i (i=0,1,2)$是编译器为程序生成的中间临时变量。对于源语言中的每一种结构,编译器都需要一种策略来指定如何用代码的中间表示形式实现该结构。具体的策略选择会影响到编译器转换和改进代码的能力。

1.3.2 中端

中端的主要任务是读入编译器前端的输出,为程序构造合适的中间表示,采用恰当的优化来提高代码质量,并将优化后的程序输出给后端进行进一步编译。这里的"提高"可以有多种含义,它可能意味着使编译后的代码执行得更快速;它也可能意味着使可执行程序在运行时耗费较少的资源或占用较少的内存空间,具体是何种含义高度依赖于优化的具体目标。

仍考虑前述赋值语句,假设该语句生成的中间代码处于如下所示的循环中:

```
z = read()
for i = 1 to n
    y = read()
    t₀ = 23
    t₁ = z * t₀
    t₂ = y + t₁
    x = t₂
```

在循环内部,程序对变量 t_0 和 t_1 的赋值是不变的,而对变量 t_2 和 x 的赋值可能会变化。如果优化器能够发现这个事实,它可以按如下方式重写代码:

```
z = read()
t₀ = 23
t₁ = z * t₀
for i = 1 to n
    y = read()
    t₂ = y + t₁
    x = t₂
```

在改进后的版本中,乘法操作的数目从 n 下降到 0,因此,对于 $n>1$ 的情况来说,重写后的循环应该执行得更快。

这种优化被称为循环不变式外提(Loop Invariant Code Motion,LICM),它展示了编译器进行优化的两个核心步骤:分析和变换。

程序分析阶段判断编译器可以对哪些程序片段做优化,以及优化后是否能够达到预期效果。一般地,编译器需要采用数种不同的分析技术,包括数据流分析(data-flow analysis)和依赖分析(dependence analysis)等。数据流分析在编译期间推断变量运行时的值及其流动情况。数据流分析通常需要在分析程序代码的基础上,建立一组数据流方程组并对其进行求解。依赖分析使用数值测试来推理数组下标表达式的可能取值,并用于消除引用数组元素时所产生的可能歧义。

为改进代码,编译器会基于程序分析的结果尝试通过代码变换将代码重写为一种更高效的形式。代码变换取决于具体的目标和需求,例如,代码变换可能需要找到循环中不变的计算,并将其移动到循环外以改进程序的运行时间;也可能通过移除公共代码,从而使代码更为紧凑等。

1.3.3 后端

编译器后端的主要任务是读入程序中间表示形式,并生成目标机器的指令代码。对于中间表示的每个操作,编译器后端都会选择对应的目标机器指令来实现它,这个过程称为指令选择(instruction selection)。另外,编译器后端会选择一种指令执行次序,使得操作能够尽可能高效执行,这个过程称为指令调度(instruction scheduling)。最后,编译器后端还需要确定程序中哪些值能够驻留在寄存器中,哪些值需要放置到内存中,同时插入代码来实施其相应的决策,这个过程称为寄存器分配(register allocation)。

1. 指令选择

编译器后端的第一个阶段称为指令选择。指令选择将每个中间表示操作映射为一个或多个目标机器指令。考虑之前例子中已经生成的中间代码序列:

```
t_0 = 23
t_1 = z * t_0
t_2 = y + t_1
x = t_2
```

假定指令选择的目标机器采用 RISC 风格的指令集,则指令选择通过为每个中间表示的操作选择合适的机器指令,将其编译为如下的目标机器代码指令序列:

```
loadi   t_0, 23        // 加载整型常量 23 到虚拟寄存器 t_0
load    t_z, @z         // 加载变量 z 的值到虚拟寄存器 t_z
mult    t_1, t_z, t_0   // t_1 = t_z * t_0
load    t_y, @y         // 加载变量 @y 的值到虚拟寄存器 t_y
add     t_2, t_y, t_1   // t_2 = t_y + t_1
store   t_2, @x         // 存储虚拟寄存器 t_2 的值到变量 @x
```

需要注意的是,指令选择对目标代码的使用有如下约定:首先,指令选择假定每个变量 x 都存放在@x 指定的内存地址处,例如,变量 z 存放在地址@z 处,其他类似;其次,指令选择使用带下标的变量名 t 代表虚拟寄存器,并且假定有无限个虚拟寄存器可供使用,编译器后端的寄存器分配器将这些虚拟寄存器映射到目标机器的实际物理寄存器中。

指令选择可以充分利用目标机器提供的特殊操作。例如,如果目标机器上有立即数乘法指令(multi)可用,编译器可将

```
mult t₁, t_z, t₀
```

替换为

```
multi t₁, t_z, 23
```

这样就不必进行常量加载操作 loadi t_0,23,从而减少了对虚拟寄存器 t_0 的使用。

2. 寄存器分配

在指令选择阶段,编译器有意忽略了目标机器寄存器数目有限的事实,假定有"无限"的虚拟寄存器存在。实际上,编译的前期对寄存器的要求可能高于硬件实际可提供的能力。寄存器分配器必须将这些虚拟寄存器映射到实际的目标机器的物理寄存器中。因而,对于指令选择所生成的每一个操作,寄存器分配器都必须确定其中的虚拟寄存器需要驻留在目标机器的哪个物理寄存器中,并且通过重写代码完成寄存器分配。

例如,对于上述示例中经过指令选择后产生的代码,寄存器分配器可以将其重写为如下给出的指令序列,从而最小化寄存器的使用:

```
loadi  r₀, 23
load   r₁, @z
mult   r₀, r₁, r₀
load   r₂, @y
add    r₀, r₂, r₀
store  r₀, @x
```

生成的机器指令中使用了 3 个物理寄存器 r_0、r_1 和 r_2,虚拟寄存器到物理寄存器的映射如表 1-1 所示。在寄存器分配中,这张表被称为临时变量映射表(temporary map)。

表 1-1　虚拟寄存器到物理寄存器的映射

虚拟寄存器	t_x	t_y	t_z	t_0	t_1	t_2
物理寄存器	r_0	r_2	r_1	r_0	r_0	r_0

3. 指令调度

为生成更快速的代码,编译器后端可能需要对生成的机器指令进行重排,以充分利用目标机器特定的性能约束,这个过程称为指令调度。

在特定的目标机器上,不同操作的执行时间可能是不同的。内存访问操作可能需要花费几十甚至几百个 CPU 时钟周期,但通常算术操作只需要几个 CPU 时钟周期。这种延迟较长的操作对编译后的代码性能的影响十分显著。

假定在目标机器上,典型指令所需的时钟周期如表 1-2 所示,则在这个时钟周期的假定

下，上述代码片段的执行情况由表 1-3 给出。表 1-3 中给出了每个操作开始执行的周期和结束执行的周期。例如，mult 指令从第 5 个时钟周期开始执行，到第 6 个时钟周期结束，共计占用 2 个时钟周期。由表 1-3 可以得到，这 6 个指令序列执行结束，共计花费了 12 个时钟周期。

表 1-2　典型指令所需的时钟周期

指　　　令	load/loadi	store	mult	add
时钟周期	3	3	2	1

表 1-3　指令调度前程序执行时钟周期

开　　始	结　　束	指　　　令
1	3	loadi　r_0,23
2	4	load　r_1,@z
5	6	mult　r_0,r_1,r_0
6	8	load　r_2,@y
9	9	add　r_0,r_2,r_0
10	12	store　r_0,@x

大多数现代处理器都支持这样一种特性，即可以在长延迟操作执行期间发起新的操作，只要该长延迟操作完成之前不引用该操作的结果，则后续操作都可以正常执行。但如果后续操作试图过早地读取长延迟操作的结果，处理器将延缓执行需要该结果的操作，直至长延迟操作完成。这也意味着，在操作数就绪之前，操作不能开始执行；而操作结束之前，其结果也无法读取。

据此，指令调度器可以对上述代码中各个操作进行重排，从而最小化等待操作数所浪费的周期数。当然，重排必须确保新指令序列产生的结果与原来的指令序列产生的结果是相同的。对上述示例中的代码进行重排后，得到的结果可能是如表 1-4 所示的指令序列。注意到指令调度器对 mult 指令和其后的 load 指令进行了交换。由此可以得到，经过重排后的代码仅需 10 个时钟周期就可以完成全部的操作。在这一指令序列中，除第 4、第 6 周期外，每个周期都开始一个新的操作。需要注意的是，在指令调度结束后，一般会存在多个可能的调度结果。

表 1-4　重排后的指令序列

开　　始	结　　束	指　　　令
1	3	loadi　r_0,23
2	4	load　r_1,@z
3	5	load　r_2,@y
5	6	mult　r_0,r_1,r_0
7	7	add　r_0,r_2,r_0
8	10	store　r_0,@x

4. 编译器后端各模块间的交互

编译器后端要解决的问题一般都比较困难,并且这些问题相互影响使得情况更为复杂。例如,在指令调度时,编译器倾向移动数据加载指令 load,使之尽量远离依赖 load 指令结果的算术操作;但这样做会增加加载结果的活跃区间,从而增加该区间内的寄存器压力。类似地,将特定的值赋给特定的寄存器,可能在两个操作之间建立"伪"相关性,从而限制指令调度的实现。

1.4　编译器的设计目标

编译器是一个庞大且复杂的程序,通常包括数十万行甚至上百万行代码,有多个子系统和组件。编译器的各个部分以复杂的方式进行交互,对编译器的一部分做出的设计决策对其他部分也会有重要的影响。因此,编译器的设计和实现是软件工程中一项复杂且很有分量的实践活动。编译器的设计和实现需要综合考虑以下设计原则和目标。

编译器必须接受所有遵循语言规范的源程序,并且能够正确地将这些源程序翻译成目标程序。然而,源程序的集合通常有无穷多个,而且程序可能大到包含几百万行代码。为一个源程序生成最佳的目标代码的问题一般是不可判定的。因而,编译器的设计者必须做出折中处理,确定需要解决哪些问题,使用哪些启发式信息,以便能够生成高效的代码。同时,编译器在翻译的过程中不能改变被编译源程序的含义。因此,编译器设计者的工作不仅会影响到他们所创建的编译器,还会影响到由此编译器所编译出的全部程序。

编译器必须实现有效并可靠的优化。一方面,现代处理器体系结构变得越来越复杂,随着多核计算机的日益流行和领域专用芯片的普及,编译器需要充分利用现代处理器的最新特性来产生可高效运行的代码,发挥芯片的极致算力。但另一方面,编译器优化中提出的很多问题都是非常困难,甚至是不可判定的。因此,对于编译器的设计和实现者来说,必须综合评估以下设计目标。

(1) 优化必须是正确的,即优化不能改变被编译程序的语义。

(2) 优化必须能够改善很多程序的性能。

(3) 优化所需的时间必须保持在合理的范围内。

(4) 所需要的工程方面的工作必须是可管理的。

第一个目标是编译器必须实现的,即保证所产生的目标程序语义的正确性。不管设计得到的编译器所生成的目标代码执行速度有多快,只要它改变了源程序的含义,那么这个编译器就无法保证代码的正确性。

第二个目标是编译器应该有效提高很多(或者绝大多数)输入程序的性能。性能通常意味着程序执行的速度,也意味着降低生成代码的大小,或者减少可执行程序在运行时所耗费的内存空间等资源。除了性能,错误报告和调试以及其他方面的可用性也非常重要。

第三个目标指编译所需要的时间应该尽可能保持在较短的范围内,以支持快速的开发和调试周期。当机器变得越来越快时,这个要求会越来越容易达到。典型的做法是在没有进行优化的情况下开发和调试程序。这样做不仅可以减少编译时间,更重要的是未经优化的程序比较容易调试,而编译器引入的优化经常使得源代码和目标代码之间的关系变得更加复杂。

编译器是一个复杂的软件系统,第四个目标指编译器的设计和实现者必须使系统保持简单,以保证编译器的设计和维护代价是可管理的。虽然现在可以实现的优化技术有很多种,但是创建一个正确有效的优化仍然需要可观的工作量。因此,必须根据具体的优化目标,划分不同优化技术的优先级,优先考虑实现那些能够给常见程序带来最大收益的优化技术。

1.5　毕昇编译器

毕昇编译器是针对鲲鹏平台的高性能编译器。它基于开源 LLVM 编译器进行开发,并做出了优化和改进。毕昇编译器聚焦于对 C、C++、FORTRAN 语言的支持,利用 LLVM 的 Clang 作为 C 和 C++的编译和驱动程序,Flang 作为 FORTRAN 语言的编译和驱动程序。毕昇编译器使用 Clang 作为前端,将 C/C++程序编译为 LLVM 中间表示,并调用 LLVM 优化生成目标代码,最终生成二进制文件。同时将 Flang 作为默认的 FORTRAN 语言前端编译器。除 LLVM 的通用功能和优化外,毕昇编译器的工具链对编译器中端及后端的关键技术点进行了深度优化,并集成了 Autotuner 特性以支持编译器自动调优。

毕昇编译器通过与鲲鹏芯片的协同工作来充分发挥芯片的性能,提升鲲鹏硬件平台上业务的性能体验。在 SPEC CPU®2017 benchmark 的测试中,毕昇编译器优化后在鲲鹏上的性能比开源 GCC 9.3 高 15% 以上。

高性能计算(High Performance Computing,HPC)场景的典型工作负载(workload)的性能优化是毕昇编译器的关键优化场景,结合芯片特性,通过编译器优化技术提升鲲鹏硬件平台上高性能计算工作负载的性能体验。气象研究与预报模式(Weather Research and Forecasting Model,WRF)和全球/区域一体化同化预报系统(Global/Regional Assimilation and Prediction System,GRAPES)作为高性能计算应用的重要场景,都是可以用来进行精细尺度的天气模拟与预报的天气研究与预报模型。

毕昇编译器作为一种 Linux 下针对鲲鹏 920 的高性能编译器,除支持 LLVM 通用的功能和优化外,还做了以下三方面的增强。

(1) 高性能编译算法:通过使用编译深度优化、增强循环优化、自动向量化、内存布局优化等技术大幅提升指令和数据的吞吐量。

(2) 加速指令集:结合 NEON/SVE 等内嵌指令技术,深度优化指令编译和运行时库,从而发挥鲲鹏架构的最佳表现。

(3) AI 迭代调优:内置 AI 自学习模型,自动优化编译配置,迭代提升程序性能,完成最优编译。

毕昇编译器同时支持以下库和工具：

（1）支持 jemalloc 库的使用。jemalloc 作为一个通用的 malloc 实现，着重于减少内存碎片和提高并发性能，其以动态库的方式存放于毕昇编译器的工具链中。

（2）支持 Openmp 4.0/4.5 和 5.0 标准以及 libomp 库的使用。

（3）支持多种数学库的调用，如鲲鹏数学库 libm、mathlib、sleef 等。

（4）支持常用的 LLVM tools 工具，如 llvm-objdump、llvm-readelf 等。

毕昇编译器在以上功能的基础上，还提供了 Autotuner 自动调优工具。Autotuner 通过操作编译配置信息来优化用户给定程序，以实现最佳性能。Autotuner 的实现基于 AI 辅助的搜索和知识库的搜索完成，能够快速分析海量编译选项对生成二进制的性能影响，最终将性能最优的编译选项组合提供给用户。

毕昇编译器在优化方面的特性包括在内存方面做出的优化、循环优化特性、自动向量化特性、鲲鹏流水线优化以及 Autotuner 特性。

（1）毕昇编译器在内存方面做出的优化包括结构体内存布局优化、数组重排列优化和软件预取增强三种。

① 结构体内存布局优化：基于全程序（whole-program）优化来提高缓存的利用率。

② 数组重排列优化：通过将非连续的数组访问转换成连续的数组访问来提升效率。

③ 软件预取增强：软件预取将程序执行所需的数据提前从内存读入缓存中，以提高缓存利用率。毕昇编译器通过对软件预取功能进行增强从而覆盖更多的内存访问场景。

（2）循环优化特性。毕昇编译器通过各种方法对循环进行优化和增强，从而大幅提高循环的性能。

（3）自动向量化特性。毕昇编译器对几种向量化场景进行了优化，充分保持了程序的局部性，大幅提升了编译的性能。

（4）鲲鹏流水线优化。毕昇编译器结合鲲鹏 920 硬件流水线的特点，进行指令调度的优化，使得代码在鲲鹏 920 硬件上达到最佳的执行性能。

（5）Autotuner 特性。毕昇编译器作为带有自动调优特性的编译器，配合 Autotuner 命令行工具驱动整个调优过程来更细粒度地控制优化。

1.6　小结

编译器是最重要的基础软件之一，负责将源程序编译成特定目标体系结构上的目标程序。大多数编译器被组织成三个主要阶段：前端、中端和后端。每个编译阶段都有不同的问题要解决，用于解决这些问题的理论和技术也各有不同。前端专注于将源代码转换为某种中间表示。中端读入前端生成的中间表示程序并对其进行优化，从而改进程序的性能。后端将中间表示程序映射到特定处理器的指令集。

本章对编译器进行了整体概述，包括编译器的基本概念、发展历史、典型结构以及编译各个阶段的主要任务和工作，最后还介绍了毕昇编译器的架构和基本特性。

1.7　深入阅读

20 世纪六七十年代，人们构建了许多经典的优化编译器：FORTRAN、Bliss-11 编译器和可移植的 BCPL 编译器等。

20 世纪 80 年代 RISC 体系结构的出现导致了另一代编译器的出现，这些编译器专注于强有力的优化和代码生成技术。

Wexelblat 对 1967 年之前被开发并使用的程序设计语言（包括 FORTRAN、Algol、Lisp 和 Simula）的发展历程进行了介绍。

GCC(GNU Compiler Collection)是 GNU 开发的支持 C/C++、FORTRAN、Java、Go 以及其他语言的编译器集合。Phoenix 是一个编译器构造工具包，它提供了一个集成的框架，用于建立编译器的程序分析、代码生成和代码优化等具体步骤。

LLVM 的官方文档包含了对毕昇编译器所支持的 LLVM 工具的具体介绍以及使用方法的说明。

SPEC CPU 2017 基准测试工具包含 SPEC 的下一代行业标准化 CPU 密集型套件，用于测量和比较计算密集型程序的性能，强调系统的处理器、内存子系统和编译器之间的配合。

1.8　习题

1. 什么是编译器？它和解释器的区别在哪里？
2. 编译器的三个主要阶段是什么？三个阶段要实现的功能分别是什么？
3. 编译器前端主要包括哪几个阶段？这些阶段分别完成什么功能？
4. 在编译器优化阶段，程序分析和程序变换分别完成什么功能？
5. 编译器后端主要包括哪几个阶段？这些阶段分别完成什么功能？

第 2 章

鲲鹏处理器

处理器体系结构是计算机系统运行的基石,系统的功能和性能乃至整个生态环境,在很大程度上都受到处理器体系结构的影响。虽然计算机系统的分层结构可以尽量向高层软件屏蔽底层硬件的实现细节,但要充分利用计算机硬件系统提供的功能和性能,支持设计和运行高性能的软件,程序员尤其是编译器的设计和实现者就必须深刻理解底层处理器体系结构,这样才能设计和实现有效的编译器,充分发挥芯片算力。鲲鹏(Kunpeng)处理器是基于 ARM 架构的企业级处理器产品,目前已经覆盖"算、存、传、管、智(计算、存储、传输、管理、人工智能)"五大应用领域。本章对鲲鹏处理器进行系统介绍,内容包括概述和体系架构、访存原理、编程模型、鲲鹏处理器和毕昇编译器等。

2.1 概述

华为公司从 2004 年开始基于 ARM 自主研发芯片。截至 2019 年年底,华为自主研发的处理器系列产品已经覆盖"算、存、传、管、智"五个应用领域。鲲鹏处理器是基于 ARM 架构的企业级处理器产品。在通用计算处理器领域,华为公司于 2014 年发布了第一颗基于 ARM 的 64 位 CPU 鲲鹏 912 处理器;2016 年发布的鲲鹏 916 处理器是业界第一颗支持多路互连的 ARM 处理器;2019 年 1 月发布的第三代鲲鹏 920 处理器(器件内部型号为 Hi162x)则是业界第一颗采用 7nm 工艺的数据中心级 ARM 架构处理器。

2019 年以前,华为海思的通用处理器产品中集成的是 ARM 公司设计的 Cortex-A57、Cortex-A72 等处理器内核。而 2019 年发布的鲲鹏 920 处理器片上系统(Hi1620 系列)集成的 TaiShan V110 处理器内核则是华为海思自主研发的高性能、低功耗的 ARMv8.2-A 架构的实现实例,支持 ARMv8.1 和 ARMv8.2 扩展。

广义而言,鲲鹏芯片是华为海思自主研发的芯片家族的总称。其中除了鲲鹏系列处理器芯片外,还有昇腾(Ascend)人工智能(Artificial Intelligence,AI)芯片、固态硬盘(Solid State Drive,SSD)控制芯片、智能融合网络芯片及智能管理芯片等,这些芯片形成了一个强大的支持计算、存储、传输、管理和人工智能的芯片家族。

鲲鹏 920 系列是华为自主设计的高性能服务处理器片上系统。每个鲲鹏 920 处理器片上系统集成最多 64 个自主研发的处理器内核,其典型主频为 2.6GHz。处理器内核的指令集兼容 ARMv8.2,支持 ARMv8.2-A 体系结构的所有强制(mandatory)要求的特性,并且实现了 ARMv8.3、ARMv8.4 和 ARMv8.5 的部分特性,例如 ARMv8.3-JSConv、ARMv8.4-MPAM 和 ARMv8.5-SSBS 等。鲲鹏 920 处理器片上系统采用三级 Cache 结构,每个处理器内核集成 64KB 的 L1 I Cache(L1 指令 Cache)和 64KB 的 L1 D Cache(L1 数据 Cache)，每核独享 512KB L2 Cache，处理器还配置了 L3 Cache，平均每核容量为 1MB。

鲲鹏 920 处理器片上系统内置了 8 个第 4 代双数据率(Double Data Rate 4，DDR4)同步动态随机存取存储器(Synchronous Dynamic Random-Access Memory，SDRAM)控制器，最高数据传输率可达 2933MT/s(Mega-transfer per Second，每秒百万次传输次数)。鲲鹏 920 处理器片上系统集成了 PCI Express 控制器，支持 ×16、×8、×4、×2、×1 PCI Express 4.0，并向下兼容 PCI Express 3.0/2.0/1.0。

鲲鹏 920 芯片还是世界上第一款支持 CCIX Cache 一致性接口(Cache Coherency Interface)的处理器。CCIX 是由 AMD、ARM、华为、IBM、高通、Mellanox 及赛灵思(Xilinx)等七家公司组建的 CCIX 联盟制定的接口标准，该接口的目标是实现加速器芯片互连。通过 CCIX 接口可以实现 CPU 与加速处理单元(Accelerated Processing Unit，APU)、FPGA、网络交换部件、视频处理器等多种加速器的紧耦合互连。

鲲鹏 920 处理器片上系统内置了 16 个串行接口 SCSI(Serial Attached SCSI，SAS)/SATA 3.0 控制器，以及 2 个聚合以太网上的远程直接内存访向(RDMA over Converged Ethernet，RoCE)v2 引擎，支持 25GE/50GE/100GE 标准网络接口控制器。

除了众多处理器内核之外，鲲鹏处理器片上系统还集成了多种系统控制器和核心外设控制器，例如 DDR 控制器、以太网接口、PCI Express 扩展接口等。

鲲鹏 920 处理器片上系统集高性能、高吞吐率、高集成度和高能效于一身，把通用处理器计算推向了新高度。

鲲鹏 920 处理器片上系统的主要亮点可以概括如下。

1. 高性能

鲲鹏 920 处理器片上系统是华为海思全自主研发的 CPU 内核，在兼容 ARMv8-A 指令集的基础上，鲲鹏芯片集成了诸多革命性的改变。面对计算子系统的单核算力问题，鲲鹏 920 处理器片上系统针对每个核进行了优化设计，采用多发射、乱序执行、优化分支预测等技术，算力提升 50%。鲲鹏 920 处理器片上系统支持 2 路和 4 路处理器片间互连，通过提升运算单元数量、改进内存子系统架构等一系列 64 位 ARM 架构的精巧设计，大幅提升了处理器的性能。鲲鹏 920 处理器片上系统还内置了多种自主研发的硬件加速引擎，如内置加密算法加速引擎、安全套接字层(Secure Sockets Layer，SSL)加速引擎、压缩/解压缩加速引擎等。以运行在 2.6GHz 的 64 核鲲鹏 920-6426 处理器为例，该芯片运行业界标准的 Specint_rate_base2006 Benchmark 评估程序得分超过 930，比同档次的业界主流 CPU 性能高出 25%，创造了计算性能新纪录。

2. 高吞吐率

鲲鹏 920 处理器片上系统是业界首款基于 7nm 工艺的数据中心 ARM 处理器，采用业界领先的基底晶圆芯片(Chip on Wafer on Substrate，CoWoS)封装技术，实现多晶片(Die)合封，不仅可以提升器件生产制造的良率，有效控制每个晶片的面积，降低整体成本，而且这种"乐高架构"的组合方式更加灵活。例如，鲲鹏 920 处理器片上系统的处理器部件和

I/O 部件是独立分布在不同的晶片上的,当处理器单独升级时可以保留上一代的 I/O 部件,其中一个原因就是二者的生命周期不同。

通过联合优化设计,鲲鹏 920 攻克了芯片超大封装可靠性及单板可靠性难题,成功将 DDR4 的通道数从当前主流的 6 通道提升到 8 通道,带来 46% 的内存带宽提升,同时容量也可按需提高。DDR4 的典型主频从 2666MHz 提升至 2933MHz,保证了鲲鹏 920 超强算力的高效输出。

鲲鹏 920 处理器片上系统还集成了 PCI Express 4.0、CCIX 等高速接口,单槽位接口速率从 8Gb/s 提升至 16Gb/s,为业界主流速率的 2 倍,使得鲲鹏 920 可以更高效地和外设或其他异构计算单元通信,有效提升存储及各类加速器的性能,I/O 总带宽提升 66%。

鲲鹏 920 处理器片上系统还集成了 2 个 100Gb/s RoCE 端口,网络接口速率从主流的 25GE 标准提升到 100GCE 标准,网络带宽提升 4 倍。

3. 高集成度

与英特尔公司的 Intel 64 系列处理器的组织结构不同,鲲鹏 920 处理器片上系统不仅包含了通用计算资源,还同时集成了南桥、RoCE 网卡和 SAS 存储控制器共 3 种芯片,构成了功能完整的片上系统。单颗芯片实现了传统上需要 4 颗芯片实现的功能,大幅提升了系统的集成度,同时释放出更多槽位用于扩展更多功能。

4. 高能效

大数据和人工智能的应用带动了云计算的兴起,使计算资源的需求大幅提升,数据中心的规模越来越大,总功耗也越来越高。以往在移动计算应用场景中出尽风头的 ARM 架构处理器在服务器市场也体现出明显的功耗优势。鲲鹏 920 处理器片上系统的能效比超过主流处理器 30%,48 核的鲲鹏 920-4826 处理器的单位功耗 SPECint 性能测评分高达 5.03。

在鲲鹏处理器逻辑架构中,连接片上系统内各个组成部件的是 Cache 协议一致性片上互连总线。片上总线提供了各个处理器内核、设备和其他部件对系统存储器地址空间的一致性访问通道。各个总线主控者通过总线访问存储器中的数据或者设备接口内的寄存器,设备发出的中断请求也通过总线传递给处理器内核。

处理器内核是鲲鹏处理器芯片的核心。不同版本的鲲鹏处理器内置了 24~64 个高性能、低功耗的 TaiShan V110 处理器内核。鲲鹏处理器系统的存储系统由多级片内 Cache、片外 DDR SDRAM 存储器和外部存储设备组成。鲲鹏处理器片上系统内集成了一至三级 Cache 及其相关的管理逻辑和 DDR 控制器,在存储管理单元的配合下可以实现高性价比的多级存储系统。

除了处理器内核和存储系统外,鲲鹏处理器片上系统还集成了大量外设资源,片上总线上还连接了通用中断控制器分发器(Generic Interrupt Controller Distributor,GICD)和中断翻译服务(Interrupt Translation Service,ITS)部件。

鲲鹏处理器是在 ARM 架构上开发的产品,下面对 ARM 架构进行简要介绍。

基于精简指令集计算机(Reduced Instruction Set Computer,RISC)的 ARM(Advanced

RISC Machines)架构已经发展了将近 40 年,其设计初衷是为了优化低功耗运行。相比于复杂指令集计算机(Complex Instruction Set Computer,CISC)通过牺牲每条指令的周期数来减少每个程序的指令数量,RISC 选择牺牲程序的指令数来减少每条指令的执行周期数,因此,在使用相同的晶片技术和相同运行时钟的条件下,RISC 系统的运行速度是 CISC 的 2～4 倍。并且 RISC 所需的晶体管硬件空间比 CISC 少,为通用寄存器留下了更多的空间。另外,RISC 将"加载"和"存储"指令进行分离,并且只有"加载/存储"指令可以访问存储器,对数据的处理只对寄存器内容进行操作,而非直接操作内存中的内容,从而减少了计算机的工作量,简化了处理器设计。ARM 通过采用 RISC 体系结构并对其进行增强,使得基于 ARM 架构的处理器具有体积小、功耗低、成本低、性能高的优势。

直至 2011 年,ARM 旗下的 Cortex 处理器系列全部采用 ARMv7 架构,ARM 架构的市场占有率大幅提升,Cortex 处理器迅速成为整个行业的首选。其中一款基于 Cortex-A9 处理器的设备(几乎用于所有平板电脑类设备)的性能表明,ARM 架构能够以极低的功耗提供绝大多数 PC 用户所需的体验,这个性能优势使得 ARM 被许多其他类型的设备所使用。

由于 ARMv7 被市场广泛采用以及相关生态系统的完善,因此对于 ARM 的架构升级必须做到完全向后兼容。同时,为了市场能够接受向新的体系结构的迁移,新的体系结构就一定要比旧的体系结构具有更显著的优势。另外,考虑到行业发展趋势,为了消除旧的体系结构的遗留问题,新的体系结构决定以一种全新的方式来解决旧架构的问题。这就确定了 ARMv8 开发的关键基础。

随着用户对多任务工作环境需求的提高,对处理器和内存资源的占用也越来越高,原本的 4GB 内存寻址上限开始无法满足用户需求,ARMv7 尝试通过大物理地址扩展(Large Physical Address Extensions,LPAE)技术使用 4KB 页面映射方法将多个 32 位虚拟地址空间映射到最多 40 位的物理地址空间,从而将内存寻址空间上限从 4GB 扩充到 1TB,暂时缓解了内存上限的问题,但是这种方法无法从根本上解决问题,因为它不但复杂且不能支持单个占用内存大小为 4GB 以上的应用。因此,为了支持更大内存空间,ARM 公司于 2011 年发布了 ARM 系列的首个支持 64 位指令集的 ARMv8 架构,这是自 2007 年的 ARMv7 以来 ARM 架构的第一次重大变化,也是自最初的 ARM 架构创建以来最根本、影响最深远的变化。

ARMv8 架构的一个重要特性就是向后兼容,支持两种执行状态: 64 位执行状态 AArch64 以及 32 位执行状态 AArch32。AArch64 表示地址保存在 64 位寄存器中,并且基本指令集中的指令可以使用 64 位寄存器进行处理,因此,AArch64 的基础就是一套全新的 64 位指令集,即 A64。AArch32 表示地址保存在 32 位寄存器中,基本指令集中的指令使用 32 位寄存器进行处理,AArch32 状态支持 T32 和 A32 指令集,且与 ARM 架构的早期版本兼容。用户可以根据需要在两种状态之间切换,并且这种切换只会发生在异常边界上。

相比于 32 位执行状态,AArch64 使得应用程序可以使用更大的虚拟地址空间。并且长度更宽的 64 位寄存器使得计算机在处理 64 位的数据时更快速,因为处理器在使用 32 位寄存器处理 64 位数据时,可能需要运算多次,而使用 64 位寄存器的处理器可能仅需一次操作就能完成。全新的 A64 指令集移除了复杂的批量加载寄存器指令 LDM/STM,取而代之的是 LDP/STP,条件指令更少,从而降低了实现的复杂性。从内存管理方面来看,AArch64 也做了强化,不仅支持常见的 4KB 页面,还支持 64KB 页面,从而可以将所需的遍历从 4 级减少到 2 级。

在 ARM 通过 ARMv8 架构进入 64 位市场后,目前 ARM 架构在智能手机核心 CPU 领域占领绝对主导份额,最高达 90%。鲲鹏处理器选择基于 ARMv8 架构进行开发从技术上看是合理的。

2.2　体系架构

2.2.1　执行状态

在 ARM 架构中,执行状态定义了处理单元的执行环境,包括其所支持的寄存器宽度、支持的指令集,以及异常模型、虚拟存储系统体系结构和编程模型的主要特征等。

AArch64 为 64 位执行状态,该状态首先表现为支持单一的 A64 指令集的特征。此外,AArch64 在架构上的一个显著变化是放弃了传统 ARM 处理器的工作模式、特权模式等概念,转而定义了全新的 ARMv8 异常模型,最多含 4 个异常等级(Exception Levels,EL),即 EL0~EL3,构筑了一个异常权限的层次结构。相应地,AArch64 执行状态对每个系统寄存器使用后缀命名,以便指示该寄存器可以被访问的最低异常等级。AArch64 执行状态支持用 64 位寄存器存储虚拟地址(Virtual Address,VA),系统支持的物理地址长度最高达 48 位或 52 位。更多的地址位数可以让处理器支持的地址范围超出 32 位设备的 4GB 限制,让每个应用都可以拥有自身的超大存储器地址空间。使用更大的地址空间并使用 64 位指针将会减少在 32 位处理器上运行软件时必需的存储器写入和读回操作。

为了支持越来越复杂的软件算法,AArch64 执行状态的通用寄存器的数量增加到 31 个,即 64 位通用寄存器 X0~X30。其中 X30 被当作过程链接寄存器(Procedure Link Register,PLR)。长度更长的整数寄存器使得操作 64 位数据的代码的运行效率更高。更大的寄存器池也能够显著提升系统性能,例如程序员在按照"ARM 架构过程调用标准(ARM Architecture Procedure Call Standard,AAPCS)"执行函数调用时,如果必须传递多于四个寄存器的参数,可能需要使用堆栈。AArch64 执行状态也提供了 32 个 128 位寄存器支持 SIMD 向量和标量浮点操作。

AArch64 架构提供一个 64 位程序计数器(Program Counter,PC)、堆栈指针(Stack Pointers,SP)寄存器和若干异常链接寄存器 ELR。

AArch64 架构对程序状态寄存器的改进是定义了一组处理状态(Process STATE,PSTATE)参数,用于指示处理单元的当前状态。A64 指令集中增加了直接操作 PSTATE 参数的指令。

2.2.2　支持的指令集

ARMv8-A 架构处理器可以使用的指令集依赖于其执行状态。

在 AArch64 执行状态下,ARMv8-A 架构处理器只能使用 A64 指令集,该指令集的所有指令均为 32 位等长指令字。

为了提升新增加的 A64 指令集的性能,ARMv8-A 架构做了诸多改进。为了在指令字中给 64 位指令提供连续的位字段存放操作数和立即数,并且简化指令译码器的设计,A64 指令集使用了不同的指令译码表。单独的指令译码表也便于实现更多更先进的分支预测技术。

作为精简指令集计算机(RISC)架构的代表,ARMv8-A 架构当然不会放弃"精简"这一指导思想。新的 A64 指令集放弃了之前的 ARMv7 架构支持的多寄存器加载/存储(LoaD Multiple/STore Multiple,LDM/STM)指令,因为这类指令复杂度高,不利于设计高效的处理器存储系统。同时 A64 指令集只保留了很少的条件执行指令,因为这类指令的实现复杂度高而且好处并不明显。因此,A64 指令集的大部分指令不再是条件执行指令。

此外,ARMv8-A 架构将硬件浮点运算器设计为必需的部件,因而软件不需要检查浮点运算器是否可用。对软件而言,这保证了底层硬件的一致性。

ARMv8-A 架构的指令集支持单指令多数据流(Single Instruction Multiple Data,SIMD)和标量浮点运算指令。SIMD 数据引擎指令集是基本体系结构的一部分,并且为支持 64 位指令集而做了专门修订。SIMD 指令引入了对双精度浮点数据处理的支持,以便更好地支持最新的 IEEE 754-2008 标准的算法。

2.2.3　数据类型

除了 32 位架构已经支持的 8 位的字节数据类型、16 位的半字数据类型、32 位的字数据类型和 64 位的双字数据类型外,ARMv8-A 架构还支持 128 位的四字(Quadword)数据类型。

此外,浮点数据类型的扩展共有 3 种:半精度(Half-precision)浮点数据、单精度(Single-precision)浮点数据、双精度(Double-precision)浮点数据。

ARMv8-A 架构也支持字型和双字型定点数和向量类型。向量数据由多个相同类型的数据组合而成。A64 架构支持两种类型的向量数据处理:一是增强单指令多数据流(Advanced SIMD),也就是 NEON;二是可伸缩向量扩展(Scalable Vector Extension,SVE)。

在 ARMv8-A 架构中,寄存器文件被分成通用寄存器文件和 SIMD 与浮点寄存器文件。这两种寄存器文件的寄存器宽度依赖于处理单元所处的执行状态。在 AArch64 状态,通用寄存器组包含 64 位通用寄存器,指令可以选择以 64 位宽度访问这些寄存器,也可以选择以 32 位宽度访问这些寄存器的低 32 位。而 SIMD 与浮点寄存器组则包含 128 位寄存器,四字整型数据类型和浮点数据类型仅用于 SIMD 与浮点寄存器文件。AArch64 的向量寄存

器支持 128 位向量,但是其有效宽度可以是 128 位,也可以是 64 位,这取决于所执行的 A64
指令。

2.3　CPU 访存原理

ARM 架构中的内存模型(memory model)给出了组织和定义内存行为的方式,包括内
存地址或地址区域的访问和使用规则。ARM 内存模型不仅定义了 ARM 处理器的内存一
致性模型,还包括了地址映射、地址变换等存储管理功能。

存储管理的主要功能如下。

(1) 虚实地址变换功能:将指令给出的虚拟地址(Virtual Addresses,VA)转换为物理
地址(Physical Addresses,PA)。

(2) 存储保护功能:限制应用程序访问特定的存储区域。

(3) 端模式映射功能:在多字节数据的大端模式和小端模式之间进行切换。

(4) 存储异常管理功能:在非对齐的存储访问发生时触发异常。

(5) 存储硬件管理功能:控制 Cache 和地址转换部件。

当某个处理器内核上运行的软件代码与硬件或者其他处理器内核上运行的代码交互
时,需要关注存储系统及其访问顺序。对多数的应用程序员而言,操作系统会负责处理存
储系统、驱动硬件并实现多核交互。但是对系统程序员、设备驱动程序的程序员和虚拟机
管理器的程序员而言,存储系统的体系结构和访存顺序是需要重点关注的。

与 ARM 内存一致性有关的功能可以概括如下。

(1) 访存控制功能:控制访问顺序。

(2) 内存一致性模型:在多个处理部件共享的存储器之间实现同步。

(3) 内存屏障功能:限制对存储器的推测访问。

2.3.1　多级存储系统

为高性能应用设计的 ARMv8-A 架构支持多级 Cache 和主存、外存构成的层次化存储
系统。

离处理单元最近的 Cache 为第一级,其访问延迟最低,但容量小、价格昂贵。稍大容量
的 Cache 构成第二级存储器,但访问延迟也更大。第三级存储器可以是更大容量的片外第
三级 Cache,在没有第三级 Cache 的系统中则是由 SRAM、DRAM、只读存储器或存储级存
储器(storage-class memory)构成第三级存储系统。最后的第四级存储器则是由磁盘或存
储卡构成的外存储器。多级存储系统在存储器容量和访问延迟之间实现平衡,再结合虚拟
存储器支持,使整个存储系统的性价比达到最高。

2.3.2　地址空间

在 64 位 的 ARMv8-A 架构中,虚拟存储器系统架构(Virtual Memory System

Architecture，VMSA)使用存储管理单元(Memory Management Unit，MMU)控制处理单元访存时的地址变换、地址允许权限管理和存储器属性定义与检查等功能。

ARM 在 32 位的 ARMv7 架构中推出了大物理地址扩展(Large Physical Address Extension，LPAE)机制，可以支持访问 40 位地址空间，令 32 位系统中运行的程序能使用超过 4GB 的内存空间。而 ARMv8 架构的地址映射是 ARMv7 LAPE 机制的升级版本。

ARMv8-A 架构下的虚拟地址(VA)使用 64 位存储。指令中给出的地址无论是指令地址还是数据地址都是虚拟地址，因而在程序计数器 PC、链接寄存器 LR、堆栈指针寄存器 SP 和异常链接寄存器 ELR 中保存的都是虚拟地址。

虽然处理器字长增加到了 64 位，但虚拟地址的长度并不需要直接提高到 64 位。一方面是因为应用需要的地址空间大小并不需要过度提升；另一方面是因为稍短的地址长度可以降低地址映射和地址变换的复杂度，从而降低存储管理的开销。在 AArch64 状态，虚拟地址的最大长度为 48 位，对应的虚拟地址空间大小为 256TB。如果实现了 ARMv8.2 大虚拟地址空间(Larger VA Space，LVA)扩展且使用 64KB 的转换粒度，虚拟地址的最大长度可以扩展到 52 位，对应的虚拟地址空间大小为 4PB。

因此，虽然 ARMv8-A 架构使用 64 位寄存器保存虚拟地址，但 64 位并不全都看作虚拟地址，有效的虚拟地址只是寄存器的若干低有效位，高有效的若干位将用于存储其他信息。操作系统或者虚拟机管理器可以通过转换控制寄存器判定可用的虚拟地址范围。如果虚拟地址的实际长度为 n，则 64 位虚拟地址 VA[63:0] 中的高 64-n 位地址 VA[63:n] 或者全为 0，或者全为 1。有一个例外，如果把虚拟地址的高八位配置为标记(Tag)，则虚拟地址的 VA[63:56] 位在判断地址是否有效时将被忽略，并且不会被传递给程序计数器。

在 ARMv8.0-A 架构下，物理地址(PA)空间最大可提升至 48 位地址。实际有效的物理地址位数可以通过存储模型特征寄存器(memory model feature register)配置为 32 位、36 位、40 位、42 位、44 位或 48 位。物理地址的最大长度在 ARMv8.2-A 架构中进一步提升至 52 位。

2.3.3　地址变换

地址变换的过程是将处理单元使用的虚拟地址映射到物理存储器使用的物理地址。这一映射过程可以使用单级变换(single stage of translation)，也可以使用两级连续变换(two sequential stages of translation)。在两级连续变换过程中，虚拟地址被存储管理单元首先转换为 40 位的中间物理地址(Intermediate Physical Address，IPA)，然后再变换为物理地址。中间物理地址是第一级变换的输出地址，也是第二级变换的输入地址。当使用一级地址变换时，中间物理地址与物理地址相同。中间物理地址的长度也是可配置的，其最大长度与处理器支持的最大物理地址长度相等。

ARMv8-A 的 EL2 异常等级通常用于支持虚拟化操作，如果一个 ARMv8-A 系统不使用 EL2 异常等级，通常可以使用单级变换完成虚拟地址到物理地址的映射。

如果要支持虚拟化操作，则需要启用两级变换：在第一级变换中，客户操作系统通过自已管理的变换表把虚拟地址转换为中间物理地址,中间物理地址对客户操作系统而言就是"物理地址";在第二级变换中,EL2 上运行的虚拟机管理器进一步将 EL1 上运行的客户操作系统的"物理地址"变换为真正的物理地址,变换过程是通过由虚拟机管理器管理的变换表实现的,客户操作系统并不知晓第二级变换的存在。

1．平行地址空间

在 ARMv8-A 架构中存在多个相互独立的虚拟地址空间,在任意特定时刻,只有一个虚拟地址空间(就是与当前安全状态和异常等级相匹配的虚拟地址空间)在使用中。但是从宏观上看,共有三个并行存在的虚拟地址空间分别用于 EL0/EL1、EL2 和 EL3。

在 EL0 和 EL1 异常等级执行的程序支持两个独立的虚拟地址空间区域,每个空间区域有其自身的转换控制逻辑。在典型的应用场景中,EL0 运行应用程序,其虚拟地址空间属于"用户空间";而 EL1 运行操作系统,其虚拟地址空间属于"内核空间"。内核空间和用户空间可以使用各自独立的变换表,这也意味着地址变换过程也是相互独立的。两个地址变换表将虚拟地址空间划分为两部分,每部分的地址空间大小可以配置。没有被这两个变换表覆盖的地址空间不能被访问,如果试图访问无效的地址,将产生存储管理单元故障异常。

存储管理功能属于系统权限,一般应用程序不能自行控制地址变换等功能,故运行应用程序的 EL0 等级的地址映射等操作需要由 EL1 等级运行的操作系统负责管理。

通常操作系统上会运行多个应用程序的任务,每个任务都有其自己的变换表。操作系统内核负责在任务切换的同时切换作为任务上下文的地址变换表。而操作系统本身占据的存储器空间有固定的虚实地址映射关系,其地址变换表的表项几乎很少需要更改。为此,ARMv8-A 架构通过两个变换表基址寄存器 TTBR0_EL1 和 TTBR1_EL1 的相互配合给出实际使用的地址变换表基地址。当虚拟地址的第 55 位为 0 时,TTBR0_EL1 被选中;而当虚拟地址的第 55 位为 1 时,TTBR1_EL1 被选中。因此,TTBR0_EL1 指向了从地址 0x0000000000000000 开始的低地址区域的初始变换表首地址;而 TTBR1_EL1 则指向高地址区域的初始变换表首地址,该区域的最高地址是 64 位全为 1,即 0xFFFFFFFFFFFFFFFF。

因此,可以认为在 EL0 和 EL1 异常等级下,64 位虚拟地址构成的存储空间的高地址空间是内核空间,而低地址空间为用户空间。在变换表的表项中有一个属性字段标记为"全局(Global)",指明变换的全局属性。例如,内核的地址映射是全局变换,意味着内核区域对当前运行的任何进程都有效,变换的页面也是全局的;而应用程序是非全局的,即变换只针对当前运行的进程,变换的页面是针对进程的,由地址空间标识(Address Space IDentifier,ASID)定义页面与哪个具体进程相关。AArch64 状态下,在 EL2 和 EL3 运行的程序只能使用一个变换表基址寄存器 TTBR0,而没有 TTBR1。因此,在 EL2 和 EL3 异常等级执行的程序只支持一个单独的虚拟地址空间区域,且其可用的虚拟地址范围只能落在低地址区间。

2．不同安全状态的平行地址空间

正如前文对 ARMv8-A 的安全模型的描述,处理器有两种状态,即安全状态和非安全状态。与不同异常等级下的独立虚拟地址空间类似,也存在独立的安全虚拟地址空间和非安全虚拟地址空间。相应地,也存在两种物理地址空间:安全地址空间和非安全地址空间。系统硬件在安全状态的地址空间与非安全状态的地址空间之间安装了"防火墙"。理想情况下,安全空间和非安全空间是相互隔离的,而实际的系统一般仅设置单向防火墙,即处于安全状态的处理单元可以访问那些标记为"安全"的存储空间,也可以访问那些标记为"非安全"的存储空间;但处于非安全状态的处理单元则只能访问那些标记为"非安全"的存储空间,而无法访问那些标记为"安全"的存储空间。

因此,在 EL0/EL1 异常等级,可以存在两个独立的虚拟地址空间:安全的 EL0/EL1 虚拟地址空间和非安全的 EL0/EL1 虚拟地址空间。不过,由于物理上只有一套 TTB R0_EL1 和 TTB R1_EL1 变换表基地址寄存器,所以在安全和非安全两个空间之间切换时,安全监视器(secure monitor)必须保存和恢复这些寄存器。由于通用寄存器、向量寄存器和大多数系统寄存器只有一个副本用于安全状态和非安全状态,因此,在安全和非安全两个空间之间切换时需要由软件保存和恢复这些寄存器。安全监视器就是负责保存和恢复寄存器的软件部件。

与不同安全状态的平行地址空间对应,数据 Cache 的标记部分也附加着安全状态,意味着对同一物理地址而言,安全状态的物理页面到 Cache 行的映射,与非安全状态的物理页面到 Cache 行的映射是完全独立的。

2.3.4　存储器类型和属性

存储器类型(memory type)是对处理器与地址区间交互方式的高层描述。ARMv8-A 架构定义了两种互斥的存储器类型:常规(normal)类型和设备(device)类型,所有的存储区域都属于这二者之一。

一个系统中的存储器可以被划分为多个区域,代码和数据可以按照其逻辑结构的自然大小被分组存放到存储器的不同区域中。

每个区域可以设置若干存储器属性(memory attributes),例如不同特权等级的读权限、写权限和执行权限、Cache 可缓存性(cacheability)和可共享性(shareability)等。存储管理单元可以分别管理这些不同属性的存储区域。

1. 常规存储器类型

在 ARM 架构中,存储器地址采用统一编址方式,即存储器 I/O 映射方式,以存储器映射方式工作的 I/O 空间被定义为设备存储器类型,而常规内存空间则被定义为常规存储器类型。

与设备存储器类型相比,常规存储器没有直接的边际效应,也就是说,对某个存储器位置的一次访问不会直接触发另一个操作,对某个内存单元的读操作也不会改变其存储的数值。

常规存储器类型用于存储器中的所有代码和大多数数据区。一般在需要连续批量访存时,无论是可读写存储器还是只读存储器都可以使用这种类型,常规的随机存取存储器(Random Access Memory,RAM)或只读存储器(Read-Only Memory,ROM)都属于这一类型。

常规存储器类型支持处理器以最高性能访存,由于 ARM 架构采用弱内存顺序结构(weakly ordered memory architecture),所以编译器可以进行更多优化,处理器也可以对常规存储器的访问操作进行重排序、重复和合并。例如,处理器可能会将对同一内存地址的多次访问或者对连续地址的多次访问合并为一次访问。

对于标记为常规类型的存储器,处理器可以推测其访问地址的位置,因而在程序没有显式访存时,或者在实际访存之前,数据或指令就可以从存储器读出,对分支预测、推测 Cache 行填充、乱序数据加载或硬件优化的结果,都可以采用这种推测访问方式。

因此,为了达到最佳性能,处理器应该始终把应用程序代码和数据的存储空间标记为常规存储器类型,在需要强制访存顺序时,可以使用显式屏障操作(explicit barrier operations)。

常规存储器类型使用弱顺序存储器访问没有任何问题,不需要遵从访问其他存储器或设备的严格顺序。但是处理器需要始终关注地址相关造成的影响。

有两种存储器属性只对常规存储器类型有意义,即可共享性和 Cache 可缓存性。

(1) 存储器的可共享性。存储器的可共享性用于定义存储空间是否可以被多个处理器内核共享。当某一处理单元修改了可共享存储空间的数据时,系统会将修改信息同步到其他处理单元的数据副本中,以保持数据的一致性。标记为"不可共享(non-shareable)"意味着该存储区只能用于特定的处理器内核;而标记为"内部可共享(inner shareable)"意味着存储区可以被内部共享区域(inner shareable domain)之内的 GPU 或直接存储器存取(Direct Memory Access,DMA)设备等其他观测者共享;标记为"外部可共享"(outer shareable)意味着存储区可以被内共享区域和外部共享区域的其他观测者共享。设置共享区域的目的是尽可能降低保持区域内部一致性的代价。此处,"内部"和"外部"的具体范围是由实现定义的,但同一个内部共享区域内的处理单元应被同一操作系统或虚拟机管理器控制。内部共享区域可以确定一个区域的范围,在该范围内的一组观察者对数据的访问遵从 Cache 透明性,不影响指令取指的一致性要求。也就是说,对标记为内部可共享属性的存储空间,系统必须提供硬件一致性管理,使得该内部共享区域内的处理器内核能看到该存储区的一致性副本。一个系统中可以有多个内部共享区域,相互不影响。外部共享区域是由一个或多个内部共享区域组成的区域,而内部共享区域则是其所在的外部共享区域的子集,即内部共享区域内的所有观测者一定也是同一个外部共享区域的观测者。如果处理器或者其他主控者不能支持一致性,则必须把该共享区域看作不可缓存区域。

(2) 存储器的 Cache 可缓存性。常规存储器可以被定义为"全写 Cache 可缓存(write-through cacheable)""写回 Cache 可缓存(write-back cacheable)""Cache 不可缓存(non-cacheable)"三种 Cache 可缓存性属性之一。而存储器缓存可以针对多级 Cache 通过内部和外部两种属性单独控制。一般而言,内部属性用于处理器内部 Cache;而外部属性用于处理器外的存储器,无论该存储器是被处理器内核之外的 Cache 还是集群之外的 Cache

缓冲。

2. 设备存储器类型

设备(device)存储器类型用于存储器映射方式的外设空间和所有访问具有边际效应的存储器区域。设备存储器类型对处理器的限制更严格。所有代码都应存放到常规存储器中,在标记为"设备"的存储空间上执行代码将导致不可预测的结果。

显然,类似定时器、寄存器这样的外设监控寄存器不能够按常规存储器那样重复读出,因为每次读出的数据都不同。访问外设存储器空间必须严格遵从程序逻辑所要求的精确的时间点安排,并且不能为提升性能而改变顺序或者合并对同一地址的多次重复读写操作。

此外,由于对不同设备或者不同类型的存储器的访问无法确保严格的顺序,所以标记为设备的存储空间禁止进行推测数据访问,必须确保对单一外设的访问顺序和同步要求。

设备存储空间一定是不可缓存的,并且是外部可共享的。

为了在一定条件下提升访问设备的性能,设备存储器类型还定义了三个属性:聚合属性、重排序属性和提前响应写操作属性。

(1) 聚合(Gathering,G)属性可以确认特定的存储区域是可聚合的(G)还是不可聚合的(non-Gathering,nG),聚合属性决定对同一存储器地址的同一类型的多次存储器访问(读或者写)是否能被合并为单一的事务,也决定对不同存储器地址的同一类型的多次存储器访问(读或者写)是否能在互连时被合并为单一的事务。如果某一设备存储空间被标记为非聚合,则对该设备存储器空间访问的次数和数据访问宽度都必须严格遵从指令的指示,不允许合并读写操作。反之,属性为聚合的设备存储空间则允许处理器将多次存储器访问组合成一次访问。

(2) 重排序(Reordering,R)属性确定同一个设备的访问顺序是否能被改动。标记为"不重排序(non-Reordering,nR)"属性的设备要求对同一个地址区的访问在总线上出现时严格按照程序中指令安排的顺序。而标记为"重排序(R)"属性的所有类型的存储器都与访问常规不可缓存存储器的排序规则相同。

(3) 提前响应写操作(Early Write Acknowledgement,E)属性确认访问处于处理器和外设之间的写缓冲器时是否允许返回一个"写完成响应"。当处理单元需要从写操作的最终点返回响应时,该设备存储空间的属性应被设置为"不提前响应写操作(nE)",从而保证在写操作真正完成时处理单元才会收到响应信号。根据访存方式的限制,共有四种不同类型的设备存储器:Device-nGnRnE、Device-nGnRE、Device-nGRE 和 Device-GRE。其中,Device-nGnRnE 对符合访存规则的要求最严格,而 Device-GRE 对符合访存规则的要求最宽松。

3. 存储器访问权限

不同存储区域的存储器除了存储器类型和存储器属性差异外,还有存储器访问权限等限制。除了禁止访问、只读、读写等访问权限外,存储区域还可定义为非特权(EL0)、特权(EL1、EL2 或 EL3)特性。而执行权限则决定是否可以从某存储区域取指令。如果存储器访问发生权限冲突,例如向只读区域发送写请求将产生权限故障异常。

2.3.5　内存顺序模型

ARM 体系结构参考手册定义了简单顺序执行(Simple Sequential Execution,SSE)模型。简单顺序执行模型是 ARM 架构定义的指令顺序概念模型,即凡是兼容 ARMv8-A 架构的处理器的行为方式都与串行执行指令的模式相同:按照程序给出的指令执行顺序完成取指令,指令译码和指令执行操作,每次只执行一条指令。

体系结构规范只是定义了处理器的外部功能特征,并不涉及处理器的内部实现。因此,SSE 指令顺序模型并不妨碍处理器内部通过复杂的指令流水线实现多条指令并行执行,也允许处理器支持乱序执行,现代处理器为了提升处理器整体执行效率也会普遍采用这些方法。但是无论是乱序执行还是指令多发射,这些并行操作都是由硬件实现的,只要处理器对外符合简单顺序执行模型,软件就无法从功能上感知。

而与指令顺序相关但有区别的是内存访问顺序,即内存系统看到的访问内存的顺序,由于缓存和写缓冲器的存在,即使外部特征符合简单顺序执行模型的处理器也会出现访存顺序混乱的情况。对于常规存储器,ARMv8 架构的处理器采用弱顺序内存结构,允许处理器观察到的其他处理器的内存读和写访问的感知顺序及程序执行顺序与程序顺序不同。

ARMv8 的内存一致性模型的特征可以概括为以下几点:

(1) ARMv8 的内存一致性模型属于弱一致性模型,与 C 或者 Java 这样的高级程序设计语言使用的内存模型类似。观察者看到其他处理器上的独立内存访问可以被重排序。

(2) 对大多数内存类型不要求多备份原子性(multi-copy atomicity)。

(3) 必要时可以使用指令和内存屏障补偿缺失的多备份原子性。

(4) 在排序时使用地址、数据和控制依赖性,以避免在程序员或编译器需要一定访存顺序时较多地使用屏障或者其他显式指令。

其中,多备份原子性是多处理系统中的访存操作属性。如果向内存某个位置(ARM 定义为一个字节地址)执行写操作,并且满足下面两个条件时,则该操作被称为多备份原子性的。

(1) 对同一位置的所有写操作都是串行化的,即所有观察者看到的操作顺序都相同,但不排除有些观察者没有看到全部写操作。

(2) 只有在所有观察者都看到某次写操作之后,从一个位置读出才会返回这次写操作的值。

2.4　CPU 编程模型

ARM 架构的执行状态决定了处理单元的执行环境,包括所支持的寄存器宽度、指令集以及异常模型等方面。ARMv8 架构支持 AArch64 和 AArch32 两种执行状态:

（1）64 位执行状态 AArch64 提供 31 个 64 位通用寄存器和 1 个 64 位程序计数器（Program Counter，PC）、若干堆栈指针（Stack Pointers，SP）寄存器、若干异常链接寄存器（Exception Link Registers，ELR）以及支持 SIMD 和浮点操作的 32 个 128 位寄存器。在指令集方面，AArch64 仅支持 A64 指令集。

（2）32 位执行状态 AArch32 提供 13 个 32 位通用寄存器和 1 个 32 位程序计数器、堆栈指针和链路寄存器（Link Register，LR），其中链路寄存器可以用作异常链接寄存器和过程链接寄存器（Procedure Link Register，PLR）。在指令集方面，AArch32 支持 A32 和 T32 两种指令集。

接下来对 AArch64 的寄存器和指令集进行展开介绍。

2.4.1　寄存器

1. 通用寄存器

从汇编程序或编译器编写人员的角度来看，A64 指令集的明显特征是通用寄存器数量的增加以及对于通用寄存器访问的不同。31 个通用寄存器的宽度为 64 位，在汇编语言中被称为寄存器 X0～X30。其中通用寄存器 X30 被用作过程链接寄存器，而过程链接寄存器并非严格意义上的通用寄存器，因此可以说 A64 指令集只使用 30 个通用寄存器。

而从应用程序的角度来看，在 AArch64 执行状态下可以使用包括 R0～R30 在内的共 31 个通用寄存器，而每个通用寄存器都有 64 位和 32 位两种访问方式：

（1）当使用 64 位方式进行访问时，使用的通用寄存器名是 X0～X30。

（2）当使用 32 位方式进行访问时，使用的通用寄存器名是 W0～W30。

从图 2-1 可以看出寄存器的名称映射关系，即 32 位的 Wn 寄存器映射到相应的 64 位 Xn 寄存器的低有效位。在对 Wn 寄存器执行读取操作时，忽略相应 Xn 寄存器的高 32 位数据并保持低 32 位不变；而在对 Wn 寄存器执行写入操作时，直接写入低 32 位并将相应的 Xn 寄存器的高 32 位置 0。也就是说，当向 W0 寄存器写入 0xFFFFFFFF 时会将 X0 寄存器置为 0x00000000FFFFFFFF。

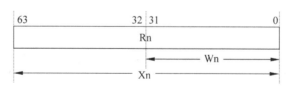

图 2-1　通用寄存器命名

从函数调用的角度来看，可以将通用寄存器分为以下 4 种。

（1）参数寄存器（X0～X7），用于向函数传递参数和子程序的返回值，多余的参数用堆栈传递。相比于 AArch32 执行状态，使用这 8 个寄存器来传递参数可以减少堆栈的使用。

（2）调用者保存的临时寄存器（X9～X15），又名易失性寄存器，如果调用函数要求在调用另一个函数后恢复这些寄存器中的值，则调用函数必须将受影响的寄存器中的值压入自己的堆栈或复制到其他位置。它们可以由被调用方的函数修改且无须在返回调用函数前保存或恢复其中的值。

（3）被调用者的寄存器（X19～X29），又称非易失性寄存器，其内容必须由被调用的子程序来保存。如果一个子程序需要修改非易失性寄存器中的值，就必须在修改之前将其中的值保存在堆栈中，并且在返回调用函数之前将保存在堆栈中的值恢复到寄存器中。

（4）专用寄存器包括 X8、X16～X18、X29、X30。

① X8：间接结果寄存器，用于传递间接结果的地址，如函数返回的结构体地址。

② X16 和 X17：子程序内部调用寄存器，分别是 IP0 和 IP1，用于存储子程序调用之间的中间值，不常用。

③ X18：平台寄存器，其使用与平台相关，是一个附加的临时寄存器。

④ X29：帧指针寄存器，用于连接栈帧，使用时必须保存。

⑤ X30：链接寄存器，用于保存子程序的返回地址。

2. 特殊寄存器

在 AArch64 执行状态下，除了上述的 31 个通用寄存器外，还有几个特殊寄存器，包括零寄存器（Zero Register，ZR）、程序计数器、堆栈指针寄存器、备份程序状态寄存器（Banked Register）以及异常链接寄存器。下面针对零寄存器、程序计数器和堆栈指针寄存器进行展开介绍。

（1）零寄存器。在 AArch64 执行状态下，没有名为 X31 或 W31 的通用寄存器，若在指令编码时通用寄存器字段中出现了值为 31 的二进制编码 0b11111，此时表示堆栈指针或零寄存器，具体取决于指令的功能以及操作数的位置。其中，表示 64 位操作数的零寄存器名为 XZR，表示 32 位操作数的零寄存器名为 WZR。零寄存器并非作为物理寄存器实现的，只是代表操作数为立即数 0。当访问零寄存器时，将忽略所有的写入操作，对于所有的读取操作均返回 0。但并非所有指令都可以使用零寄存器作为参数。

（2）程序计数器。64 位的程序计数器用于保存当前指令的地址。早期 ARMv7 指令集的一个特点就是将程序计数器作为通用寄存器 R15 来使用，这样虽然可以为某些程序提供灵活控制的能力，但却使得编译器和流水线的设计更加复杂。在 ARMv8 架构中则取消了软件对程序计数器的直接访问，它的使用隐含在某些指令中，并且不能将程序计数器作为数据处理指令或加载指令的目标地址。能够对程序计数器 PC 进行读取操作的是那些功能为计算 PC 相对地址的指令以及需要在链接寄存器中存储返回地址的分支和链接指令。而对程序计数器的修改操作也只有在执行分支类等少数几类指令或者进入异常处理入口、从异常退出返回时才能进行。

（3）堆栈指针寄存器。AArch64 执行状态使用 64 位的专用堆栈指针寄存器 SP 存放堆栈指针，堆栈指针的最低有效 32 位可以通过寄存器名 WSP 进行访问。将 SP 作为指令中的操作数意味着访问当前的堆栈指针。大部分指令不能引用 SP，但是某些形式的算术指令（如 ADD 指令）可以对当前的堆栈指针进行读取或者写入，从而调整函数中的堆栈指针。例如：

```
ADD SP, SP, ♯0x10        //将堆栈指针调整为当前位置之前的 0x10 字节
```

3. NEON 和浮点寄存器

AArch64 执行状态和 AArch32 执行状态均支持单指令多数据流和浮点运算指令。单指令多数据流是指通过一条指令对多个相同类型和宽度的数据进行并行处理,从而提高处理器的吞吐量,实现数据并行。从 ARMv7 架构开始,ARM 提供高级 SIMD 体系结构用以提高多媒体和信号处理等数据密集型应用程序(如视频编码/解码、2D/3D 图形、游戏、图像处理技术等)的性能,而 NEON 正是用来实现这种高级 SIMD 架构扩展的技术。

在 AArch64 执行状态下还有 32 个 128 位寄存器,NEON 指令和浮点指令均使用这些寄存器,因此 32 个寄存器的集合也被称为 NEON 和浮点寄存器,用于保存标量浮点指令的浮点操作数以及用于 NEON 运算的标量和向量操作数。其中的标量指的是单个值,而向量则包含多个值。这 32 个寄存器被命名为 V0～V30,字母 V 代表向量(Vector),因此这组寄存器有时也被称为 V 寄存器。在对标量数据进行操作的 NEON 和浮点指令中,对 NEON 和浮点寄存器的使用类似于主要的通用整数寄存器,即若仅对低位数据进行操作,在读取时忽略未使用的高位数据只读取低位数据,而在写入时则将高有效位置为全 0。

虽然每个寄存器都是 128 位宽的,但是应用程序可以通过以下多种方式访问其中的寄存器:

(1) 通过寄存器名 Q0～Q30 访问 128 位寄存器。

(2) 通过寄存器名 D0～D31 访问 64 位寄存器,D 寄存器被称为双精度寄存器,存放双精度浮点数。

(3) 通过寄存器名 S0～S31 访问 32 位寄存器,S 寄存器被称为单精度寄存器,存放单精度浮点数。

(4) 通过寄存器名 H0～H31 访问 16 位寄存器,H 寄存器被称为半精度寄存器,存放半精度浮点数。

(5) 通过寄存器名 B0～B31 访问 8 位寄存器。

(6) 当作 128 位向量的元素进行访问。

(7) 当作 64 位向量的元素进行访问。

当作向量访问时,这组 V 寄存器保存的数据可以被当作一个向量,即某个 V 寄存器保存了一组数据中的一个元素。

2.4.2　指令集

1. 指令集概述

ARMv8 架构中最重要的变化就是针对 AArch64 执行状态引入了新的 64 位指令集 A64。通过此指令集可以对 64 位宽的寄存器进行读取、写入等操作,也可以通过 A64 指令集来使用 64 位大小的内存指针。但 A64 指令集中的指令宽度仍是 32 位,而非 64 位。A64 指令集相比于 32 位指令集有许多改进,在此列出以下几点。

（1）更宽数值范围的常量：为了满足某些指令类型的要求，为常量提供了更宽的选择范围。

① 算术指令通常接收 12 位立即数常量。

② 逻辑指令通常接收 32 位或 64 位常量，但在编码时对常量的取值有一定约束。

③ MOV 指令接收 16 位立即数，该立即数可以被移位到任意的 16 位边界。

④ 地址生成指令所生成的地址会与 4KB 页面大小对齐。

（2）数据类型更加简单。A64 指令集提供了更简捷有效的方法处理 64 位有符号和无符号数据类型，这种设计有利于一些包含 64 位长整型的编程语言，如 C 语言和 Java。

（3）相对寻址范围扩大。A64 指令集普遍支持更大范围的相对寻址，用于 PC 的相对寻址和偏移寻址。

（4）64 位大小的指针。AArch64 执行状态下的指针是 64 位的，这样使得可寻址的虚拟内存空间更大，也为地址映射提供了更大的灵活性。但是使用 64 位指针意味着比使用 32 位指针需要更大的内存空间，当大量使用指针时所造成的内存消耗就变多了。同时更大的寻址空间会降低 Cache 的命中率，缓存命中率下降就会降低程序的性能。

（5）定长指令。A64 指令集的指令长度是固定的，这使得生成的代码序列能被更好地管理和跟踪，对动态代码生成器来说这一点很重要。

2．A64 指令集中的常用指令

根据指令的功能，可以将 A64 指令分为数据处理指令、内存访问指令、分支跳转指令等。在此介绍几种常用的指令。

（1）数据处理指令。数据处理指令主要使用一个目的寄存器和两个源操作数，一般的格式如下所示：

```
Instruction Rd, Rn, Operand2
```

其中，Rd 代表目的寄存器，Rn 和 Operand2 分别表示两个源操作数。数据处理指令又分为算术逻辑运算指令、乘除指令、移位运算指令、条件指令，其中算术逻辑运算指令又包括算术运算指令、逻辑运算指令、比较指令、数据传送指令。表 2-1 展示了一些常用的算术逻辑运算指令。

表 2-1　常用的算术逻辑运算指令

类　　型	指　　令
算术运算指令	ADD、SUB、ADC、SBC
逻辑运算指令	AND、ORR、EOR
比较指令	CMP、CMN、TST
数据传送指令	MOV、MVN

① ADD 与 SUB 指令用于进行普通的加法与减法运算。使用示例如下：

```
ADD  X0, X1, X2    // X0 = X1 + X2
```

```
SUB  X0, X1, X2    // X0 = X1 - X2
```

② ADC 与 SBC 指令用于进行带进位的加法与减法运算。使用示例如下：

```
ADC  X5, X1, X3    // X5 = X1 + X3 + carry
SBC  X5, X1, X3    // X5 = X1 - X3 - carry
```

其中，carry 表示标志寄存器中的进位标志位的值。

③ AND、ORR、EOR 指令分别表示对两个操作数按位进行逻辑"与"、逻辑"或"以及"异或"操作。AND 与 ORR 指令可用于设置操作数中的某些位，EOR 指令常用于翻转寄存器中的某些位，即将 1 变为 0，或将 0 变为 1。使用示例如下：

```
AND  X1, X1, #3    // 将 X1 寄存器中第 0、1 位以外的位清零
ORR  X1, X1, #3    // 将 X1 寄存器中的第 0、1 位设置为 1,其余位不变
EOR  X1, X1, #3    // 翻转 X1 寄存器中的第 0、1 位
```

④ CMP 指令用于比较两个操作数的大小。使用示例如下：

```
CMP X1, X2         // 根据 X1 - X2 的值设置标志位
```

⑤ MOV 指令用于将数据从源地址传送到目的地址，而 MVN 指令相比于 MOV 指令多了一个取反的操作，即先将数据按位取反后再进行传送。使用示例如下：

```
MOV  X0, X1    // 将寄存器 X1 中的值传送到寄存器 X0 中
MVN  X0, X1    // 将寄存器 X1 中的值按位取反后再传送到寄存器 X0 中
```

(2) 内存访问指令。ARMv8 架构是一种加载/存储体系结构，也就是没有直接对内存中的数据进行操作的指令。数据必须先加载到寄存器，再对寄存器中的数据进行修改，然后重新存储回内存，因此就需要用内存访问指令在寄存器和内存之间进行数据传送。表 2-2 展示了一些常用的内存访问指令。

表 2-2　常用的内存访问指令

类　　型	指　　令
加载指令	LDR、LDRB、LDRH
存储指令	STR、STRB、STRH

① 加载指令用于将内存中的数据读取到寄存器中。使用示例如下：

```
LDR X0, [X1]     // 表示将地址为 X1 中的数据加载到寄存器 X0 中
```

② 存储指令用于将寄存器中的数据存储到内存中。使用示例如下：

```
STR X0, [X2]     // 表示将寄存器 X0 中的数据存储到地址为 X2 的内存中
```

(3) 分支跳转指令。分支指令用于实现程序流程的跳转，或使得一个程序可以调用子程序。表 2-3 展示了一些常用的分支跳转指令。

表 2-3　常用的分支跳转指令

类　　型	指　　令
无条件的分支跳转指令	B、BL、BR、BLR、RET
有条件的分支跳转指令	CBZ、CBNZ、TBZ、TBNZ

① 无条件的分支跳转指令,如 B 指令和 BR 指令,分别是不带返回值和带返回值的跳转指令,其指令格式如下:

```
B < label >        // 程序将无条件地跳转到 label 处执行
BL < label >       // 程序在无条件跳转到 label 处的同时将返回地址保存到 X30 寄存器中
```

② 有条件的分支跳转指令,如 CBZ 指令和 CBNZ 指令,分别是关于零和关于非零的跳转指令,即根据寄存器中的值是否为 0 来决定是否跳转,指令格式如下:

```
CBZ Rd, < label >      // 如果寄存器 Rd 的内容为 0,则跳转到 label 处
CBNZ Rd, < label >     // 如果寄存器 Rd 的内容不为 0,则跳转到 label 处
```

2.5　鲲鹏处理器与毕昇编译器

2.5.1　毕昇编译器的优化特性

1. 内存优化特性

内存子系统是现代计算机系统中一个主要的性能瓶颈,降低内存延迟和所需的吞吐量以提高性能至关重要。在计算机系统中,CPU 高速缓存(Cache)处于金字塔式存储体系自顶向下的第二层,仅次于 CPU 寄存器,容量远小于内存,但其速度可以接近 CPU 的频率。当处理器发出内存访问请求时,会先查看缓存内是否有请求数据。如果存在,则不经访问内存直接返回该数据;如果不存在,则要先把内存中的相应数据载入缓存,再将其返回处理器。有效利用缓存可以极大提高程序的访存效率,降低系统的内存瓶颈,而程序运行时能否有效利用缓存,取决于访存的局部性特征。因此,编译器需要利用多种优化手段,充分利用内存局部性,提升系统的性能。下面对毕昇编译器在内存方面的优化方式进行介绍。

(1) 结构体内存布局优化。编译器将结构体数组转换为数组结构体,结构体可以是显式的,也可以通过检查循环中的数组使用情况来推断它们。

(2) 数组重排列优化。与结构体类似,编译器通过对数组的访问顺序进行重新排列来提高编译效率。毕昇编译器经过数组重排列优化后,在 1P 和 2P 场景下,性能均能提升 1 倍以上。

(3) 软件预取增强。软件预取是提高缓存利用率的重要手段。鲲鹏处理器提供了软件预取指令,编译器通过显式生成预取指令,计算得到指定数据的地址,将其从内存载入缓存中。如果编译器对需要预取的数据地址计算准确,基本保证每次 CPU 需要读取数据时,数

据刚好通过预取指令读入缓存,则访存的延时就会大幅降低。但是,预取指令本身的执行会带来额外的开销,如果不能在正确的时间发出预取指令,或者预取的内存地址与实际需求相差很远,可能会导致缓存污染,反而降低系统的性能。因此编译器生成软件预取指令的能力对生成高性能的二进制至关重要。毕昇编译器通过与鲲鹏处理器协同,对硬件相关特征进行准确建模,使得编译器预取分析相关代码能够准确模拟鲲鹏处理器的访存特征,再通过循环、数组等典型内存访问场景的分析增强,从而准确生成对目标内存的预取指令,提升程序运行性能。同时,LLVM 原生的软件预取分析能力有限,例如当循环的步长不是编译时常量时,无法做出预取分析,这会导致有些场景无法生成预取指令。因此,毕昇编译器对 LLVM 的软件预取功能做了增强,使得软件预取可以在复杂循环场景下完成分析。软件预取对 SPEC CPU 2017 benchmark 中多个高性能工作负载的性能都有大幅提升。

2. 循环优化特性

循环(loop)优化是编译器中极为重要的一个优化手段,具有极为广泛及多样化的优化措施。编译器通过不同的优化方法来提高循环的性能,比如:

(1) 提高缓存利用率。

(2) 降低寄存器压力。

(3) 减少动态指令数。

(4) 复用不同迭代加载或计算值。

(5) 暴露其他优化的机会,例如,向量化、指令调度等。

目前毕昇编译器在循环优化方面做出的改进包括循环判断外提(loop unswitching)、循环展开合并(unroll and jam)、循环拆分(loop distributing)、循环合并(loop fusion)、循环展开(loop unroll)等。

3. 自动向量化特性

在并行计算中,自动向量化是自动并行化的一个特殊场景,其中计算机程序从一次处理一对操作数的标量实现转换为向量实现,它能在一次操作中同时处理多对操作数。比如,基于 AArch64 的鲲鹏 920 处理器,具有 32 个 128 位的向量寄存器,可以一次操作 4 路 32 位或者 2 路 64 位的数据。

毕昇编译器重点优化了循环向量化及 SLP 向量化场景,高效提升了计算密集型场景的性能。

4. 鲲鹏流水线优化

基于 ARMv8 的鲲鹏流水线技术有以下几个特点。

(1) Branch 预测和取指流水线解耦设计。取指流水线每拍最多可提供 32 字节指令供译码,分支预测流水线可以不受取指流水停顿影响,超前进行预测处理。

(2) 定浮点流水线分开设计。解除定浮点相互反压,每拍可为后端执行部件提供 4 条整型微指令及 3 条浮点微指令。

(3) 整型运算单元支持每拍 4 条 ALU 运算(含 2 条跳转)及 1 条乘除运算。

（4）浮点及 SIMD 运算单元支持每拍 2 条 ARM NEON 128 位浮点及 SIMD 运算。

（5）访存单元支持每拍 2 条读或写访存操作，读操作最快 4 拍完成，每拍访存带宽为 2×128 位读及 1×128 位写。

在鲲鹏 920 硬件流水线架构的基础上，毕昇编译器又对流水线上的指令调度进行了优化，提高了流水线的执行效率，减少了程序的运行时间。

5. Autotuner 特性

Autotuner 是一种自动进行编译调优的迭代过程，通过操作编译配置信息来优化用户给定程序，以实现最佳性能。它由两个组件配合完成：能够自动调优的毕昇编译器以及 Autotuner 命令行工具。其中，Autotuner 命令行工具管理搜索空间的生成和参数操作，需要与毕昇编译器一起使用。使用时用户将获取一个简单的 yaml 文件，其中包含指定优化配置、优化信息及其相应的代码区域信息，包括可优化代码区域的名称和行号。此外，它还可以记录这些优化配置和可调优的代码区间，并将这些信息以 yaml 的形式导出，供用户使用。

Autotuner 的调优流程由两个阶段组成：初始编译阶段（initial compilation）和调优阶段（tuning process）。

初始编译阶段发生在调优开始之前，自动调优器首先会让编译器对目标程序代码做一次编译，在编译的过程中，毕昇编译器会生成一些包含所有可调优区间的 yaml 文件，文件指出在这个目标程序中哪些结构可以用来调优，如 module、function、loop。例如，如果想以 loop unroll factor 为参数调优，可以启用代码中 loop 结构作为调优方向进行调优，那么编译器会输出这个程序中所有的 loop 作为可调优区间。

当可调优区间顺利生成之后，调优阶段便会开始进行以下工作：

（1）首先，自动调优器读取生成好的可调优区间 yaml 文件，从而产生对应的搜索空间，也就是生成针对每个调优代码区间进行优化的具体参数。

（2）其次，调优阶段会根据设定的搜索算法尝试一组参数的值，生成一个 yaml 格式的编译配置文件，从而让编译器通过这个编译配置文件编译目标程序代码，产生优化后的二进制文件。

（3）然后，自动调优器将编译好的文件以用户定义的方式运行并取得性能信息作为反馈。

（4）最后，反复进行不同优化配置编译生成二进制文件和运行二进制文件获取性能反馈这两个操作，经过给定数量的迭代后，自动调优器将找出最优配置，生成 yaml 格式的最优编译配置文件供用户使用。

2.5.2 FORTRAN 语言支持

1. Flang 编译器能力简介

毕昇编译器 Flang 语言前端基于 Classic Flang 进行构建，具有如下基本特性：

（1）支持 F2003、F2008（Coarray 特性除外）语言标准。

（2）最高支持四倍浮点精度（real16）数据类型，15 维数组数据类型。

（3）支持 OpenMP 4.0、OpenMP 4.5 并行化编程模型。

（4）支持 DWARF4 标准。

（5）支持 IEEE-754 浮点类型标准。

Classic Flang 支持部分 F2008 特性，毕昇 Flang 编译器也基本完成了支持 F2008 语言标准，并且实现了如下语言特性支持：

（1）数据声明。

（2）数据对象访问。

（3）位操作内建函数。

（4）内建函数。

（5）程序和过程。

（6）FORTRAN 77 特性。

如果在变量初始化或定值前引用其值可能会导致应用程序错误，这些错误可能是随机运行错误，并且难以调试，特别是作为过程参数传递的变量。针对这种情况，毕昇 FORTRAN 编译器提供了一种对引用未初始化浮点变量进行检测的技术：将此类浮点数据初始化为 NaN 值，检测该数据是否在浮点操作中使用，如果使用则会发生浮点无效异常，从而达到检测引用的未初始化浮点变量的目的。

毕昇 Flang 前端改进了 Classic Flang 关于 Unformatted IO 指定数据大小端的机制。与 GFORTRAN 类似，用户可以通过选项指定 Unformatted 文件中的数据大小端表达。

2．浮点精度调优

浮点运算的精度差异主要来自 4 方面：数学库、编译器优化、架构指令差异和运行环境（如集群和多核环境差异，MPI 及 OpenMP 等）。毕昇编译器通过提供多样化的浮点精度调优选项、编译器硬/软浮点指令实现、优化及改进不同精度模式下的浮点编译算法、支持不同精度等级的数学库调用等方法，对浮点精度进行精确控制与调优。

毕昇编译器使用 RCP 指令来计算 $1.0/x$，进行精度优化。毕昇编译器在下述指定选项的场景下产生 RCP 指令。

（1）-freciprocal-math or-ffast-math。

（2）-mrecip＝x:y or-mrecip：x 用于指定 reciprocal 操作的类型，当前包括（vec-）div （d/f），（vec-）sqrt（d/f）；y 用于指定 reciprocal 转换的牛顿迭代次数，这个值位于 0～9 之间。在默认情况下，x 支持所有操作，y 的值是 2（float）或者 3（double）。针对 x 指定的操作类型不同，使用 y 设置不同的牛顿迭代次数，不同的牛顿迭代次数将对最后的计算精度产生影响，一般来说，牛顿迭代次数越大，浮点计算精度越高。

2.6　小结

本章从多方面对鲲鹏处理器进行了介绍，包括整体概述、所使用的 ARMv8 架构、访存原理、编程模型以及毕昇编译器在鲲鹏处理器上所做出的优化特性。

鲲鹏处理器作为华为公司自主研发的处理器产品,基于 ARM 架构进行设计,其芯片集成了多种处理器内核以及接口,具有高性能、高吞吐率、高集成度、高能效的特点,可用于多种计算场景。鲲鹏处理器所使用的 ARMv8 架构采用全新的 A64 指令集,支持访问 48 位的物理地址空间,在当前市场中处于领先地位。A64 指令集的指令长度固定,指令格式更加简洁。毕昇编译器利用鲲鹏处理器的优势,提出了更有效率的内存优化、循环优化等优化手段。

2.7　深入阅读

华为鲲鹏官方网站提供了有关鲲鹏计算平台、鲲鹏主板、TaiShan 系列高性能服务器等一系列与鲲鹏处理器相关的信息。戴志涛等对鲲鹏 920 处理器片上系统的体系结构及其软件生态和架构、服务器软件的开发与应用进行了介绍。

ARMv8 的官方文档中有对 ARMv8 架构的指令集、缓存的相关设计以及 ARMv8-A 架构如何支持多核系统等信息的详细说明。

2.8　习题

1. 鲲鹏 920 处理器片上系统的主要特点有哪些?
2. 与 ARM 内存一致性有关的功能包括哪 3 种?
3. A64 指令集相比于 A32 指令集有哪些优势?
4. 数据处理指令的一般格式是什么? 包含哪几种指令类型?
5. 毕昇编译器在内存方面的优化有几种? 各有什么作用?

第 3 章

编译器前端

编译器前端是整个编译器的第一个阶段,它负责读入被编译程序的源代码,对其进行词法分析、语法分析和语义分析,并为程序构建合适的中间表示,供编译器的后续阶段进一步处理。词法分析将程序字符流解析为记号流,并检查词法单元的正确性;语法分析读入词法分析阶段输出的记号流,并根据程序语言的语法规则,对程序进行语法检查,对于语法检查通过的程序,编译器将为其构建抽象语法树作为中间表示;语义分析遍历程序的抽象语法树,并检查抽象语法树是否满足语言的语义规范。本章对编译器前端的词法分析、语法分析和语义分析等阶段进行深入讨论。

3.1 词法分析

词法分析器的主要任务是读入源程序的字符流,生成词法记号流,同时去除源程序的注释和空白(包括空格、制表或换行符等字符)。本节深入讨论词法分析器构建的理论和技术,先介绍正则表达式和有限状态自动机的概念,再给出由正则表达式构建有限状态自动机的算法。

3.1.1 记号

词法记号(lexical token)是一个二元组(k,s),其中第一元 k 是词法记号所属的类别,第二元 s 是组成该词法记号的具体字符序列。词法记号是词法分析阶段使用的基本数据结构,接下来将其简称为记号。

程序设计语言的记号可以归类为有限的记号类型。例如,表 3-1 给出了典型程序设计语言的一些记号。其中 ID 代表标识符记号,典型的例子包括程序可以使用的标识符(但一般不包括关键字);INT 代表整型常量记号;REAL 代表浮点型常量记号;关键字是程序设计语言预先确定了含义的词法单元,程序员不可以对这样的词法单元重新声明它的含义,如表 3-1 中的 IF、RETURN 等都是关键字。一般地,编译器将每个运算符和分隔符也都单独归为一类。

表 3-1　典型程序设计语言的一些记号

类型 k	字符序列 s	类型 k	字符序列 s
ID	x y area dfs	COMMA	,
INT	3 65 921 684	NEQ	!=
REAL	34.8 1e67 5.5e−10	LPAREN	(
IF	if	RPAREN	)
RETURN	return		

词法分析器的主要任务是读入程序的源代码的字符流,将其分割成记号流并返回记号流。例如,对于下面一段 C 语言示例程序:

```
1.   float match0(char * s){ / * find a zero * /
2.     if(!strncmp(s, "0.0", 3))
3.       return 0.;
4.   }
```

词法分析器将返回下列记号流:

FLOAT ID(match0) LPAREN CHAR STAR ID(s) RPAREN LBRACE IF LPAREN BANG ID(strncmp) LPAREN ID(s) COMMA STRING(0.0) COMMA INT(3) RPAREN RPAREN RETURN REAL(0.) SEMI RBRACE EOF

需要注意,由于有些记号类别(如 IF)只有单一的记号,因此并不需要记录对应的字符序列 s;另外,记号 EOF 表示结束符,代表输入的结束。

接下来将介绍如何用正则表达式来给出记号的形成规则,并基于确定有限状态自动机来实现词法分析器。

3.1.2　正则表达式

语言是字符串组成的集合,字符串是字符的有限序列,字符来自字母表。例如,Pascal 语言是所有组成合法 Pascal 程序的字符串的集合,C 语言关键字是 C 程序设计语言中不能作为标识符使用的所有字母、数字和字符串组成的集合。这两种语言中,前者是无限集合,后者是有限集合。这两种语言的字母表都是 ASCII 字符集。

利用正则表达式(Regular Expression,RE)这一数学工具,可以使用有限的描述来指明这类有可能是无限的语言,每个正则表达式给出了一个字符串集合。

对于给定的字符集

$$\Sigma = \{c_1, c_2, \cdots, c_n\}$$

正则表达式由以下规则归纳定义。

(1) 空串 ϵ 是正则表达式,它表示 $\{\epsilon\}$。

(2) 对于任意 $c \in \Sigma$,c 是正则表达式,它表示语言 $\{c\}$。

(3) 如果 M 和 N 都是正则表达式,则以下也是正则表达式:

① 选择:M|N={M,N},一个字符串属于语言 M 或者语言 N,则它属于语言 M|N,即 M|N 组成的串包含 M 和 N 这两个集合的字符串的并集。

② 连接:MN={mn|m∈M,n∈N},如果一个字符串 m 属于语言 M,一个字符串 n 属于语言 N,则字符串的连接 mn 属于 MN 组成的语言。

③ 闭包:M*={ϵ,M,MM,MMM,…},即如果一个字符串是由 M 中的字符串经过零次至任意多次连接运算得到,则该字符串属于 M*。例如,((a|b)a)* 表示无穷集合{ϵ,aa,ba,aaaa,baaa,aaba,baba,…}。

约定括号具有最高优先级,以下依次为闭包、选择和连接,则可以省略正则表达式中一些不必要的括号。例如,((a)(b)*)|(c)等价于 ab*|c。

　　还可以引入一些更简洁的缩写形式：［abcd］表示（a｜b｜c｜d）；［b-g］表示［bcdefg］；
［b-gM- Qkr］表示［bcdefgMNOPQkr］；M? 表示（M｜ε）；M＋表示（MM＊）。表 3-2 总结
了正则表达式的基本操作符（包括缩写形式）。正则表达式的这些缩写形式，在正则表达式
库或者词法分析器自动生成工具中都得到了广泛的应用。

表 3-2　正则表达式的基本操作符

缩写形式	含义
a	表示字符本身
ε	空字符串
M｜N	选择，在 M 和 N 之间选择
MN	连接
M·N	连接的另一种写法
M＊	克林闭包（Kleene closure），重复 0 次或任意多次
M＋	正闭包，重复 1 次或 1 次以上
M?	M 出现 0 次或 1 次
［a-zA-Z］	字符集
.	句点，表示除换行符之外的任意单个字符
"a.＋＊"	引号中的字符串，表示文字字符串本身

　　用正则表达式可以方便地表达程序语言中记号的形成规则。例如，C 语言的标识符是
由字母或下画线开头，后跟零个或多个字母、数字或下画线的串，则可以用下面的正则表达
式定义 C 语言标识符：

$$[a\text{-}zA\text{-} Z\_]([a\text{-}zA\text{-}Z0\text{-}9\_])*$$

3.1.3　有限状态自动机

　　定义　有限状态自动机（Finite-state Automaton，FA）是一个五元组：

$$(S, \Sigma, \delta, s_0, S_A)$$

其中各分量的含义如下：

　　(1) S 是一个有限状态集。

　　(2) Σ 是有限字母表，通常 Σ 是有限状态机中边的标签的集合，并且该集合和具体的语
言相关，例如，在 C 语言中，Σ 是 ASCII 字符集。

　　(3) δ 是状态转移函数，它将每个状态 $s \in S$ 和每个字符 $c \in \Sigma$ 的二元组 (s, c) 映射到下
一状态集合 T，这意味着有限状态自动机如果在状态 s 遇到字符 c，将转移到 $\delta(s, c)$ 中的任
一状态上。

　　(4) $s_0 \in S$ 是指定的起始状态，有限状态自动机的转换将从这里开始。

　　(5) $S_A \subseteq S$ 是接收状态集合，当有限状态自动机转换到接收状态集合 S_A 中的某个状态
时，自动机可终止执行。

　　根据状态转移函数 δ 的值域不同，有限状态自动机可分为确定有限状态自动机
(Deterministic Finite-state Automata，DFA)和非确定有限状态自动机(Non-deterministic

Finite-state Automata，NFA）。

在确定的有限状态自动机中，有

$$\delta(s,c) = \{s'\}$$

即对于状态 s 和任意输入字符 c，确定有限状态自动机只会转移到一个确定的状态 s'，而不会转移到零个或超过一个状态。确定有限状态自动机以如下方式接受或拒绝一个字符串：确定有限状态自动机从初始状态出发，对于输入字符串的每个字符，自动机都将沿着一条确定的边到达另一状态，这条边必须标有输入字符。确定有限状态自动机对输入的 n 个字符进行了 n 次状态转换后，如果自动机到达了接收状态，则自动机将接受该字符串；如果到达的不是接收状态，或者在中间某个状态，自动机找不到与输入字符匹配的转移边，那么自动机将拒绝接收这个字符串。一个自动机识别的语言是该自动机接受的字符串的集合。图 3-1 是接收由正则表达式 (a|b) * abb 给出的字符串集合的 DFA。

非确定有限状态自动机的状态转移函数满足

$$\delta(s,c) = T, \quad 且 c \neq \epsilon, \quad |T| \neq 1 \tag{3.1}$$

或

$$\delta(s,\epsilon) = T \tag{3.2}$$

方程(3.1)说明非确定有限状态自动机对于非空字符 c，可以转移到多于一个状态的集合 T，这意味着此时非确定有限状态自动机需要对多条标有相同符号的转移边进行选择。方程 (3.2)说明非确定有限状态自动机还可能存在标有 ϵ 的边，这种边可以在不接受输入字符的情况下进行状态转换。图 3-2 是接受由正则表达式(a|b) * abb 给出的字符串集合的 NFA。

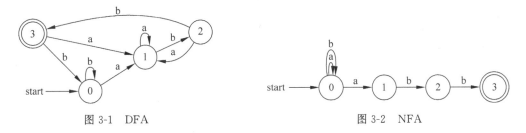

图 3-1　DFA　　　　　　　　　　　　图 3-2　NFA

3.1.4　Thompson 算法

编译器要从正则表达式得到词法分析器，第一步可将正则表达式转换成一个非确定有限状态自动机。这一步骤将使用 Thompson 构造算法，该算法基于对正则表达式语法的模式匹配进行，即对于基本正则表达式（包括基本字符和空串 ϵ），算法直接构造其对应的非确定有限状态自动机；而对于复合正则表达式（包括连接、选择和闭包），算法以递归的方式构造其非确定有限状态自动机。

图 3-3 给出了用于 ϵ 和 a 的简单 NFA，以及用 a 和 b 的 NFA 组成 ab、a|b、a * 所需的转换。这种转换适用于任意的 NFA。

Thompson 构造算法首先为正则表达式中的每个字符构造简单的 NFA，再按照优先级和括号规定的顺序，对这些简单 NFA 应用选择、连接和闭包等转换。对于正则表达式 a(b|c) * ，

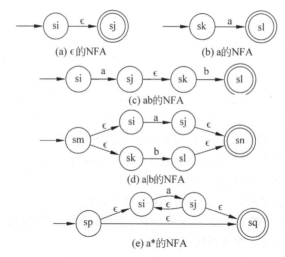

图 3-3　用于正则表达式运算符的简单 NFA

构造法首先分别为 a、b 和 c 构建简单的 NFA。因为括号的优先级最高，所以接下来为括号中的表达式 b|c 构建 NFA。又因为闭包的优先级比连接高，所以接下来为闭包(b|c) * 构建 NFA。最后将 a 和(b|c) * 的 NFA 连接起来。构造过程如图 3-4 所示。

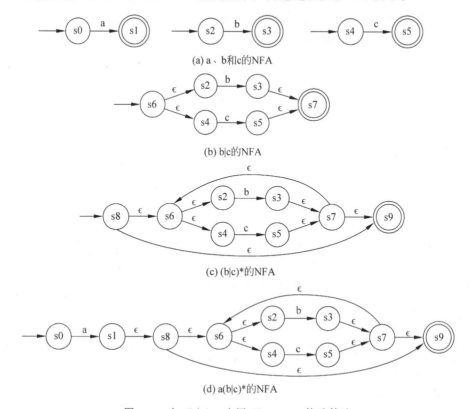

图 3-4　对 a(b|c) * 应用 Thompson 构造算法

3.1.5 子集构造算法

在非确定有限状态自动机中,从一个状态出发可能有多条标有相同符号的边,因此自动机需要进行选择,这种状态转移的不确定性导致算法在实现时往往需要用到回溯,回溯会影响程序执行效率。与非确定有限状态自动机的执行相比,确定有限状态自动机的每一步都只有一个可能的转换,因此其执行要容易得多。所以,词法分析器的下一步是使用子集构造算法将非确定有限状态自动机转换为等价的确定有限状态自动机。

算法 1 给出了子集构造算法,该算法接受非确定有限状态自动机 $(N,\Sigma,\delta_N,n_0,N_A)$ 为输入,生成一个等价的确定有限状态自动机 $(D,\Sigma,\delta_D,d_0,D_A)$,这两个自动机使用同样的字母表 Σ。公式在算法中出现时用正体表示,本书余下算法也使用此约定。

算法 1 子集构造算法

输入:非确定有限状态自动机 $(N,\Sigma,\delta_N,n_0,N_A)$
输出:确定有限状态自动机 $(D,\Sigma,\delta_D,d_0,D_A)$

```
 1. procedure Subset (N, Σ, δN, n0, NA)
 2.      q0 = Closure({n0}, δN)
 3.      Q = {q0}
 4.      W = {q0}
 5.      while W ≠ ∅ do
 6.          从工作表 W 中删除一个状态集合 q
 7.          for 对字母表 Σ 中的每个字符 c do
 8.              t = Edge(q, c, δN)
 9.              δD(q, c) = t
10.              if t ∉ Q then
11.                  将 t 添加到 Q 和 W 中
12. procedure Edge(T, c, δ)
13.      R = ∅
14.      for 对于 S 中的每一个状态 s do
15.          R ∪ = δ(s, c)
16.      return Closure(R, δ)
17. procedure Closure(T, δ)
18.      while 状态集合 T 仍在变化 do
19.          for T 中的每个状态 s do
20.              T ∪ = δ(s, ε)
21.      return T
```

该算法构造了一个集合 Q,其每个元素都是状态集合 N 的一个子集,并且对应确定有限状态自动机中的一个状态。这个构造算法通过模拟非确定有限状态自动机的状态转移,来构建确定有限状态自动机。

该算法首先调用闭包函数 $\text{Closure}(\{n_0\},\delta_N)$,得到一个初始状态集合 q_0。闭包函数 $\text{Closure}(T,\delta)$ 是一个辅助函数,它计算给定的状态集合 T 仅通过 ϵ 转移就能到达的所有状态集合。接着将 q_0 加入确定有限状态机的状态集合 Q。最后使用工作表算法,每次循环都从工作表 W 中删除一个状态集合 q,并对字母表 Σ 中的每个字符 c,分别计算从集合 q 中可以转移到的集合 t,并把状态转移关系记录在转移函数 δ_D 中。

子集构造算法是一个不动点算法,即集合 Q 是单调递增的,而 Q 中的每个集合只在工作表 W 上出现一次,所以算法一定会运行终止。

由于集合 Q 中的元素最多有 2^N 个,所以理论上该算法的最坏时间复杂度为 $O(2^N)$。但并不是每个子集都会出现 Q 中,所以这种情况实际很少发生。

当子集构造算法停止后,可以利用 Q 和 T 来构建 DFA。每个 $q_i \in Q$ 都用一个状态 $d_i \in D$ 来表示。如果 q_i 包含非确定有限状态自动机的某个接受状态,那么 d_i 就是确定有限状态自动机的接受状态之一。基于 q_0 构建的状态称为 d_0,即确定有限状态自动机的初始状态。

对于正则表达式 $a(b|c)*$,执行该算法的步骤如下:

(1)初始化时,将 q_0 设置为 $\epsilon\text{-Closure}(s_0)$,刚好为 q_0。While 循环的第一次迭代计算 $\epsilon\text{-Closure}(\delta(q_0,a))$,其中包含了 6 个 NFA 状态,还计算了 $\epsilon\text{-Closure}(\delta(q_0,b))$ 和 $\epsilon\text{-Closure}(\delta(q_0,c))$,二者都为空集。

(2)while 循环的第二次迭代考查 q_1,生成了两个集合,称为集合 q_2 和 q_3。

(3)while 循环的第三次迭代考查 q_2,构造出了两个集合,与集合 q_2 和 q_3 相同。

(4)while 循环的第四次迭代考查 q_3,又构造出了两个集合,与集合 q_2 和 q_3 相同。

表 3-3 详细列出了子集构造算法的各次迭代过程。图 3-5 给出了由此产生的 DFA,其状态对应于表 3-3 中得出的 DFA 状态,转移函数由生成这些状态的 δ 操作给出。由于集合 q_1、q_2 和 q_3 都包含 s_9(NFA 的接受状态),因此在 DFA 中,这三个状态都是接受状态。

表 3-3　子集构造算法的各次迭代过程

集合名称	DFA 状态	NFA 状态	$\epsilon\text{-Closure}(\delta(q,*))$		
			a	b	c
q_0	d_0	s_0	$\{s1, s2, s3 \atop s4, s6, s9\}$		
q_1	d_1	$\{s1, s2, s3 \atop s4, s6, s9\}$		$\{s5, s8, s9 \atop s3, s4, s6\}$	$\{s7, s8, s9 \atop s3, s4, s6\}$
q_2	d_2	$\{s5, s8, s9 \atop s3, s4, s6\}$		q_2	q_3
q_3	d_3	$\{s7, s8, s9 \atop s3, s4, s6\}$		q_2	q_3

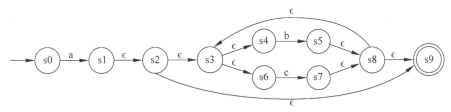

(a) a(b|c)*的NFA(状态已经重新编号)

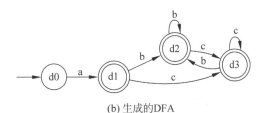

(b) 生成的DFA

图 3-5　对 NFA 应用子集构造法

3.1.6　Hopcroft 算法

用子集构造算法构建的确定有限状态自动机可能存在大量状态,这样会增加词法分析器占用的内存空间,所以需要对确定有限状态自动机进行化简,这个过程被称为自动机的最小化。为了最小化确定有限状态自动机 $(D,\Sigma,\delta_D,d_0,D_A)$,需要检测两个状态 $d_i,d_j\in D$ 是否等价,即二者是否对任何输入字符串都产生相同的行为。

算法 2 根据确定有限状态自动机状态的行为来找到状态中的各个等价类,并从这些等价类出发,构造一个最小的确定有限状态自动机。

算法 2　Hopcroft 算法

输入:确定有限状态自动机 $(D,\Sigma,\delta_D,d_0,D_A)$
输出:最小化后的确定有限状态自动机

```
 1. procedure MinimizeDFA (D, Σ, δ_D, d_0, D_A)
 2.        T = D_A, D - D_A
 3.        P = ∅
 4.        while P ≠ T do
 5.            P = T
 6.            T = ∅
 7.            for 每个集合 p ∈ P do
 8.                T = T ∪ Split(p);
 9.         return T
10. procedure Split(S)
11.        for 每个字符 c ∈ Σ do
12.            if c 将集合 S 划分为 S_1 和 S_2 then
13.                return {S_1, S_2}
14.        return S
```

这个算法的目标是构造出所有确定有限状态自动机状态的一个集合划分

$$P = p_1,p_2,\cdots,p_m$$

其构造依据是根据状态的行为分组：即对于两个状态 $d_x, d_y \in p_i$ 和任意字符 c，如果

$$d_x \xrightarrow{c} d_u$$

$$d_y \xrightarrow{c} d_v$$

则都有 $d_u, d_v \in p_j$，则状态 $d_x, d_y \in p_i$ 可看成是等价的。

在行为等价性的约束下，编译器为了最小化确定有限状态自动机，应该使每个集合 $p_i \in P$ 尽可能大。因此，算法使用的初始划分包括两个集合 $p_0 = D_A$ 和 $p_1 = D - D_A$，这样的划分确保在同一个集合中不会同时包含接受和非接受两种状态。

然后，算法重复地考查每个 $p_i \in P$，寻找 p_i 中对某个输入字符 c 具有不同行为的状态，以此来改进初始划分。划分的条件是：给定字符 $c \in \Sigma$，c 对于每个状态 $d_i \in p_s$ 都必须产生相同的行为，如果不满足这个条件，算法将围绕 c 来划分 p_i。

集合 $p_1 = \{d_i, d_j, d_k\}$ 中的各个状态是等价的，其充分必要条件为：$\forall c \in \Sigma$，各状态处理输入字符 c 时，所转移到的各个目标状态也属于同一个等价类。如图 3-6 所示，每个状态对 a 都有一个转移：$d_i \xrightarrow{a} d_x, d_j \xrightarrow{a} d_y, d_k \xrightarrow{a} d_z$。如果 d_x、d_y 和 d_z 在当前划分中属于同一个集合，那么 d_i、d_j 和 d_k 应该同时保留在 p_1 中，a 不会导致拆分 p_1。

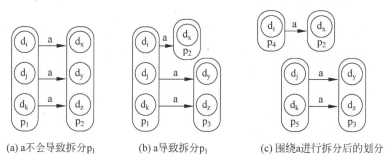

(a) a不会导致拆分 p_1 (b) a导致拆分 p_1 (c) 围绕a进行拆分后的划分

图 3-6   围绕 a 进行拆分

如果 d_x、d_y 和 d_z 属于两个或更多不同的集合，那么 a 将导致拆分 p_1。如果 $d_x \in p_2$ 且 d_y 和 $d_z \in p_3$，则必须拆分 p_1 并构造两个新集合 $p_4 = \{d_i\}$ 和 $p_5 = \{d_j, d_k\}$，以反映 DFA 对符号 a 开头的字符串的不同输出。如果 d_i 对 a 没有转移，也会导致同样的拆分。算法会考查每个状态 $p \in P$ 和每个字符 $c \in \Sigma$。如果字符 c 导致 p 发生拆分，算法会根据 p 构造两个新集合并添加到 P。重复这个过程，直至得到的划分中所有集合均无法拆分为止。

接下来依据最终的划分 P 来构造新的 DFA，首先分别创建一个状态来表示每个集合 $p \in P$，然后在这些新的状态之间增加适当的转移。对于表示 p_1 的状态，如果某个 $d_j \in p_1$ 对输入字符 c 转移到某个 $d_k \in p_m$，那么针对输入 c 添加一个转移，目标为表示 p_m 的状态。

对于正则表达式 $a(b|c)*$，最小化算法的第一步构造了一个初始划分 $\{\{d_0\}, \{d_1, d_2, d_3\}\}$。

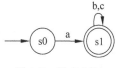

图 3-7   最小 DFA

由于 p_1 只有一个状态，所以它不能拆分。p_2 中任何状态都没有针对输入 a 的转移。对于 b 和 c，p_2 中的每个状态都有一个转移，只是转移的目标又回到了 p_2 中。因此，Σ 中任何符号都不会导致 p_2 发生拆分，最终划分是 $\{\{d_0\}, \{d_1, d_2, d_3\}\}$。产生的最小 DFA 如图 3-7 所示。

3.2 语法分析

语法分析是编译器前端的第二个重要阶段。语法分析器的任务是读入词法分析阶段生成的记号流,判断该记号流是否满足程序设计语言的语法规则。如果语法分析器确认源程序不合法,则返回出错信息来指导程序员对源程序进行修改;如果语法分析器确认记号流符合相应语言的语法规则,它将为该程序构建一个合适的数据结构表示(一般是抽象语法树),供编译的后续阶段使用。

本节将讨论编译器实现语法分析的主要理论和技术。首先介绍描述语言语法规则的数学工具:上下文无关文法;然后分别介绍两类语法分析算法:自顶向下分析和自底向上分析。在自顶向下分析中,将重点介绍递归下降分析算法和 LL 分析算法,而在自底向上分析中,将重点介绍 LR 分析算法。

3.2.1 上下文无关文法

上下文无关文法(Context-Free Grammar,CFG)是一种形式化地描述程序设计语言语法规则的数学抽象,上下文无关文法 G 是一个四元组

$$G = (T,N,P,S)$$

其中:

(1) T 是终结符集合,终结符是组成句子的基本符号,在语法分析中,终结符一般可理解为词法记号。

(2) N 是非终结符集合,非终结符用于定义由文法生成的语言,给出了语言的层次结构。

(3) P 是一组产生式规则,产生式规则描述了将终结符和非终结符组合成串的方法。每条产生式规则都具有以下类似的语法形式

$$X \rightarrow \beta_1 \beta_2 \cdots \beta_n$$

其中 $X \in N$ 且 $\beta_i \in (T \cup N \cup \{\epsilon\})$,$1 \leqslant i \leqslant n$。

(4) $S \in N$ 是唯一的开始符号,按照惯例,P 中首先列出开始符号 S 的产生式。

下文对文法符号的表示一般使用以下约定:非终结符一般用大写字母表示;终结符一般用小写字母或数字表示。例如,下述符号是终结符。

(1) 小写字母:如 a、b、c 等。

(2) 运算符号:如 + 、- 、* 、/ 等。

(3) 数字:如 0,1,…,9。

(4) 分隔符:如标点符号或括号等。

一般用希腊字母 α、β、γ 等表示一个符号既有可能是非终结符,也有可能是终结符。接下来,在不引起混淆的情况下,把上下文无关文法简称为文法。

下面文法给出了表达式的语法

$$E \rightarrow E + T \mid E - T \mid T$$
$$T \rightarrow T * F \mid T/F \mid F$$
$$F \rightarrow (E) \mid id$$

其中,非终结符 $N=\{E, T, F\}$。E 是开始符号;终结符 $T=\{+, -, *, /, (,), id\}$;产生式规则一共 3 条。

3.2.2　推导

推导(derivation)是一系列重写步骤,从语法的开始符号开始,结束于语言中的一个语句。对于给定文法 $G=(T, N, P, S)$,推导从 G 的开始符号 S 开始,用产生式 P 的右部替换左侧的非终结符,不断重复,直到串不出现非终结符为止,最终的串称为句子。

在推导过程中,根据选择被替换非终结符的方式的不同,可以将推导分为最左推导(leftmost derivation)和最右推导(rightmost derivation)。最左推导总是选择产生式右侧最左边的非终结符进行替换,最右推导总是选择最右边的非终结符替换。

例如,给定文法

$$E \rightarrow E + E \mid E * E \mid -E \mid (E) \mid id$$

对于句子 $-(id+id)$ 存在最左推导

$$E \Rightarrow -E$$
$$\Rightarrow -(E)$$
$$\Rightarrow -(E + E)$$
$$\Rightarrow -(id + E)$$
$$\Rightarrow -(id + id)$$

和最右推导

$$E \Rightarrow -E$$
$$\Rightarrow -(E)$$
$$\Rightarrow -(E + E)$$
$$\Rightarrow -(E + id)$$
$$\Rightarrow -(id + id)$$

3.2.3　分析树

分析树(parse tree)是对推导的树状表示,它和推导所用的顺序无关。分析树的每个内部节点代表非终结符,每个叶节点代表终结符,每一步推导代表如何从双亲节点生成它的直接孩子节点。语法分析根据给定的文法规则,对输入的字符串产生分析树,如果字符串中的各个部分能够从左至右地排在语法分析树的叶节点上,那么输入的字符串就是该文法定义的语言的一个句子,否则就不是。

给定文法 G,如果存在某个句子 s,它有两棵或多棵不同的分析树,则称文法 G 是二义性文法。这意味着二义性文法就是对同一个句子有多个最左推导或最右推导。例如,给定

文法
$$E \rightarrow E + E \mid E * E \mid -E \mid id$$
句子 id＋id＊id 具有两个不同的最左推导：
$$E \Rightarrow E + E$$
$$\Rightarrow id + E$$
$$\Rightarrow id + E * E$$
$$\Rightarrow id + id * E$$
$$\Rightarrow id + id * id$$

和
$$E \Rightarrow E * E$$
$$\Rightarrow E + E * E$$
$$\Rightarrow id + E * E$$
$$\Rightarrow id + id * E$$
$$\Rightarrow id + id * id$$

这两个推导对应的分析树如图 3-8 所示。

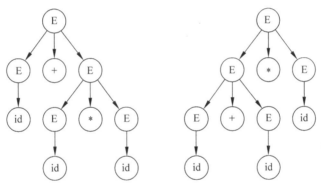

图 3-8　id＋id＊id 的两棵语法树

　　一个二义性的文法可以生成多个推导以及多个分析树。由于后续阶段会将语义关联到分析树的细节，所以存在多个分析树就意味着同一程序有多种可能的语义。从编译器的角度看，二义性文法将导致同一个程序有不同的含义，从而使程序运行的结果不唯一，故编译器设计者需要通过文法的重写解决二义性问题。

　　基于文法和推导的概念，语法分析器的任务就是对于给定的文法 G 和句子 s，判断是否存在对句子 s 的推导，如果存在，语法分析器将根据推导的过程构建分析树；如果不存在，语法分析器将返回语法错误信息。

3.2.4　自顶向下分析

　　自顶向下分析就是从文法 G 的开始符号 S 出发，不断地挑选合适的产生式对非终结符进行替换，最终展开到给定的句子。从构造分析树的角度看，语法分析器是从分析树的根节点开始,系统化地向下扩展分析树,直到分析树的叶节点与词法分析器返回的记号流相匹配。在分析的过程中,编译器从分析树的下边缘选择一个非终结符,并选择一个以该非终结符为左部的产生式,用该产生式右侧相对应的子树来扩展该节点,如果推出的句子中的终结符与输入匹配,则可继续进行分析;如果不匹配,则需要回溯,尝试下一个产生式。这个过程一直持续到分析树的下边缘只包含终结符,且输入记号流耗尽为止。

基于最左推导的自顶向下语法分析由算法 3 给出。算法接受文法 G=(T,N,P,S)和记号流 tokens 作为输入参数,并返回语法分析的结果。算法使用变量 i 指向记号流 tokens 中下一个将要匹配的记号,栈 stack 中存放所有终结符和非终结符的序列。算法的主体是一个 while 循环,当栈顶元素是一个终结符时,将它与当前将要进行匹配的 tokens[i]比较,如果二者相等,则将该终结符弹出栈;如果二者不相等则需要进行回溯。如果栈顶元素是一个非终结符 T,则编译器将 T 弹出栈,并将该非终结符 T 的下一个没有匹配过的右部逆序压入栈。这个循环过程一直进行到栈 stack 空为止。

算法 3 基于最左推导的自顶向下分析

输入:文法 G = (T,N,P,S)和记号流 tokens
输出:语法分析的结果

```
1. procedure TopDownAnalysis(T, N, P, S, tokens)
2.      i = 0
3.      top = 0
4.      stack = [S]
5.      while stack ≠ [] do
6.        if stack[top] 是一个终结符 t then
7.            if (t == tokens[i++]) then
8.                pop()
9.            else
10.               backtrack()
11.       else    // stack[top] 是非终结符 T
12.           pop()
13.           push(β) // β 是 T 的下一个没有匹配过的右部
```

在上述算法的最后一步中,算法所选择的非终结符 T 的下一个没有匹配过的右部可能是错的,此时算法无法完成对输入的匹配,所以需要用到回溯。但在实际应用中,编译器编译大型程序时,如果反复进行回溯会大大影响编译器的效率,因此需要避免回溯来实现线性时间的分析算法。接下来将讨论对这个基本算法的改进:递归下降分析算法和 LL(1)分析算法。

1. 递归下降分析

递归下降分析(recursive decedent analysis)算法也称为预测分析(predicative analysis)算法,该算法为文法中的每个非终结符构造一个分析函数。非终结符 A 的分析函数可以识别输入流中 A 的一个实例。为了识别 A 的某个产生式右侧的非终结符 B,语法分析器递归调用 B 的分析函数。因此,递归下降语法分析器在结构上呈现为一组相互递归的过程。

为了举例说明这种算法,将为下面的文法构建一个递归下降分析器:

$$S \rightarrow \text{if } E \text{ then } S \text{ else } S \mid \text{begin } S L \mid \text{print } E$$

$$L \rightarrow \text{end} \mid ; S L$$

$$E \rightarrow \text{num} = \text{num}$$

递归下降语法分析器为非终结符 S、L 和 E 分别构造一个分析函数,非终结符的每个产生式对应分析函数中的一个子句。

```
1.  enum token{
2.      IF,THEN,ELSE,BEGIN,END,PRINT,SEMI,NUM,EQ
3.  };
4.  extern enum token getToken(void);
5.  enum token tok;
6.
7.  void advance(){
8.      tok = getToken();
9.  }
10.
11. void eat(enum token t){
12.     if(tok == t)
13.       advance();
14.     else error();
15. }
16.
17. void S(){
18.     switch(tok){
19.       case IF: eat(IF); E(); eat(THEN); S();
20.               eat(ELSE); S(); break;
21.       case BEGIN: eat(BEGIN); S(); L(); break;
22.       case PRINT: eat(PRINT); E(); break;
23.       default: error();
24.     }
25. }
26.
27. void L(){
28.     switch(tok){
29.       case END: eat(END); break;
30.       case SEMI: eat(SEMI); S(); L(); break;
31.       default: error();
32.     }
33. }
34.
35. void E(){
36.     eat(NUM); eat(EQ); eat(NUM);
37. }
```

分析函数中调用了词法分析器的接口 getToken() 来从输入流中读取下一个记号。递归下降分析器构建了分析函数 S()、L() 和 E() 分别分析非终结符 S、L 和 E。递归下降语法分析器的优点在于算法实现简单,有利于手工构造。

但递归下降分析算法对文法提出了苛刻的要求,即同一个非终结符的右侧产生式之间不能包括同样的非终结符。例如,如果要为如下文法构建一个递归下降语法分析器:

$$S \rightarrow E$$
$$E \rightarrow E + T \mid E - T \mid T$$
$$T \rightarrow T * F \mid T/F \mid F$$
$$F \rightarrow id \mid num \mid (E)$$

则在构建以下分析函数 E()时:

```
1. void E(){
2.     switch(tok){
3.     case ?: E(); eat(PLUS); T(); break;
4.     case ?: E(); eat(MINUS); T(); break;
5.     case ?: T(); break;
6.     default: error();
7.     }
8. }
```

遇到了一个困境:假设当前的记号是整型数字(例如 33),则函数 E()不知道该使用哪个子句来进行递归,因为函数 E()和 T()都能接受整型数字。

因此,递归下降语法分析只适合这样的文法:每个子表达式的第一个终结符号都能够为产生式的选择提供足够信息。为此,需要形式化 FIRST 集合的概念,然后给出一个能自动构建语法分析器的算法。

2. LL(1)分析算法

在一个递归下降分析器中,非终结符 X 的分析函数 X()对 X 的每个产生式都有一个子句,因此,该函数必须根据下一个输入符号 T 来选择其中的一个子句。如果能够为每一个(X,T)的二元组都选出正确的产生式,就能够写出一个无冲突的递归下降分析器。因此,编译器可以将需要的所有信息,用一张关于产生式的二维表来记录,此表以文法的非终结符 X 和终结符 T 作为索引,称为预测分析表(predictive parsing table)。采用这张表的分析算法称为 LL(1)分析算法,其中第一个 L 表示从左向右读入被分析的源程序,第二个 L 表示产生最左推导,(1)表示编译器需要向前看 1 个终结符号来辅助进行决策。

1) 架构

LL(1)分析算法是基于表驱动的算法,其架构如图 3-9 所示。语法分析器自动生成器读入语法,然后生成一张分析表。语法分析器工作时通过查询分析表来决定将要进行的动作。有了分析表的指导,LL(1)分析算法就可以避免回溯。

为了构造预测分析表,需要先讨论 FIRST 集合和 FOLLOW 集合。

2) FIRST 集合和 FOLLOW 集合

给定一个由终结符和非终结符组成的字符串 γ,FIRST(γ)是由可以从 γ 推导出的句子开头的所有可能终结符组成的集合。例如,在上面的文法中,令 γ = T * F,则任何可从 γ 推

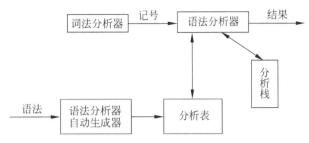

图 3-9　基于表驱动的 LL(1)分析算法架构

导出的由终结符组成的句子,都必定以 id、num 或(开始,因此,有:

$$FIRST(T * F) = \{id, num, (\}$$

FIRST 集合的计算初看并不复杂,若 $\gamma = XYZ$,则似乎可以忽略 Y 和 Z,只需计算 FIRST(X)。但是考虑下面的文法就可以看出情况并非如此:

$$X \rightarrow Y \mid a$$
$$Y \rightarrow \epsilon \mid c$$
$$Z \rightarrow XYZ \mid d$$

因为 Y 可能产生空串,所以 X 也可能产生空串,于是可以推出 FIRST(XYZ)一定包含 FIRST(Z)。因此,在计算 FIRST 集合时,必须跟踪能产生空串的符号,这种符号称为可空 (nullable)符号。同时,还必须跟踪有可能跟随在可空符号之后的其他符号。

对于一个特定的文法,当给定由终结符和非终结符组成的字符串 γ 时,下述结论成立:

(1) 如果 X 可以导出空串,则 nullable(X)为真。

(2) FIRST(γ)是可从 γ 推导出的句子开头的所有可能终结符的集合。

(3) FOLLOW(X)是可直接跟随于 X 之后的终结符集合。如果存在着任一推导包含 X_t,则 $t \in FOLLOW(X)$,当推导包含 XYZt,其中 Y 和 Z 都能推导出 ϵ 时,也有 $t \in FOLLOW(X)$。

FIRST、FOLLOW 和 nullable 可定义为满足如下属性的最小集合:

```
对于每个终结符 Z,FIRST [Z] = Z
for 每个产生式 X → Y₁Y₂... Yₖ
    for 每个 i 从 1 到 k,每个 j 从 i+1 到 k
        if 所有 Yᵢ 都是可为空的
            then nullable[X] = true
        if Y₁... Yᵢ₋₁ 都是可为空的
            then FIRST [X] = FIRST [X] ∪ FIRST [Yᵢ]
        if Yᵢ₊₁... Yₖ 都是可为空的
            then FOLLOW [Yᵢ] = FOLLOW [Yᵢ] ∪ FOLLOW [X]
        if Yᵢ₊₁... Yⱼ₋₁ 都是可为空的
            then FOLLOW [Yᵢ] = FOLLOW [Yᵢ] ∪ FIRST [Yⱼ]
```

计算 FIRST、FOLLOW 和 nullable 的算法遵循的正是上述步骤,因此只需要简单地用一个赋值语句替代每一个方程,并一直迭代到不动点,就可以计算出每个串的 FIRST、FOLLOW 和 nullable,这个迭代过程由算法 4 给出。算法接受文法 G＝(T,N,P,S)作为输入,计算该文法的 FIRST、FOLLOW 和 nullable。从实现的角度看,这三个集合不必同时计算,可先计算 nullable,然后计算 FIRST,最后计算 FOLLOW。这样做可以加快算法的执行速度。

算法 4　FIRST、FOLLOW 和 nullable 的迭代计算

输入：文法 G = (T,N,P,S)
输出：FIRST、FOLLOW 和 nullable

```
 1. procedure FirstFollow(T, N, P, S)
 2.     将所有的 FIRST 和 FOLLOW 初始化为空集合,将所有的 nullable 都初始化为 false
 3.     for 每一个终结符 Z do
 4.         FIRST[Z] = {Z}
 5.     repeat
 6.         for 每个产生式 X → Y₁Y₂... Yₖ do
 7.             for 每个 i 从 1 到 k,每个 j 从 i+1 到 k do
 8.                 if 所有 Yᵢ 都是可为空的 then
 9.                     nullable[X] = true;
10.                 if Y₁ ... Yᵢ₋₁ 都是可为空的 then
11.                     FIRST[X] = FIRST[X] ∪ FIRST [Yᵢ];
12.                 if Yᵢ₊₁ ... Yₖ 都是可为空的 then
13.                     FOLLOW [Yᵢ] = FOLLOW [Yᵢ] ∪ FOLLOW [X];
14.                 if Yᵢ₊₁ ... Yⱼ₋₁ 都是可为空的 then
15.                     FOLLOW [Yᵢ] = FOLLOW [Yᵢ] ∪ FOLLOW [Yⱼ];
16.     until FIRST、FOLLOW 和 nullable 在此轮迭代中没有改变
```

$$S \rightarrow E \$$$
$$E \rightarrow TE'$$
$$E' \rightarrow +TE' \mid -TE' \mid \epsilon$$
$$T \rightarrow FT'$$
$$T' \rightarrow *FT' \mid /FT' \mid \epsilon$$
$$F \rightarrow id \mid num \mid (E)$$

图 3-10　用于表达式的示例文法

将这一算法用于图 3-10 中给出的文法,首先计算这 6 个非终结符是否可为空,可以得到

$$nullable(E') = nullable(T') = true$$

即 E′ 和 T′ 是可为空的。接着将这个结果代入算法迭代计算 6 个非终结符的 FIRST 和 FOLLOW 集合,算法运行结束时,得到最终结果如表 3-4 所示。

表 3-4　nullable、FIRST 和 FOLLOW 的计算结果

非 终 结 符	nullable	FIRST	FOLLOW
S	no	(id num	
E	no	(id num	) \$
E′	yes	＋－	) \$
T	no	(id num	)＋－ \$
T′	yes	＊／	)＋－ \$
F	no	(id num	)＊／＋－ \$

可进一步将 FIRST 集合推广到符号串 X_γ 上：

$$FIRST(X_\gamma) = \begin{cases} FIRST[X], & nullable[X] = no \\ FIRST[X] \cup FIRST(\gamma), & nullable[X] = yes \end{cases}$$

并且,如果 γ 中的每个符号都是可为空的,则符号串 γ 可为空。

利用 FIRST 集合和 FOLLOW 集合,可以构造预测分析表:对每个 $T \in FIRST(\gamma)$,在表的第 X 行第 T 列,填入产生式 $X \to \gamma$。此外,如果 γ 是可为空的,则对每个 $T \in FOLLOW(X)$,在表的第 X 行第 T 列,也填入该产生式 $X \to \gamma$。

表 3-5 给出了图 3-10 中文法的预测分析表,其中省略了 num、/ 和 一 等终结符对应的列,它们和表中的其他项类似。对于一个给定的文法 $G = (T, N, P, S)$,我们可以使用工具自动构造出其预测分析表,这类工具被统称为语法分析器自动生成器。

根据预测分析表,可给出语法分析的 LL(1) 算法,如算法 5 所示。该算法接受文法 $G = (T, N, P, S)$ 和记号流 tokens 作为输入,输出对 tokens 的分析结果。算法在分析过程中,需要根据分析表来决定产生式的选择(第 13 行),因此避免了回溯的问题。

表 3-5　文法的预测分析表

非终结符	+	*	id	(	)	\$
S			S→E\$	S→E\$		
E			E→TE′	E→TE′		
E′	E′→+TE′				E′→ϵ	E′→ϵ
T			T→FT′	T→FT′		
T′	T′→ϵ	T′→ * FT′			T′→ϵ	T′→ϵ
F			F→id	F→(E)		

算法 5　LL(1)分析算法

输入:文法 $G = (T, N, P, S)$ 和记号流 tokens
输出:对 tokens 的语法分析结果

```
1. procedure LL1(T, N, P, S, tokens)
2.     i = 0
3.     top = 0
4.     stack = [S]
5.     while stack != [] do
6.         if stack[top] 是一个终结符 t then
7.             if t == tokens[i ++] then
8.                 pop()
9.             else
10.                error()
11.        else // stack[top] 是非终结符 T
12.            pop()
13.            push(table[T, tokens[i]])
```

3.2.5　自底向上分析

一个自底向上的语法分析过程对应于为输入串构造语法分析树的过程,它从叶子节点

(底部)开始构造,逐渐向上到达根节点(顶部)。可以将自底向上语法分析过程看成将一个串归约(Reduction)为文法开始符号 S 的过程。在每个规约步骤中,一个与某产生式 X→β 右部相匹配的特定子串 β,被替换为该产生式左侧的非终结符 X。

目前最重要的一类自底向上语法分析是 LR(k)语法分析,其中符号 L 表示对输入进行从左到右的扫描,符号 R 表示构造一个最右推导序列,而符号(k)表示在进行语法分析决定时向前看 k 个输入符号。当 LR(k)分析看到的输入记号(多于 k 个单词),与正在考虑的产生式的整个右部对应时,LR(k)分析才确定使用哪一个产生式。

$S' \to S\ \$$

$S \to S; \mid id = E \mid print(L)$

$E \to id \mid num \mid E + E \mid (S, E)$

$L \to E \mid L, E$

图 3-11　直线式程序的语法

表 3-6 举例说明了用图 3-11 给出的文法,对程序

```
a = 7;
b = c + (d = 5 + 6, d)
```

进行 LR 分析的过程。

该分析器有一个栈和一个输入,输入中的前 k 个记号为向前查看的记号。根据栈的内容和向前查看的记号,分析器执行移进和归约两种动作。

(1)移进:将第一个输入记号压入至栈顶。

(2)归约:选择一个产生式 X→ABC,依次从栈顶弹出 C、B、A,然后将 X 压入栈。

开始时栈为空,分析器位于输入的开始。移进文件终结符 $ 的动作称为接受(Accepting),它表示分析过程成功结束。

表 3-6 列出了在每一个动作之后的栈和输入,也指明了所执行的动作,其中栈列的数字下标是 DFA 的状态编号。将栈和输入合并起来形成的一行总是构成一个最右推导。事实上,表 3-6 自下而上地给出了对输入字符串的最右推导过程。

表 3-6　一个句子的移进-归约分析

栈	待分析字符串	输入动作
1	a＝7;b＝c+(d＝5+6,d)	＄移进
1 id_4	＝7;b＝c+(d＝5+6,d)	＄移进
1 $id_4 =_6$	7;b＝c+(d＝5+6,d)	＄移进
1 $id_4 =_6 num_{10}$	;b＝c+(d＝5+6,d)	＄归约 E→num
1 $id_4 =_6 E_{11}$	;b＝c+(d＝5+6,d)	＄归约 S→id＝E
1 S_2	;b＝c+(d＝5+6,d)	＄移进
1 $S_2 ;_3$	b＝c+(d＝5+6,d)	＄移进
1 $S_2 ;_3 id_4$	＝c+(d＝5+6,d)	＄移进
1 $S_2 ;_3 id_4 =_6$	c+(d＝5+6,d)	＄移进
1 $S_2 ;_3 id_4 =_6 id_{20}$	+(d＝5+6,d)	＄归约 E→id
1 $S_2 ;_3 id_4 =_6 E_{11}$	+(d＝5+6,d)	＄移进
1 $S_2 ;_3 id_4 =_6 E_{11} +_{16}$	(d＝5+6,d)	＄移进
1 $S_2 ;_3 id_4 =_6 E_{11} +_{16} (_8$	d＝5+6,d)	＄移进

续表

	栈	待分析字符串	输入动作
1	$S_2 ;_3 \text{id}_4 =_6 E_{11} +_{16} (_8 \text{id}_4$	=5+6,d)	\$ 移进
1	$S_2 ;_3 \text{id}_4 =_6 E_{11} +_{16} (_8 \text{id}_4 =_6$	5+6,d)	\$ 移进
1	$S_2 ;_3 \text{id}_4 =_6 E_{11} +_{16} (_8 \text{id}_4 =_6 \text{num}_{10}$	+6,d)	\$ 归约 E→num
1	$S_2 ;_3 \text{id}_4 =_6 E_{11} +_{16} (_8 \text{id}_4 =_6 E_{11}$	+6,d)	\$ 移进
1	$S_2 ;_3 \text{id}_4 =_6 E_{11} +_{16} (_8 \text{id}_4 =_6 E_{11} +_{16}$	6,d)	\$ 移进
1	$S_2 ;_3 \text{id}_4 =_6 E_{11} +_{16} (_8 \text{id}_4 =_6 E_{11} +_{16} \text{num}_{10}$	,d)	\$ 归约 E→num
1	$S_2 ;_3 \text{id}_4 =_6 E_{11} +_{16} (_8 \text{id}_4 =_6 E_{11} +_{16} E_{17}$	,d)	\$ 归约 E→E+E
1	$S_2 ;_3 \text{id}_4 =_6 E_{11} +_{16} (_8 \text{id}_4 =_6 E_{11}$	,d)	\$ 归约 S→id=E
1	$S_2 ;_3 \text{id}_4 =_6 E_{11} +_{16} (_8 S_{12}$	,d)	\$ 移进
1	$S_2 ;_3 \text{id}_4 =_6 E_{11} +_{16} (_8 S_{12} ,_{18}$	d)	\$ 移进
1	$S_2 ;_3 \text{id}_4 =_6 E_{11} +_{16} (_8 S_{12} ,_{18} \text{id}_{20}$	)	\$ 归约 E→id
1	$S_2 ;_3 \text{id}_4 =_6 E_{11} +_{16} (_8 S_{12} ,_{18} E_{21}$	)	\$ 移进
1	$S_2 ;_3 \text{id}_4 =_6 E_{11} +_{16} (_8 S_{12} ,_{18} E_{21})_{22}$		\$ 归约 E→(S,E)
1	$S_2 ;_3 \text{id}_4 =_6 E_{11} +_{16} E_{17}$		\$ 归约 E→E+E
1	$S_2 ;_3 \text{id}_4 =_6 E_{11}$		\$ 归约 S→id=E
1	$S_2 ;_3 S_5$		\$ 归约 S→S;S
1	S_2		\$ 接受

1. LR 分析

LR 分析器通过确定的有限状态自动机来判断何时移进、何时归约。这种 DFA 不是作用于输入,而是作用于栈。DFA 的边用可以出现在栈中的符号(终结符和非终结符)来标记。表 3-7 是图 3-11 给出的文法的转换表。

这个转换表中的元素标有下面 4 种类型的动作。

(1) sn:移进到状态 n。

(2) gn:转换到状态 n。

(3) rk:用规则 k 规约。

(4) acc:接受。

(5) error:(用表中的空项来表示)。

为了使用该表进行分析,要将移进和转换动作看成是 DFA 边,并查看栈的内容。例如,若栈为 id=E,则 DFA 将从状态 1 依次转换到 4、6 和 11。若下一个输入记号是一个分号,例如状态 11 的";"所在列则指出将根据规则 2 进行归约,因为文法的第二个规则是 S→id=E,于是栈顶的 3 个记号被弹出,同时 S 被压入栈顶。

在状态 11 中对于＋的动作是移进,因此,如果下一个记号是＋,它将从输入中被移出并压入栈中。对于每一个输入,分析器不是重新扫描栈,而是记住每一个栈元素所到达的状态。因此,分析算法通过查看栈顶状态和输入符号,从而得到对应的动作。对应的动作如下。

表 3-7 LR 分析表

状态	id	num	print	;	.	+	=	(	)	$	S	E	L
1	s4		s7									g2	
2				s3						a			
3	s4		s7									g5	
4							s6						
5				r1	r1					r1			
6	s20	s10					s8					g11	
7							s9						
8	s4		s7									g12	
9												g15	g14
10				r5	r5	r5			r5	r5			
11				r2	r2	s16				r2			
12				s3	s18								
13				r3	r3					r3			
14					s19				s13				
15					r8				r8				
16	s20	s10					s8					g17	
17				r6	r6	s16			r6	r6			
18	s20	s10					s8					g21	
19	s20	s10					s8					g23	
20				r4	r4	r4			r4	r4			
21									s22				
22				r7	r7	r7			r7	r7			
23				r9	s16				r9				

（1）移进（n）：将 n 压入栈，并继续处理下一个输入记号。

（2）归约（k）：从栈顶依次弹出符号，弹出符号的个数与规则 k 的右部符号个数相同。令 X 是规则 k 的左部符号，在栈顶现在所处的状态下，查看 X 得到动作"转换到 n"，则将 n 压入栈顶。

（3）接受：停止分析，报告成功。

（4）错误：停止分析，报告失败。

2．LR(0)分析算法

LR(k)分析器利用栈中的内容和输入中的前 k 个记号来确定下一步采取什么动作。表 3-7 说明了使用一个前看符号的情况，而当 k＝2 时，这个表的每一列是由两个输入记号组成的序列，以此类推。在实际中，编译器很少需要使用 k>1 的表，一方面是因为这个表需要的存储空间非常大，另一方面是因为程序设计语言的文法都可以用 LR(1)文法来描述。

LR(0)文法是 LR(k)文法中最简单的一类，它只需查看分析栈就可完成分析，不必使用前看符号来决定进行移进还是归约。以图 3-12 中的文法为例来说明 LR(0)分析器的生成过程。一开始,分析器的栈为空,输入是满足 S 的完整句子并以 $ 结束,即规则 $S' \to S\$$ 的右部都将出现在输入中。用一种扩展的产生式

$$S' \to \cdot S\$$$

来记录这一事实,其中产生式中的圆点 · 指出了分析器的当前位置。文法规则与指出其右部位置的圆点组合在一起称为项目(item),由于正在讨论 LR(0) 分析,因此也被称为 LR(0) 项目。

在这个状态下,输入以 S 开始意味着它可能以产生式 S 的任何一个右部开始。用图 3-13 中的项目组成的集合来表示这种状态,其中 1 是项目集的编号。该项目集包括 3 条项目。

1) 移进动作

在状态 1,考虑当编译器移进(shift)一个终结符 x 的状态。此时栈顶为 x,并且项目 $S \to \cdot x$ 中的圆点将移到 x 之后。规则 $S' \to \cdot S\$$ 和 $S \to \cdot (L)$ 与这个动作无关,因此忽略它们。于是得到状态 2,如图 3-14 所示。

图 3-12　满足 LR(0) 的示例文法　　　图 3-13　状态 1　　　图 3-14　移进 x 到状态 2

或者在状态 1 也可考虑移进一个左括号"(",将圆点"·"移到左括号的右边,得到项目 $S \to (\cdot L)$。此时栈顶一定为左括号"(",并且输入中开头的应当是可从 L 推导出来的某个输入记号串,且其后跟随一个右括号")"。通过将 L 的所有产生式都包含在项目集合中,可以确定什么样的记号可以作为输入中的开头记号。但是,在这些 L 的项目中,有一个项目的圆点"·"正好位于非终结符 S 之前,因此还需要包含所有 S 的产生式,最终得到的项目集合如图 3-15 所示。

2) 转换动作

如果在状态 1 已经分析过由非终结符 S 导出的记号串,则可以通过将状态 1 的第一个项目中的圆点"·"移到 S 之后来模拟这种情况,从而得到状态 4,如图 3-16 所示。这种情况发生在移进一个 x 求左括号,并随之用一个 S 产生式执行了规约时,然后该产生式的所有右部符号都将被弹出,并且分析器将在状态 1 对 S 执行转换(goto)动作。

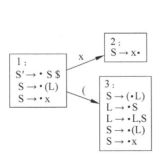

图 3-15　移进左括号到状态 3

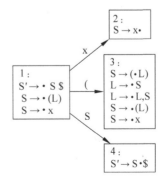

图 3-16　在状态 1 对 S 执行转换动作

　3）归约动作

　在状态 2 可以发现圆点"·"位于一个项的末尾,这意味着栈顶一定对应着产生式 S→x 完整的右部,并准备进行归约(Reduce)。在这种状态下,分析器可能会执行一个归约动作。

　LR(0)分析算法中的两个基本操作是 Closure(I) 和 Goto(I,X),其中 I 是一个项目集合,X 是一个文法符号(非终结符 N 或终结符 T)。当一个非终结符 X 的左侧有圆点时,函数 Closure 将更多的项目添加到项集合中;而函数 Goto 将圆点移到所有项目中的符号 X 之后。

　算法 6 给出了计算 Closure(I)和 Goto(I,X)集合的算法。计算项目集 I 的 Closure(I),首先将 I 状态中的核心项(除 S'→·S$外)中,所有的·不在最左端的项加入;然后对于每个项而言,如果有新的产生式,就把新的产生式加入进去。

算法 6　计算 Closure(I) 和 Goto(I,X)

输入:项目集合 I,文法符号 X
输出:I 的闭包和 I 对于文法符号 X 的后继项目集合闭包
1. procedure Closure(I, X)
2. 　　repeat
3. 　　　for I 中的任意项 A → α · X β do
4. 　　　　for 任意产生式 X → γ do
5. 　　　　　I = I ∪ {X → ·γ}
6. 　　until I 没有改变
7. 　　return I
8. procedure Goto(I, X)
9. 　　将 J 设为空集
10. 　　for I 中的任意项 A → α · X β do
11. 　　　　将 A → αX · β 加入 J 中
12. 　　return Closure(J)

　Goto(I,X)是项目集 I 对应于文法符号 X 的后继项目集闭包。首先将 J 初始化为空,然后对于项目集 I 中的每个项 A→α·Xβ,将 A→αX·β 加入集合 J,最后计算 Closure(J)。

　算法 7 给出了 LR(0)分析器的构造算法。算法给文法增加一个辅助的开始产生式 S'→S$。令 B 是目前为止看到的状态集合,E 是目前为止已找到的(移进或转换)边集合。

算法 7　LR(0)分析

输入:文法 G = (T,N,P,S)
输出:文法的 LR(0) 分析器
1. procedure LR0(G = (T, N, P, S))
2. 　　B = {Closure(S' → ·S$)}
3. 　　E = ∅
4. 　　repeat
5. 　　　for B 中的每个状态 I do
6. 　　　for I 中的每一项 A → α·X β do
7. 　　　　　J = Goto(I, X)
8. 　　　　　B = B ∪ {J}
9. 　　　　　E = E ∪ {I $\xrightarrow{X}$ J}
10. 　until E 和 B 在本轮迭代中没有改变
11. 　return I

但是对于符号 $,不计算 Goto(I, $),而是选择了接受动作。图 3-17 以图 3-12 的文法为例说明了该分析器的分析过程。

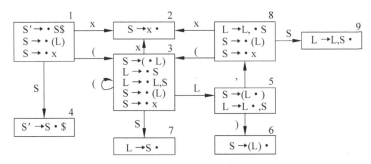

图 3-17　图 3-12 文法的 LR(0) 状态

现在可以通过算法 8 来计算 LR(0) 的归约动作集合 R,并且能够为该文法构造一个分析表(表 3-8)。对于每一条边 $I \xrightarrow{X} J$,若 X 为终结符,则在表位置(I,X)中放置动作移进 J(sJ);若 X 为非终结符,则将转换 J(gJ) 放在位置(I,X)中。对于包含项 S′→S · $ 的每个状态 I,在位置(I, $)中放置动作接受(a)。对于包含项 A→γ · (尾部有圆点的产生式 n)的状态,对每一个记号 Y,放置动作归约 n(rn)于(I,Y)中。

算法 8　计算归约动作集合

输入:目前为止看到的状态集合 B
输出:规约动作集合 R
1. procedure reduceset(B)
2. 　　R = {}
3. 　　for B 中的每个状态 I do
4. 　　　　for I 中的每个项 A →α· ∈ I do
5. 　　　　　　R = R ∪ {(I, A → α)}

表 3-8　图 3-12 文法的 LR(0) 分析表

状态	(	)	x	,	$	S	L
1	s3		s2			g4	
2	r2	r2	r2	r2	r2		
3	s3		s2			g7	g5
4					a		
5		s6		s8			
6	r1	r1	r1	r1	r1		
7	r3	r3	r3	r3	r3		
8	s3		s2			g9	
9	r4	r4	r4	r4	r4		

因为 LR(0) 不需要向前查看,所以原则上每个状态只需要一个动作:要么移进,要么归约,但不会两者兼有。在实际应用中,由于还需要知道要移进至哪个状态,所以表 3-8 以状态号作为行,以文法符号作为列。

3. SLR 分析算法

尝试构造如图 3-18 所示文法的 LR(0) 分析表,它的 LR(0) 状态如图 3-19 所示。

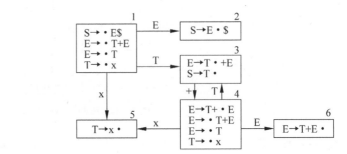

$$S \rightarrow E\$$$

$$E \rightarrow T + E \mid T$$

$$T \rightarrow x$$

图 3-18　表达式的示例文法　　　　图 3-19　图 3-18 所示文法的 SLR 分析表

在状态 3,对于符号+,有一个多重定义的项:分析器必须移进到状态 4,同时又必须用产生式 2 进行归约。这是一个冲突,它表明该文法不是 LR(0) 的,因为它不能用 LR(0) 分析器分析,因此需要一种能力更强的分析算法。

比 LR(0) 更好的一种简单的分析器为 SLR,即 Simple LR 的简称。SLR 分析器的构造几乎与 LR(0) 相同,区别是只在 FOLLOW 集合指定的地方放置归约动作。

算法 9 是在 SLR 表中放置归约动作的算法。

算法 9　计算归约动作集合

输入:目前为止看到的状态集合 T
输出:规约动作集合 R
1. procedure reduceset
2. 　　R = {}
3. 　　for T 中的每个状态 I do
4. 　　　　for I 中的每个项 A → α·do
5. 　　　　　　for FOLLOW (A) 中的每个记号 X do
6. 　　　　　　　　R = R ∪ {(I, X, A → α)}

动作 (I, X, A→α) 指出,在状态 I,对于前看符号 X,分析器将用规则 A→α 进行归约。

因此,对于图 3-18 所示文法,尽管使用相同的状态图(图 3-19),但如表 3-9 所示,在 SLR 表中放置的归约动作要少些。

SLR 文法类是其 SLR 分析表不含冲突(多重表项)的那些文法。图 3-18 所示文法即属于这一类,很多常用的程序设计语言的文法也属于这一类。

表 3-9 图 3-18 所示文法的 SLR 分析表

状态	x	+	$	E	T
1	s5			g2	g3
2			a		
3		s4	r2		
4	s5			g6	g3
5		r3	r3		
6			r1		

4. LR(1) 分析算法

比 SLR 更强大的是 LR(1)分析算法。大多数用上下文无关文法描述其语法的程序设计语言含有一个 LR(1)文法。构造 LR(1)分析表的算法与构造 LR(0)分析表的算法相似,只是项的概念要复杂一些。

一个 LR(1)项由一个文法产生式、一个右部位置(用圆点表示)和一个前看符号组成。项(A→α·β,x)指出:序列 α 在栈顶,且输入中开头的是可以从 βx 导出的符号串。

LR(1)状态是由 LR(1)的项组成的集合,并且存在着合并该前看符号的 LR(1)的 Closure 和 Goto 操作。算法 10 给出了计算 Closure(I)和 Goto(I,X)集合的算法。

算法 10 计算 Closure(I)和 Goto(I,X)

输入:项目集合 I,前看符号 z
输出:I 的闭包和后继项目集合闭包

```
1. procedure Closure(T)
2.      repeat
3.          for I 中的任意项 (A → α · Xβ, z) do
4.              for 任意产生式 X → γ do
5.                  for 任意 ω ∈ FIRST (βz) do
6.                      I = I ⋃ {(X → · γ, ω)}
7.      until I 没有改变
8.      return I
9. procedure Goto(I, X)
10.     J = {}
11.     for I 中的任意项 (A → α · Xβ, z) do
12.         将 (A → αX · β, z) 加入 J 中
13.     return Closure(J)
```

开始状态是项(S'→ · S $,?)的闭包,其中前看符号? 具体是什么不重要,因为文件结束标志绝对不会被移进。

对于 Closure(I)的计算,对 I 中的任意项(A→α·Xβ,z),任意产生式 X→γ,如果 ω 属于 FIRST(βz),则将(X→· γ,ω)加入 I,直到 I 中的项不再发生变化。

对于 Goto(I,X)的计算,首先将 J 初始化为空,然后对于项目集 I 中的每个项(A→α · Xβ,z),将(A→αX · β,z)加入集合 J,最后计算 Closure(J)。

归约动作用算法 11 来选择。动作$(I, z, A \rightarrow \alpha)$指出,在状态 I 看到前看符号 z 时,分析器将用规则 $A \rightarrow \alpha$ 进行归约。

算法 11 计算归约动作集

输入:目前为止看到的状态集合 T,前看符号 z
输出:规约动作集合 R
1. procedure reduceset(T , z)
2.　　R = {}
3.　　for T 中的每个状态 I do
4.　　　　for I 中的每个项 $(A \rightarrow \alpha \cdot, z)$ do
5.　　　　　　R = R $\bigcup$ {(I, z, A $\rightarrow$ α)}

图 3-20 所示文法不是 SLR,但它属于 LR(1) 文法,图 3-21 给出了该文法的 LR(1) 状态。图 3-20 所示文法中有几个项有相同的产生式,但其前看符号不同(如左图所示),可以将它们简化为右图所示。

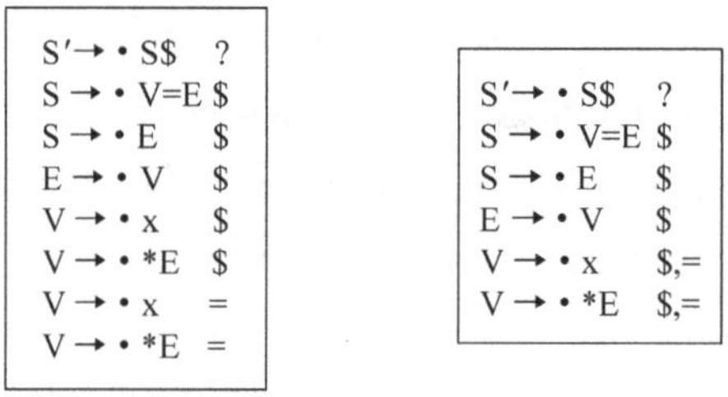

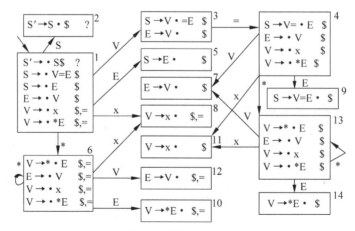

图 3-20　一个描述 C 语言中的表达式、变量和指针访问运算(＊)的文法

图 3-21　图 3-20 所示文法的 LR(1)状态

图 3-20 所示文法的 LR(1) 状态表(表 3-10(a))是从图 3-21 导出的 LR(1) 分析表。只要在产生式的末尾有圆点,在 LR(1)表中与状态号对应的行和与项的前看符号对应的列的位置,就存在着那个产生式的一个归约动作(在这个例子中,前看符号是 $)。只要圆点位于终结符或非终结符的左边,在 LR(1)分析表中就存在相应的移进或转换动作。

表 3-10 图 3-20 所示文法的 LR(1)分析表和 LALR(1)分析表

状态	x	*	=	$	S	E	V	状态	x	*	=	$	S	E	V
1	s8	s6			g2	g5	g3	1	s8	s6			g2	g5	g3
2				a				2				a			
3			s4	r3				3			s4	r3			
4	s11	s13				g9	g7	4	s8	s6				g9	g7
5				r2				5				r2			
6	s8	s6				g10	g12	6	s8	s6				g10	g7
7				r3				7			r3	r3			
8			r4	r4				8			r4	r4			
9				r1				9				r1			
10			r5	r5				10			r5	r5			
11				r4											
12			r3	r3											
13	s11	s13				g14	g7								
14				r5											

(a) LR(1)   (b) LALR(1)

5. LALR(1)分析算法

LR(1)分析表有很多状态,因此非常大,但是通过合并除前看符号集合外其余部分都相同的两个状态,可得到一个较小的表。由此得到的分析器称为 LALR(1)分析器,即前看 LR(1)(Look-Ahead LR(1))。

例如,在图 3-20 所示文法的 LR(1)状态(图 3-21)中,如果忽略前看符号集合,状态 6 和状态 13 的项是相同的。状态 7 和状态 12,状态 8 和状态 11 以及状态 10 和状态 14 也都如此。合并这些状态对,就得到表 3-10(b)所示的 LALR(1)分析表。

对于某些文法,LALR(1)表含有归约-归约冲突,而在 LR(1)表中却没有这种冲突。不过,实际中这种可能性很小,重要的是和 LR(1)表相比,LALR(1)分析表的状态要少得多,因此它需要的存储空间要少于 LR(1)表。

3.3 语义分析

语法正确的输入程序仍然可能包含其他错误,导致编译无法完成。为了检测这样的错误,编译器就需要进行更深层的语义分析(semantic analysis)。语义分析需要将程序结构放到实际的上下文中进行检查,发现类型等方面的错误。语义分析根据源语言的语义规则,对语法分析阶段生成的抽象语法树的属性进行上下文相关检查;如果检查出错,则返回错误信息给程序员,供程序员修改代码;如果检查通过,编译器生成一个中间表示供编译的后续阶段使用。本节首先讨论抽象语法树的定义和生成技术,然后介绍在抽象语法树上进行语义分析的主要技术。

3.3.1　抽象语法树

语法分析树(parse tree)编码了句子的推导过程,每个输入记号对应着语法分析树中的一个叶子节点,分析期间被归约的每一个语法规则都对应着树中的一个内部节点。例如,算术表达式 15 * (3+4) 对应的一棵语法分析树如图 3-22 所示。

语法分析树包含了很多不必要的信息,这些节点会占用额外的存储空间。此外,语法分析树的结构高度依赖文法细节,而各种文法转换又会引入新的非终结符和产生式,这些细节本应被限制在语法分析阶段,不应该对语义分析造成困扰。

因此,在编译器设计中,通常要对语法分析树进一步抽象,去掉无关信息,形成更紧凑的内部表示——抽象语法树(Abstract Syntax Tree,AST)。抽象语法树保留了语法分析树的基本结构,表达式的优先级和语义仍保持原样,但剔除了其中非必要的节点。对于同样的算术表达式 15 * (3+4),其抽象语法树如图 3-23 所示。

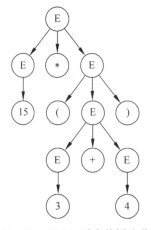

图 3-22　15 * (3+4)对应的语法分析树

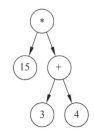

图 3-23　15 * (3+4)对应的抽象语法树

抽象语法(abstract syntax)是编译器用来表达程序语法结构的内部数据结构表示,现代编译器一般都采用抽象语法作为编译器前端(语法分析和词法分析)和后端的接口。语义分析阶段使用程序的抽象语法树分析程序中存在的语义错误。

在编译器中,为了定义抽象语法树,需要使用实现语言来定义一组数据结构。例如,对于如下的文法(做了适当抽象,略去了文法中不重要的分隔符等):

$$E \rightarrow n \mid id \mid E+E \mid E*E$$
$$S \rightarrow id = E \mid if\,(E,S,S) \mid while\,(E,S) \mid return\,E$$

可以定义如下数据结构(类 C 语言描述)来编码该文法：

```
1.    enum E_kind {E_INT, E_ID, E_ADD, E_TIMES};
2.    struct Exp{
3.       enum E_kind kind;
4.    };
5.    struct Exp_Int{
6.       enum E_kind kind;
7.       int n;
8.    };
9.    struct Exp_Id{
10.      enum E_kind kind;
11.      char * id;
12.    };
13.    struct Exp_Add{
14.      enum E_kind kind;
15.      struct Exp * left;
16.      struct Exp * right;
17.    };
18.    struct Exp_Times{
19.      enum E_kind kind;
20.      struct Exp * left;
21.      struct Exp * right;
22.    };
```

首先定义一个枚举类型 E_kind，它包括四个不同的枚举类型的值，分别表示表达式的四种情况。再定义一个结构体 Exp 来编码表达式产生式左部的非终结符 E，该结构体中只有一个 kind 字段。接下来，为非终结符 E 的每个右部都定义一个结构体，例如，用 Exp_Int 来编码产生式的第一个右部，即整型立即数表达式，该结构体的第一个域 kind 表示表达式的类型，第二个域 n 记录了这个整型数具体的值；用结构体 Exp_Add 来表示加法表达式，其中第一个域 kind 表示表达式的类型，第二个域 left 和第三个域 right 表示加法运算的两个表达式操作数，这两个操作数的类型都是指向结构体 Exp 的指针。

对于语句 S，可以类似地定义抽象语法树的数据结构：

```
1. enum S_kind {S_ASSIGN, S_IF, S_WHILE, S_RETURN};
2. struct Stm{
3.     enum S_kind kind;
4. };
5. struct Stm_Assign{
6.     enum S_kind kind;
7.     char * id;
8.     struct Exp * exp;
9. };
10. struct Stm_If{
11.   enum S_kind kind;
12.   struct Exp * exp;
13.   struct Stm * thenn;
14.   struct Stm * elsee;
```

```
15. };
16. struct Stm_While{
17.    enum S_kind kind;
18.    struct Exp * exp;
19.    struct Stm * body;
20. };
```

这些数据结构的含义和表达式的类似,在此不再赘述。

编译器需要实现合理的内存分配接口,为这些数据结构分配合理的内存空间。下面给出了典型的分配接口的实现:

```
1. struct Exp_Int * Exp_Int_new(int n){
2.    struct Exp_Int * p = malloc(sizeof( * p));
3.    p->kind = E_INT;
4.    p->n = n;
5.    return p;
6. }
7.
8. struct Exp_Add * Exp_Add_new(struct Exp * left, struct Exp * right){
9.    struct Exp_Add * p = malloc(sizeof( * p));
10.    p->kind = E_ADD;
11.    p->left = left;
12.    p->right = right;
13.    return p;
14. }
15.
16. struct Stm_If * Stm_If_new(struct Exp * exp, struct Stm * thenn, struct Stm * elsee){
17.    struct Stm_If * p = malloc(sizeof( * p));
18.    p->kind = S_IF;
19.    p->exp = exp;
20.    p->thenn = thenn;
21.    p->elsee = elsee;
22.    return p;
23. }
```

这些数据结构分配接口的实现类似,都是先申请内存空间,再进行合理的初始化。实际的生产级的编译器还要考虑分配中的错误处理,以及内存的回收等更多实现细节。

有了这些表达抽象语法树的数据结构,编译器就可以在语法分析的过程中自动构建程序对应的抽象语法树。具体地,在递归下降语法分析器中,语义动作分散在实现语法分析的代码中;而在 LR 语法分析器中,编译器可以在分析器的语法动作中,加入生成语法树的代码片段,来自动生成抽象语法树。

在递归下降语法分析器中,抽象语法树自动生成的部分代码如下:

```
1. struct Exp * parse_E(){
2.    E t = parse_E_term();
3.    while(cur_token == '+'){
4.      eat('+');
5.      E t1 = parse_E_term();
```

```
6.        t = Exp_Add_new(t, t1);
7.      }
8.    return t;
9.  }
10.
11. struct Stm * parse_S(){
12.     switch(cur_token){
13.     case ID:
14.       String x = cur_token; //remember the identifier
15.       eat(' = ');
16.       struct Exp * e = parse_E();
17.       S s = Stm_Assign_new(x, e);
18.       return s;
19.     case IF:
20.       eat(IF);
21.       eat('(');
22.       struct Exp * e = parse_E();
23.       eat (')');
24.       eat(THEN);
25.       struct Stm * thenn = parse_S();
26.       eat(ELSE);
27.       struct Stm * elsee = parse_S();
28.       struct Stm * iff = Stm_If_new(e, thenn, elsee);
29.       return iff;
30.     }
31. }
```

以对条件语句 if 的语法分析核心过程为例,首先编译器递归调用 parse_E 得到条件语句表达式的抽象语法树 e,然后再递归调用两次 parse_S 得到条件语句两个分支 thenn 和 elsee 的抽象语法树,最后构建并返回整个语句的抽象语法树 iff。

编译器对抽象语法树的各种处理,如语义检查、中间代码生成等,本质上都是对抽象语法树的某种形式的遍历过程。后续章节将深入讨论语义检查和中间代码生成等问题,这里首先考虑输出抽象语法树,这个功能对于验证语法树构建的正确性非常重要。

```
1. void print_exp(struct Exp * e){
2.    switch(e->kind){
3.    case E_INT:
4.      printf("%d", e->n);
5.    return;
6.    case E_ADD:
7.      printf("(");
8.      print_exp(e->left);
9.      printf(")");
10.     printf(" + ");
11.     printf("(");
12.     print_exp(e->right);
13.     printf(")");
14.   return;
15.   other cases: /* similar */
```

```
16.      }
17. }
18.
19. void print_stm(struct Stm * s){
20.      switch(s->kind){
21.      case S_ASSIGN:
22.        printf("% s", s->id);
23.        printf(" = ");
24.        print_exp(s->exp);
25.        return;
26.      case S_IF:
27.        printf("if(");
28.        print_exp(e->left);
29.        printf(")");
30.        printf("then");
31.        print_stm(s->thenn);
32.        printf("else");
33.        print_stm(s->elsee);
34.        return;
35.      other cases: /* similar */
36.      }
37. }
```

　　函数 print_exp 和 print_stm 分别完成对表达式 E 和语句 S 的打印,它们的实现机制类似,都是基于对语法树具体形式的分类讨论,并进行必要的递归调用。

　　最后要注意,抽象语法树是编译器前端和后端重要的数据结构接口,程序一旦被转换为抽象语法树,则源代码可能会被丢弃,编译器后续阶段只处理抽象语法树。所以抽象语法树只有编码源代码足够多的信息,例如,它必须编码每个语法结构在源代码中的位置(文件名、行号、列号等),后续的编译检查阶段才能获得精确的源代码信息。

3.3.2　符号表

　　符号表(symbol table)是编译器用来保存有关源程序各种信息的重要数据结构。在分析阶段,编译器把源程序的信息逐步收集到符号表中。符号表的每个条目包含与一个标识符相关的所有必要信息,比如它的符号名、类型、存储位置、作用域和其他相关信息。符号表中的信息会在编译的后续不同阶段用到,在语义分析阶段,符号表的内容将用于语义检查和产生中间代码。在目标代码生成阶段,当对标识符进行地址分配时,符号表是地址分配的依据。

　　在整个编译期间,编译器对符号表的操作大致可归纳为以下 5 类。

　　(1) 创建符号表:在编译开始时或进入一个子程序时进行。

　　(2) 插入表项:在遇到新的标识符声明时进行。

　　(3) 查询表项:在引用声明过的标识符时进行。

　　(4) 修改表项:在获得新的语义值信息时进行。

　　(5) 删除表项:删除一个或一组无用的项时进行。

根据操作的需求,可给出一个符号表实现的接口,它指明了编译器对符号表的典型需求:

```
type SymTable, K, V;
SymTable create();
void insert(SymTable, K, V);
V lookup(SymTable, K);
void update(SymTable, K, V);
void remove(SymTable, K);
```

类型 SymTable、K 和 V 分别代表符号表类型、关键字类型和值类型。接口中的 5 个函数分别完成符号表的创建、插入、查找、更新和删除操作。

由于被编译程序中标识符的规模可以非常大,且在编译器的各个阶段,每当遇到一个标识符都要查找符号表,因此编译器需要合理组织符号表,使符号表本身占据的存储空间尽量少,同时尽量提高编译期间对符号表的访问效率。

在编译器的实际构造过程中,编译器实现者需要仔细权衡时间开销、空间开销、所编译程序语言的特点等因素,来合理选择实现符号表的数据结构。如果提高对符号表的访问效率优先级更高,编译器可以使用哈希表作为符号表的具体实现。哈希表为查找操作提供了常数时间 O(1) 的访问能力。在使用哈希表时,必须合理地处理碰撞,还要仔细地处理装载因子,避免哈希表浪费过多空间。而如果节约空间的优先级更高,编译器也可以使用红黑树等平衡树数据结构,尽管此时查找操作的时间复杂度变为 O(log N),但避免了空间浪费。

很多程序设计语言中的变量都有变量作用域(scope)的概念,该变量仅在其作用域中是可见的。当编译器到达每一个作用域的开始时,需要把涉及的变量放入符号表;而到作用域结束时,需要将此作用域中的变量移除。为了处理作用域,编译器可以在哈希表上进行适当地记录,进入作用域时插入元素,退出作用域时删除元素;为了提高效率,编译器还可以采用由符号表构成的栈来处理作用域,进入作用域时插入新的符号表到栈顶,退出作用域时,删除栈顶符号表。

3.3.3 语义检查

编译器语义检查阶段的任务首先是将变量的定义与它们的各个使用联系起来,以检查程序(抽象语法树)的上下文相关的属性。例如变量在使用前先进行声明、每个表达式都有合适的类型、函数调用与函数的定义一致等。然后,编译器将抽象语法树转换成更简单的、适合于生成机器代码的中间表示。语义分析又称为上下文相关分析或类型检查。

语义分析器的输入是语法分析阶段生成的抽象语法树和程序语言的语义规则,输出是一个中间表示。传统上,大部分的程序设计语言采用自然语言来表达程序语言的语义,所以编译器的实现者必须对语言中的语义规则有全面的理解。

下面的文法:

$$P \rightarrow D\ S$$
$$D \rightarrow T\ id\ ;\ D\ |\ \epsilon$$

$$T \to int \mid bool$$
$$S \to id = E \mid printi(E) \mid printb(E)$$
$$E \to n \mid id \mid true \mid false \mid E + E \mid E\&\&E$$

给定了一个包含变量声明的简单程序设计语言的片段。文法中的 P 表示程序,它由声明 D 和随后的语句 S 组成;变量声明 D 本质上是一个列表,包含一串由类型和变量构成的二元组;类型 T 包括整型类型 int 和布尔类型 bool 两种;语句 S 包括 3 种语句形式,即赋值语句、对整型的输出语句 printi 和对布尔型的输出语句 printb;表达式 E 包括整型加法运算和布尔型的与运算。尽管这个语言并不复杂,但它能够很好地阐释语义检查中的关键问题。

对于这个语言,可以给出对表达式 E 的类型检查实现(用类 C 的代码实现):

```
1.  enum type {INT, BOOL};
2.  SymTable table;
3.  enum type check_exp(struct Exp * e){
4.    switch(e->kind){
5.    case EXP_INT:
6.        return INT;
7.    case EXP_TRUE:
8.        return BOOL;
9.    case EXP_FALSE:
10.       return BOOL;
11.   case EXP_ID:
12.     enum type t = SymTable_lookup(table, id)
13.     if(id not found)
14.         error("id not found");
15.     else
16.         return t;
17.   case EXP_ADD:
18.       enum type t1 = check_exp(e->left);
19.       enum type t2 = check_exp(e->right);
20.       if(t1!= INT || t2!= INT)
21.           error ("type mismatch for +");
22.       else
23.           return INT;
24.   case EXP_AND:
25.       enum type t1 = check_exp(e->left);
26.       enum type t2 = check_exp(e->right);
27.       if(t1!= BOOL || t2!= BOOL)
28.           error ("type mismatch for &&");
29.       else
30.           return BOOL;
31.   }
32. }
```

函数 check_exp 完成对输入参数表达式 e 的类型检查,返回该表达式的类型。该函数本质上完成了对表达式 e 的后序遍历:如果 e 是一个整型常量,则返回类型 INT;如果 e 是

true 或 false,则函数返回类型 BOOL;如果 e 是一个标识符 id,则函数首先在符号表 table 中查找这个标识符,如果查找成功,则返回标识符的类型 t,如果查找失败,则输出合适的错误处理信息。对于复合表达式,函数先进行递归调用来检查两个子表达式 left 和 right 的类型 t1 和 t2,对结果进行检查后,再返回表达式的类型(如果出错,则输出合适的错误信息)。

有了对表达式 E 的类型检查函数,编译器就可以类似地实现对语句 S 的类型检查功能:

```
1. void check_stm(struct Stm * s){
2.     switch(s->kind){
3.     case STM_ASSIGN:
4.       enum type t1 = SymTable_lookup(s->id);
5.       enum type t2 = check_exp(s->exp);
6.       if(t1!= t2)
7.         error("type mismatch for = ");
8.       else
9.         return INT;
10.    case STM_PRINTI:
11.      enum type t = check_exp(s->exp);
12.      if(t!= INT)
13.        error("type mismatch for printi()");
14.      else
15.        return;
16.    case STM_PRINTB:
17.      t = check_exp(s->exp);
18.      if(t!= BOOL)
19.        error("type mismatch for printb()");
20.      else
21.        return;
22.    }
23. }
```

对于赋值语句,编译器从符号表中查找被赋值变量的类型 t1,并将其与赋值右侧表达式的类型 t2 做比较;对于打印语句,编译器递归检查打印参数的类型并做适当检查。

最后,给出对变量声明 D 和程序 P 的类型检查算法:

```
1. void check_dec(enum type t, char * id){
2.     SymTable_insert(SymTable, id, t);
3. }
4.
5. void check_prog(struct Dec * d, struct Stm * s){
6.     check_dec(d);
7.     check_stm(s);
8. }
```

函数 check_dec 处理每一个变量声明,将其放入符号表 SymTable 中;函数 check_prog 先对变量声明 d 进行类型检查,再完成对语句 s 的类型检查。

尽管更实际的编程语言可能包括更复杂的语言机制,如作用域、命名空间、更复杂的类型规则等,对其进行语义检查实现起来会更加复杂,但对其进行类型检查的基本原理和技术和上述讨论类似,编译器都要围绕符号表,仔细检查每项语言特性是否满足语言语义规范的要求。

3.4　小结

编译器前端负责读入程序的源代码,对其进行合法性检查,并编译到合适的中间表示。本章讨论了编译器前端的 3 个组成部分:词法分析、语法分析和语义分析。词法分析负责读入程序的字符流,并输出记号流;语法分析负责读入程序的记号流,对程序的语法合法性进行分析和检查,并构建抽象语法树的数据结构,抽象语法树是编译器前端最重要的数据结构表示;语义分析负责检查程序是否符合语言的语义规则,并把程序进一步翻译成中间表示供后续阶段处理。

3.5　深入阅读

Ravi Sethi 等提出了通过在缓冲区末尾放置一个敏感标记(sentinel),一个不属于任何记号的字符,词法分析器就有可能只对每个记号进行一次检查,而不是对每个字符都进行检查。Bumbulis 和 Cowan 的方法只需对 DFA 中的每一次循环检查一次,当 DFA 中存在很长的路径时,这样可以减少检查的次数(相对每个字符一次)。

Conway 在介绍一个递归下降(预测)分析器的同时,描述了 FIRST 集合和提取左因子的概念。LL(k)分析理论是由 Lewis 和 Stearns 形式化的。

LR(k)语法分析方法是由 Knuth 开发的。Backhouse 给出了关于 LL 和 LR 分析法理论的介绍。Aho 等说明了利用优先级指导命令解决其中的二义性,使得确定的 LL 或 LR 语法分析引擎能够处理二义性文法。Burke 和 Fisher 发明了一种通过管理一个包含 K 个单词的队列和两个分析栈来实现错误修复的策略。

许多编译器将递归下降分析代码与语义动作混合在一起进行,Gries、Fraser 和 Hanson 给出了采用这种方法的早期编译器和现代编译器的例子。抽象语法的表示最早由 McCarthy 提出。

3.6　习题

1. 将下面正则表达式转换为上下文无关文法:

(1) $((xy * x) | (yx * y))?$。

(2) $((0|1) + ". " (0|1) *) | ((0|1) * ". " (0|1) +)$。

2. 分别为下面语言写出一个无二义性的文法。

(1) 字母表 a,b 上的回文(即无论顺读、倒读都相同的字符串)。

(2) 与正则表达式 a＊b＊ 相匹配且 a 多于 b 的字符串。

(3) 配对的圆括号和方括号,例如 ([[]((()[()][])])。

(4) 配对的圆括号和方括号,但其中闭方括号也关闭未配对的开圆括号(一直到前一个开方括号),例如 [([]((()[(][])]。提示:首先,写出圆括号配对和方括号配对的语言,并允许有额外的开圆括号;然后保证这个开圆括号必须出现在方括号内。

(5) 关键字 public、final、static、synchronized、transient 组成的所有子集和排列(无重复)。

3. 对于下面文法:

$$S \rightarrow uBDz$$
$$B \rightarrow Bv \mid w$$
$$D \rightarrow EF$$
$$E \rightarrow y \mid \epsilon$$
$$F \rightarrow x \mid \epsilon$$

(1) 计算文法的 nullable、FIRST 和 FOLLOW 集合。

(2) 构造 LL(1)分析表。

(3) 给出证据说明该文法不是 LL(1)文法。

(4) 尽可能少地修改该文法使它成为一个接受相同语言的 LL(1) 文法。

4. 给定如下的文法:

$$S \rightarrow E\$$$
$$E \rightarrow id$$
$$E \rightarrow id (E)$$
$$E \rightarrow E + id$$

(1) 构造这个文法的 LR(0)自动机。

(2) 它是 LR(0)文法吗? 给出理由。

(3) 它是 SLR 文法吗? 给出理由。

(4) 它是 LR(1)文法吗? 给出理由。

5. 说明下面这个文法是 LALR(1),但不是 SLR:

$$S \rightarrow X\$$$
$$X \rightarrow Ma \mid bMc \mid dc \mid bda$$
$$M \rightarrow d$$

6. 说明下面这个文法是 LL(1),但不是 LALR(1):

$$S \rightarrow (X \mid E] \mid F)$$
$$X \rightarrow E) \mid F]$$
$$E \rightarrow A$$
$$F \rightarrow A$$
$$A \rightarrow \epsilon$$

7. 假定你正在为一种简单的、具有词法作用域的语言编写编译器。考虑如下所示的程序。

```
 1. procedure main
 2.     integer a,b,c;
 3.     procedure f1(w,x);
 4.         integer a,x,y;
 5.         call f2(w,x);
 6.         end;
 7. procedure f2(y,z)
 8.     integer a,y,z;
 9.     procedure f3(m,n)
10.         integer b,m,n;
11.         c = a * b * m * n;
12.         end;
13.     call f3(c,z);
14.     end;
15.     ...
16.     call f1(a,b);
17.     end;
```

(1) 编译器处理到 11 行时,请绘制对应的符号表及其内容。

(2) 在语法分析器进入一个新的过程和退出一个过程时,需要哪些操作来管理符号表?

8. 最常见的符号表实现技术是使用哈希表,其中插入和删除的预期代价是 O(1)。

(1) 哈希表中插入和删除操作在最坏情况下的代价如何?

(2) 提议一种备选实现方案,以保证 O(1) 时间内完成插入和删除操作。

第 4 章

中间表示

编译器在给程序生成目标机器指令前,通常先将程序翻译成某种特定的中间表示,这有利于完成特定的程序分析和程序优化。同时,设计良好的中间表示可以帮助解耦编译器的前后端,使得编译器更加模块化,也更易构建和维护。本章将讨论编译器常用的中间表示,包括线性表示、树状表示、图状表示等;同时,本章还将重点讨论静态单赋值形式,这是现代优化编译器(包括毕昇编译器)中广泛使用的一种中间表示。

4.1 中间表示概述

编译器的前端将程序转换成中间表示,中间表示(Intermediate Representation,IR)是一种相对独立的抽象语言,它可以抽象目标机器的操作而无须过多涉及机器相关的细节,同时它也独立于源语言的细节。编译器前后端依赖中间表示进行接口,即编译器的前端进行词法分析、语法分析和语义分析,并且产生中间表示;编译器的中端对中间表示进行分析和优化;编译器的后端读入中间表示,并将其进一步编译成目标机器的指令。

编译器使用中间表示至少有两方面的重要作用。第一,编译器使用中间表示可以大大简化构建编译器的工作量和复杂度。如图 4-1 所示,假设编译器要支持 M 种源语言和 N 种目标机器,则理论上需要构建 M×N 个不同的编译器;而采用某种合适的中间表示后,则只需要构建 M+N 个编译器。

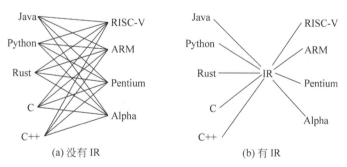

(a) 没有 IR   (b) 有 IR

图 4-1　面向五种语言并支持四种目标机器的编译器

第二,编译器中有很多程序分析和程序优化的算法,只有在特定的中间表示上才能更好地表达和实现。例如,数据流分析在程序的控制流图表示上更容易进行;而指令调度则需要首先构建程序的依赖图等。

　　编译器使用的中间表示具有多样性。有的编译器可能只使用唯一的中间表示,也有的编译器在将代码从源语言转换为目标语言的过程中需要构造多个中间表示。抽象层次高的中间表示更接近源语言,如语法树等,它们适合完成静态类型检查等任务;而抽象层次低的中间表示更接近目标语言,它们适合完成依赖于具体机器硬件信息的任务,比如寄存器分配和指令选择等。编译器对这些中间表示转换的过程,将整个编译过程划分成不同的阶段,其中每个阶段只处理编译过程中的一个步骤,这样的阶段划分和任务分解有助于对编译器的软件工程实现。

　　中间表示的设计和选择也依赖于具体的语言和编译器的设计目标,总的来看,编译器中常用的中间表示可划分为如下几类。

　　(1) 树状表示:这种中间表示用树的节点表示程序基本信息,用树的边表示这些信息之间的关系,这种表示的典型示例包括语法树、必经节点树等。

　　(2) 有向无环图表示:这是对树状表示的一种改进,在这种表示中,相同的信息共享一个节点。

　　(3) 图状表示:这种表示用图的节点、有向(或无向)边来表达程序。

　　(4) 线性表示:这种表示类似真实的机器代码,用线性的序列来表达程序。

　　接下来对编译器中常用的中间表示进行详细讨论。

4.1.1　树状表示

1. 语法分析树

　　语法分析树(parse tree)是对输入程序的推导或语法分析的表示。给定文法:

$$E \rightarrow E + T \mid E - T \mid T$$
$$T \rightarrow T * F \mid T/F \mid F$$
$$F \rightarrow (E) \mid id \mid num$$

　　图 4-2 给出了表达式文法和表达式 $a \times 2 + a \times 2 \times b$ 的语法分析树。语法分析树比较大,因为它表示了完整的推导过程,树中的每个节点分别对应于推导过程中的各个语法符号。编译器必须为每个节点和边分配内存,并且必须在编译期间遍历所有的节点和边。语法分析树主要用在语法分析和属性文法中。

2. 抽象语法树

　　将语法分析树中对编译器其余部分没有实际用途的节点抽象掉,就产生了抽象语法树(AST),抽象语法树保留了语法分析树的基本结构,但剔除了其中非必要的节点。

　　图 4-3 是 $a \times 2 + a \times 2 \times b$ 的抽象语法树。抽象语法树是一种接近源代码层次的表示。抽象语法树已经用于许多实际的编译器系统。一方面,因为抽象语法树与语法分析树具有密切的对应关系,所以编译器的语法分析器可以直接建立抽象语法树;另一方面,根据抽象语法树可以轻易地重新生成源代码,因此很多程序处理系统大量使用抽象语法树来表达程序。

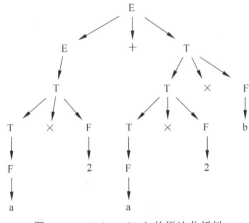

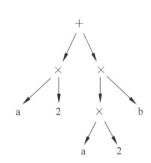

图 4-2 a×2＋a×2×b 的语法分析树　　　图 4-3 a×2＋a×2×b 的抽象语法树

4.1.2 有向无环图

　　抽象语法树保留了程序源代码的结构。例如,表达式 a×2＋a×2×b 的抽象语法树包含了子表达式 a×2 的两个不同副本。为了避免这种代码冗余,编译器可以引入有向无环图(DAG)的中间表示。在有向无环图中,节点可以有多个父节点,相同子树可以被重用。这种节点间的共享使得有向无环图比抽象语法树更紧凑。

　　表达式 a×2＋a×2×b 的有向无环图如图 4-4 所示,其中通过对 a×2 对应子树的共享反映了这一事实。对于这个表达式的求值,该有向无环图给出了一个明显的提示。如果 a 的值在两次使用之间不改变,那么编译器对 a×2 只求值一次,然后就可以两次使用这个值。这种策略可以降低对表达式求值过程的代价。

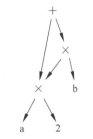

图 4-4 a×2＋a×2×b
的有向无环图

　　编译器使用有向无环图至少有两方面的原因:第一,有向无环图通过共享节点减小了内存占用,使编译器能够处理更大的程序;第二,编译器使用有向无环图可以暴露出程序的冗余之处,从而能进一步优化程序性能。对于第二点,如果表达式不含有副作用(如不包含赋值操作,也不包含对其他过程的调用等),那么相同的表达式必定产生相同的值。

4.1.3 控制流图

　　定义 4.1(基本块) 基本块(basic block)是具有最大长度的无分支代码序列,它开始于一个有标号的操作,结束于一个分支、跳转或条件判断操作。

　　基本块是一个操作序列,它总是从第一条操作开始执行,按序执行完其中的全部操作后,从程序的最后一条指令退出,程序不能从基本块的中间进入执行,也不能从中间退出执行。

　　定义 4.2(控制流图) 控制流图(Control-Flow Graph,CFG)是一个有向图 G＝(V,E),

其中每个节点 v∈V 对应于一个基本块,每条边 e＝(vᵢ,vⱼ)∈E 表示从基本块 vᵢ 到基本块 vⱼ 的一个可能的控制转移。

控制流图对程序中各种可能的运行时控制流路径提供了一种直观的图状表示法。

为了便于分析,假定每个控制流图只有唯一的入口节点 vₑ 和唯一的出口节点 vբ。vₑ 对应于程序的入口点(entry),如果一个过程有多个入口点,则编译器可以插入一个唯一的 vₑ,并添加 vₑ 到各个实际入口点的边。节点 vբ 对应于过程的出口点,如果过程有多个出口点,则可以添加一个唯一的出口点 vբ,并增加各个实际出口点到 vբ 的有向边。

下面讨论编译器给典型的程序控制结构生成的控制流图。

对于条件语句结构,图 4-5 表明其控制流图是无环的:它说明控制总是从 S1 或 S2 流向 S3。图 4-6 是用于 while 循环的控制流图。

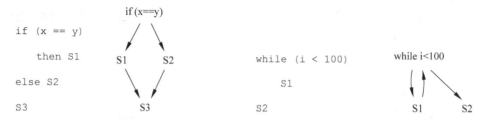

图 4-5　条件语句的控制流图　　　　图 4-6　循环语句的控制流图

从 S1 回到循环入口的边产生了一个环,而表示该代码片段的抽象语法树是无环的。在抽象语法树中,这种关联是隐式的,而在控制流图中这种关联是显式的。

编译器通常把控制流图与另一种中间表示关联使用,控制流图表示了基本块之间的跳转关系,而基本块内部的操作则往往使用另一种中间表示,例如表达式层次上的抽象语法树、有向无环图或某种线性中间表示,由此得到一种混合中间表示。

编译器的许多阶段都显式或隐式地依赖控制流图。编译器为支持优化而进行的分析也通常都是从控制流分析和构建控制流图开始。指令调度需要控制流图才能理解各个块的被调度代码是如何汇流的,全局寄存器分配也要依赖控制流图才能理解各个操作执行频率如何,以及在何处插入对特定变量的内存加载和存储操作。

4.1.4　依赖图

编译器经常使用数据依赖图(data dependency graph)来表达数据从定值点到使用点之间的流动。数据依赖图中的节点表示某条操作,大多数操作既包含定值,也包含使用。对于数据依赖图中的两个节点 u 和 v,如果一个节点 u 定值了某个变量 x,而另一个节点 v 使用了变量 x,则在这两个节点间连一条有向边 u→v,即从定值点 u 指向使用点 v。在本书中,在不引起混淆的情况下,通常把数据依赖图简称为依赖图。

对于下面的代码片段(在第 1 章指令调度部分讨论过该例子):

```
a: loadi r₀, 23
```

```
b: load r₁, @z
c: mult r₀, r₁, r₀
d: load r₂, @y
e: add r₀, r₂, r₀
f: store r₀, @x
```

图 4-7 给出了该示例程序的依赖图。对代码片段中的每
个语句,分别引入了一个编号来指代该语句,并在依赖图中分
别使用一个节点表示,节点间的有向边给出某个值的流动,各
有向边表示了对操作序列的实际约束:一个值不能在定义前
使用。例如,从节点 d 出发有条有向边指向节点 e,这意味着
节点 d 必须先于节点 e 执行。

依赖图通常用作衍生中间表示,即编译器针对特定的任
务,从主要中间表示(经常是控制流图)出发构建依赖图,使用
依赖图完成特定的程序分析或优化的任务,而后将该依赖图

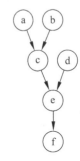

图 4-7　示例程序的依赖图

丢弃。在各种优化中,如指令调度、为了提高并行性和内存访问效率的重排循环等,依赖图
都发挥了核心作用,第 6 章会对基于依赖图的指令调度进行深入讨论。

4.1.5　线性表示

线性表示包含一个指令序列,其中的各个指令按出现顺序执行。通常的汇编语言代码
就是一种线性代码,编译器中使用的线性中间表示类似抽象的汇编语言代码。线性代码也
包括条件分支和跳转等操作,这些操作的目标地址都是线性序列中的某条指令。

接下来讨论两种重要的线性表示:栈代码(stack code)和三地址码(three-address
code)。栈代码的主要优势是非常紧凑、可被高效存储,因此在对程序规模敏感的场景中得
到了广泛应用。例如,Java 字节码程序在执行之前经常通过网络传输,这时栈代码格式就
非常高效。三地址码模拟了现代 RISC 机器的指令格式,它显式编码了指令的操作数、操作
码以及操作的结果。

1. 栈代码

栈代码是一种单地址代码,它假定指令的操作数存在一个栈中(该栈经常被称作操作
数栈),大多数指令从栈顶获得所需的操作数,并将运算结果压入栈顶。例如,对于表达式
$a-2\times b$,编译器为其生成的栈代码可以是:

```
load a
loadi 2
load b
mult
sub
```

虽然栈代码比较紧凑,易于生成和使用,但使用操作数栈意味着所有的结果和参数都
需要访存,这影响了程序执行效率。

2. 三地址代码

三地址代码指令的一般形式为

$$x = y \oplus z$$

其中，x、y 和 z 是变量、常数或编译器产生的临时变量，$\oplus$ 代表某个运算符。该中间表示之所以叫三地址代码，是因为每条指令通常包含三个地址，即两个运算对象的地址和一个结果的地址。由于指令中除了三个操作数外，还包括一个操作符，因此，这个中间表示也经常被称为四元式。

因为三地址代码的每条指令的右边只有一个操作符，所以源语言的表达式 $x + y \times z$ 翻译成三地址代码指令序列可以是：

$$t_1 = y \times z$$
$$t_2 = x + t_1$$

其中，t_1 和 t_2 是编译器产生的临时变量。编译器采用临时变量保存中间结果，可以比较容易地为三地址代码重新安排计算次序。

三地址代码有如下几个优势：第一，三地址代码相当紧凑，大多数操作包含 4 个组成部分——一个操作符和三个操作数，操作符和操作数都取自有限集合；第二，编译器对操作数和运算目标分别指定显式的变量名，这给编译器提供了自由度，以控制对变量名和值的重用；第三，许多现代处理器（尤其是 RISC 机器）的指令实现了三地址操作，因此三地址代码非常贴近这些处理器的指令特征，能比较容易地编译到这些机器上。

3. 从线性代码构建控制流图

编译器经常需要在不同中间表示之间进行转换，最常见的一种转换是根据程序的线性表示建立控制流图。控制流图的基本特性是它显式标识了各个基本块的开始和结束，并将各个基本块用边连接起来，以描述基本块之间可能的控制转移。

算法 12 给出了从程序的线性表示构造控制流图的关键步骤，该算法接受线性程序的列表 S 作为输入，输出控制流图。

在算法的第一步，编译器必须找到线性中间表示中各个基本块的开始和结束。基本块中第一个操作称为前导指令（Leader）。如果一个操作是过程中的第一个操作，或者它有标号（即可能是某个分支指令的目标），那么它就是前导指令。根据这个判定标准，编译器可以通过对线性中间表示的单遍遍历，标识出所有前导指令（第 2～7 行）。

算法 12　从线性代码构建控制流图

输入：程序的线性中间表示 S
输出：构建的控制流图

```
1. procedure BuildCfg(S)
2.     next = 1
3.     Leader[next++] = 1
4.     for  i = 1 to  n do
```

```
5.      if  S[i] 有标号  l_i then
6.          Leader[next++] = i
7.          为 l_i 创建一个 CFG 节点
8.    for i = 1 to next − 1 do
9.      j = Leader[i] + 1
10.     while j ≤ n and S[j] ∉ Leader do
11.       j = j + 1
12.     j = j − 1
13.     Last[i] = j
14.     if  S[j] 是 "cjmp r_1, r_2, l_1, l_2" then
15.         添加一条边从 j 到节点 l_1
16.         添加一条边从 j 到节点 l_2
17.     else if op_j 是 "jmp l" then
18.         添加一条边从 j 到节点 l
19.     else if op_j 是 "jmpr r" then
20.         添加边从 j 到所有有标号语句
```

如果线性中间表示包含的某些标号并非分支指令的目标,那么若编译器将这些标号处理为前导指令,可能导致基本块发生不必要的分裂。此时算法可以首先再次扫描来跟踪哪些标号是跳转的真正目标。如果分支或跳转指令的目标无法在静态编译时确定,则称为具有二义性的跳转。如果代码包含任何具有二义性的跳转,那么编译器必须将所有有标号语句处理为前导指令。

接着,算法对中间表示进行第二趟遍历,尝试找到每个基本块的结尾操作。算法假定每个基本块都结束于一个显式的分支/跳转指令,且分支指令对采纳分支和非采纳分支分别规定了标号,这简化了对基本块的处理,而且允许编译器的后端选择以哪条代码路径作为分支指令的"默认"路径。为找到各个基本块的末尾,算法按照基本块在 Leader 数组中出现的顺序,分别遍历各个基本块中的指令。它在线性中间表示中前向遍历,直至找到下一个基本块的前导指令(第 9~11 行),则紧接该前导指令之前的操作,刚好是当前基本块的结束指令。算法将该基本块 i 的最后一条指令记录在 Last[i] 中,因此有序对< Leader[i],Last[i]>描述了基本块 i。

最后,算法根据基本块中最后一条语句是有条件跳转、无条件跳转还是二义性跳转,来向控制流图中加入合适的有向边。

控制流图应该有一个唯一的入口节点 v_e 和唯一的出口节点 v_f。如果代码不具备这种形式,那么编译器需要对控制流图进行后续处理,创建所需的 v_e 和 v_f 节点。

4.2 中间代码生成

编译器的中间代码生成阶段,负责读入前端生成的程序表示(一般是抽象语法树),将其翻译成合理的中间表示,以供程序分析和程序优化处理,并进一步翻译成程序的后端表示。本节将主要讨论编译器对各种程序语法结构生成中间表示的主要技术。

4.2.1　算术运算符

现代处理器为表达式的计算提供了全面的支持,典型的 RISC 机器具有完全的三地址操作,包括算术运算符、移位和布尔运算符等。三地址形式使得编译器能够命名任何操作的结果,并将其保留起来供后续阶段重用。它还消除了二地址形式的运算中出现的复杂性,如重新赋值操作等。

编译器可以使用一个经典的树的后序遍历策略访问程序的抽象语法树,并生成中间代码。该算法在图 4-8 中给出。对于加减乘除等四则运算,编译器递归访问其左右子树,为子树生成代码,并为根节点发射一条二元运算指令。对于变量,编译器取得该变量的基地址 base 和偏移量 offset,并生成一条内存加载指令将该变量的值读入虚拟寄存器中。对于立即数,编译器生成一条立即数加载指令。这里有两个关键点需要注意:第一,这里使用的寄存器都是虚拟寄存器(或者称为中间临时变量),并且假设有无限多个虚拟寄存器可用,这大大简化了中间代码生成的复杂度。编译器后端依赖寄存器分配,将虚拟寄存器分配到有限的物理寄存器中,第 6 章将深入讨论寄存器分配。第二,需要注意到中间代码生成和类型检查间的相似性:二者都是基于对抽象语法树的后序遍历,因此,在很多编译器实现中,经常把类型检查和中间代码生成组织到一个阶段进行。

```
1. VirtualRegister gen_exp(e){
2.    int result, t1, t2;
3.    switch(type(e)){
4.    case +, -, *, /:
5.       t1 = gen_exp(e->left);
6.       t2 = gen_exp(e->right);
7.       result = NextRegister();
8.       emit(result, op(node), t1, t2);
9.       break;
10.   case IDENT:
11.      t1 = base(e);
12.      t2 = offset(e);
13.      result = NextRegister();
14.      emit(result, loadr, [t1, t2]);
15.      break;
16.   case NUM:
17.      result = NextRegister();
18.      emit(result, loadI, val(node));
19.      break;
20.   }
21.   return result;
22. }
```

图 4-8　基于树的后序遍历代码生成器

以表达式 a－b×c 为例,如果用该算法为其生成代码,将产生下述结果代码。这个例子假定 a、b、c 均未加载到寄存器中,且每个变量都位于当前活动记录(往往是调用栈)中,活动记录的基地址存放在寄存器 arp 中。

```
loadI   r₁,  @a
loadr   r₂,  [r_arp, r₁]
loadI   r₃,  @b
loadr   r₄,  [r_arp, r₃]
loadI   r₅,  @c
loadr   r₆,  [r_arp, r₅]
mult    r₇,  r₄,  r₆
sub     r₈,  r₂,  r₇
```

遍历抽象语法树生成的中间代码使得程序的更多细节变成显式的,如对变量存储的处理以及子树的求值顺序等。另外,在中间代码生成阶段生成的代码可能不是最优的(就本例而言,生成的代码包含大量的内存读操作),编译器后续的优化阶段将尝试对代码进行优化,以提高性能。

4.2.2　布尔运算符和关系运算符

大多数程序设计语言不仅包括整型运算,还包括布尔运算符和关系运算符,这两种运算产生的结果都是布尔值,因此,可以将布尔运算符和关系运算符一同处理。

下面的非终结符 E 给出了添加布尔运算符和关系运算符之后的表达式抽象语法:

$$E \to \cdots \mid true \mid false \mid E \wedge E \mid E \vee E \mid \neg E \mid E < E \mid E$$
$$\leq E \mid E > E \mid E \geq E \mid E == E \mid E \neq E$$

大多数体系结构也提供了一组丰富的布尔运算,但对关系运算符的支持,不同的体系结构间有较大差异。编译器的编写者需要指定合理的求值策略将语言的特性匹配到可用的指令集。

数值编码是布尔值的一种最常用的表示方式,即分别为 true 和 false 分配具体的数值,并使用目标机器的算术和逻辑操作来操纵这两个值。编译器通常使用 0 表示 false,使用 1 或各比特位全为 1 的一个字表示 true。

例如,如果变量 b、c、d 分别存储在寄存器 r_b、r_c、r_d 中,编译器可能为表达式 b∨c∧¬d 产生如下代码:

```
not r₁,r_d
and r₂,r_c,r₁
or  r₃,r_b,r₂
```

对于比较操作,如 a<b,编译器必须生成代码来比较 a 和 b,并对结果赋以适当的值。如果目标机器直接支持返回布尔值的比较操作结果,则编译器生成的代码就比较简单:

```
cmp_LT  r₁, r_a, r_b
```

如果比较操作定义了一个条件码,由分支语句读取该条件码来确定跳转目标,那么由此生成的代码会比较长也比较复杂。对于 a<b 来说,编译器将生成如下类似代码:

```
    comp    cc, r_a, r_b
    cbr_LT  cc, L_1, L_2
L_1:
    loadI r_1, true // 1
    jump L_3
L_2:
    loadI r_1, false // 0
    jump L_3
L_3:
    nop
```

本质上,这是一个依赖于状态寄存器 cc 的隐式条件语句,但在大多数体系结构上,并不允许直接操作 cc 寄存器。

4.2.3　数组的存储和访问

数组是程序设计语言中的常见编程机制,给数组设计合理的内存布局并给出引用数组元素所需的合理的代码十分有挑战性。本节将给出几种在内存中存储数组的方案,并描述每种方案针对数组访问生成的中间代码。

1. 引用向量元素

最简单形式的数组只有一维,称为向量(Vector)。向量通常存储在连续内存中,第 i+1 个元素紧跟在第 i 个元素之后,因而编译器可为向量 V[3..10] 生成如图 4-9 所示的内存布局,其中单元格下方的数字表示元素在向量中的索引。

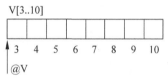

V[3..10]

3　4　5　6　7　8　9　10

@V

图 4-9　向量内存布局

当编译器遇到一个引用时,如 V[6],它必须使用向量 V 的首地址以及索引 6 来为元素 V[6] 产生一个偏移量,这可通过将偏移量与指向 V 起始处的指针(记作@V)相加来计算实际地址。

假定向量 V 声明为 V[low..high],其中 low 和 high 是向量(索引)的下界和上界。为转换引用 V[i],编译器需要指向 V 起始处的指针和元素 i 在向量 V 内部的偏移量。偏移量是 $(i-low) \times w$,其中 w 是向量 V 的一个元素的长度。因而,如果 low 为 3,i 为 6,w 为 4,偏移量即为 $(6-3) \times 4=12$。假定 r_i 包含 i 的值,以下代码片段计算向量元素 V[i] 的地址,存放到 r_3 中,并将其值加载到 r_V 中:

```
loadI   r_{@v}, @V
subI    r_1, r_i, 3
multI   r_2, r_1, 4
add     r_3, r_{@v}, r_2
loadr   r_v, r_3
```

可以看到,一个简单的向量引用就引入了 3 个算术操作。编译器可以采用一些优化策略改进该指令序列,例如,如果 w 是 2 的幂,乘法指令 multI 可以替换为算术移位操作。为了改进地址和偏移量的加法运算,编译器可以充分利用大多数处理器上的基地址/偏移的寻址方式来优化代码(这同时也解释了为什么现代大多数处理器上包括了这类基地址＋偏移量的寻址方式)。改进后的指令序列如下:

```
loadI   r_{@V}, @V
subI    r_1, r_i, 3
lshiftI r_2, r_1, 2
loadr   r_V, [r_{@V}, r_2]
```

特别地,如果向量以零作为索引下界,可以消除第二条减法指令。而如果编译器知道 V 的下界,它可以将减法折合到 @V 中,即不使用 @V 作为 V 的基地址,而使用

$$@V_0 = @V - low \times w$$

其中,$@V_0$ 称为 V 的虚零点(False Zero),内存布局如图 4-10 所示。

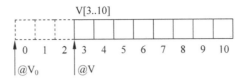

图 4-10　含虚零点的向量内存布局

如果编译器已经将 i 加载到寄存器 r_i 中,则访问 V[i] 的代码将变为:

```
loadI   r_{@V0}, @V_0
lshiftI r_1, r_i, 2
loadr   r_V, [r_{@V0}, r_1]
```

改进后的代码更短,运行也更快。需要注意,上述代码并不是唯一可能的代码生成结果。例如,如果充分利用鲲鹏的访问指令,可用两条代码完成上述操作:

```
loadI r_{@V0}, @V0
loadr r_V, [r_{@V0}, ri, lsl, #2]
```

编译器的设计者需要综合考虑代码生成的策略,有时较长的指令序列可能会产生更好的结果,因为它将乘法和加法之类的细节暴露给了优化,因而可以更容易地进行优化。

2. 数组存储布局

编译器为访问多维数组的一个元素所生成的代码,取决于数组映射到内存的方式,大多数编译器实现使用下述三种方案之一:行主序(row-major order)、列主序(column-major order)和间接向量(indirection vector)。源语言定义通常会规定使用上述映射中的一种。

考虑数组 A[1..2,1..4],在线性代数中,二维矩阵的行是其第一个维度,列是其第二个维度,如图 4-11 所示。

在行主序中,数组 A 的元素被映射到连续的内存位置,使得一行中的相邻元素占据相邻的内存位置,如图 4-12 所示。以下嵌套循环说明了行主序对内存访问模式的影响:

```
for(i = 1; i <= 2; i++)
```

```
for(j = 1; j <= 4; j++)
    A[i,j] = A[i,j] + 1;
```

A	1,1	1,2	1,3	1,4
	2,1	2,2	2,3	2,4

1,1	1,2	1,3	1,4	2,1	2,2	2,3	2,4

图 4-11   二维数组的内存布局   图 4-12   行主序的向量内存布局

在行主序中,上述代码中的赋值语句将顺次遍历各个内存位置,从 A[1,1]、A[1,2]、A[1,3]开始,直至 A[2,4]。通常,当最右侧下标(本例中为 j)变动最快速时,行主序将产生顺序访问序列。

第二种映射方式是列主序。它将数组 A 的各列分别置于连续的内存位置,产生如图 4-13 所示的布局。当最左侧下标变动最快速时,列主序将产生顺序访问。对于上述嵌套循环代码来说,就是将 i 控制的循环置于 j 控制的循环内部,就会产生顺序访问序列。

第三种映射方式是间接向量。它将所有的多维数组都降阶为向量集合。对数组 A 建立行主序的间接向量,将产生如图 4-14 所示的布局。每行都有其自身的连续存储,在各行内部,元素的寻址方式类似于向量。为容许对各个行向量进行系统化寻址,编译器需要分配一个各元素为指针的向量,并适当地初始化它。编译器采用类似的方案可以建立列主序的间接向量。

图 4-13   列主序的向量内存布局

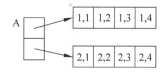

图 4-14   行主序的间接向量内存布局

间接向量看起来简单,但也引入了更多的复杂性。第一,与两种连续存储方案相比,间接向量需要更多的存储空间。第二,这种方案要求应用程序在运行时初始化所有间接指针。间接向量实现方法的一个优点是很容易实现不规则数组(ragged array),即最后一维的长度不规则的数组。

上述每种方案都已经用于某种流行的程序设计语言,对于以连续内存区来存储数组的语言,如 C/C++,行主序是典型的选择;FORTRAN 语言采用列主序;BCPL 和 Java 都支持间接向量。

3. 引用数组元素

使用数组的程序通常会引用各个数组元素。类似向量,编译器必须将数组引用转换为一个基地址和一个偏移量,基地址表示数组存储的起始地址,而偏移量表示目标元素相对于起始地址的偏移量。接下来,针对采用行主序存储的数组对元素地址的计算方法进行讨论。

在行主序中,地址计算必须找到行的起始地址,然后产生行内部的偏移量。先扩展用于描述向量(索引)范围的符号表示法,向 low 和 high 添加下标来规定对应维度的范围,例如,用 low_i 表示第 i 维的下界,$high_j$ 表示第 j 维的上界等。对于之前的数组 A[1..2, 1..4] 来说,low_1 为 1,$high_2$ 为 4。

为访问元素 A[i, j],编译器必须生成代码计算行 i 的地址,并计算元素 j 在该行中的偏移量,后者的计算方式在"引用向量元素"一节中已经讨论过,是

$$(j - low_2) \times w$$

数组每行的元素个数是 $high_i - low_i + 1$,记

$$len_i = high_i - low_i + 1$$

即第 i 维的长度。因为行是连续放置的,相对于 A 的起始地址,行 i 开始于偏移量 $(i - low_1) \times len_2 \times w$ 处。由此推出下述地址计算公式:

$$@A + (i - low_1) \times len_2 \times w + (j - low_2) \times w$$

对于元素 A[2, 3],将 i、j、low_1、$high_2$、low_2 和 w 的实际值代入,得到 A[2, 3] 的偏移量是

$$(2 - 1) \times (4 - 1 + 1) \times 4 + (3 - 1) \times 4 = 24$$

上述偏移量是相对于 A[1, 1] 计算得到的(即假定 @A 指向 A[1, 1]),如图 4-15 所示。

和向量的情形类似,如果数组上下界在编译时是已知的,就能够简化地址计算。在二维情形下,可应用同样的代数化简来创建一个虚零点,计算公式如下:

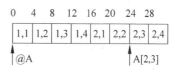

图 4-15　数组 A 的地址图

$$@A + (i \times len_2 \times w) - (low_1 \times len_2 \times w) + (j \times w) - (low_2 \times w)$$

或

$$@A + (i \times len_2 \times w) + (j \times w) - (low_1 \times len_2 \times w + low_2 \times w)$$

最后一项 $(low_1 \times len_2 \times w + low_2 \times w)$ 是独立于 i 和 j 的,因此可以提出来直接放到基地址中:

$$@A_0 = @A - (low_1 \times len_2 \times w + low_2 \times w)$$

现在,该数组引用只是下述形式:

$$@A_0 + i \times len_2 \times w + j \times w$$

最后,可以重构一下,将最后两项中的 w 提取出来得到:

$$@A_0 + (i \times len_2 + j) \times w$$

节省一次非必要的乘法。

对于 A[2, 3] 的地址,上述表示计算得到:

$$@A_0 + (2 \times 4 + 3) \times 4 = @A_0 + 44$$

因为 $@A_0$ 刚好等于 @A-20,所以该计算结果等于 @A-20+44 = @A+24,与使用数组地址多项式的原始版本计算得到的地址相同。

如果假定 i 和 j 已经加载到 r_i 和 r_j,而且 len_2 是常数,编译器可为地址计算生成以下代码序列:

```
loadI    r_{@A0} , @A_0
multI    r_1 , r_i , len_2
add      r_2 , r_1 , r_j
multI    r_3 , r_2 , 4
loadr    r_a , r_{@A0} , r_3
```

这种形式已经将计算减少到两个乘法和两个加法(一个在 loadr 中)。第二个乘法可以重写为移位操作。

如果编译器无法得知数组索引范围,它必须在运行时计算虚零点,或者必须使用更复杂的多项式(其中包括减法,用于调整索引下界)。如果某个过程中会多次访问数组的元素,那么前一种方案更适用,因为在过程的入口处计算虚零点使过程代码能够使用代价较低的地址计算方式。只有当很少访问数组时,更复杂的计算方式才更适用。

二维数组地址计算的过程可以推广到更高维数组。对于以列主序存储的数组,也可以用类似的方式推导出地址多项式。编译器用来优化算术表达式的算法同样也适用于优化数组地址多项式。

4. 界限检查

大多数程序设计语言为显式或隐式规定:程序只会引用数组定义范围内的元素。越界引用数组元素的程序会导致程序运行错误。一些语言(如 Java 和 Ada)要求能够检测和报告数组越界访问。在其他语言中,编译器也通常会包含可选的机制,用来检测和报告数组越界访问。

编译器实现数组界限检查的最简单的方式就是在每次数组引用之前插入一个条件判断。该条件判断会检验每个下标索引值是否在其对应维度的有效范围内。如果编译器打算对值为数组的参数插入范围检查,那么它可能需要在信息向量中加入额外的信息。例如,如果编译器使用基于数组虚零点的地址多项式,而编译器只有各个维度的长度信息,却没有各维度的上下界信息,此时,它可以将偏移量对照数组的全长,进行一个不精确的条件判断。但是,如果要进行精确的条件判断,编译器必须在信息向量中加入各个维度的上下界,并对照上下界来判断偏移量是否越界。

在数组操作密集型程序中,这种检查的开销可能很大。因此可以对这种实现方案做出多种可能的改进。代价最低的一种改进方案是由编译器证明给定的下标不可能产生越界数组访问,从而静态将这种检查移除。第 6 章将讨论用于数组界限检查的一些优化技术。

4.2.4　字符串

字符串是程序设计语言提供的常见数据类型,不同于为数值数据提供的操作,每种程序设计语言对字符串的支持程度相差较大。本节将讨论编译器对字符串的表示和字符串赋值的实现。

1. 字符串表示

字符串的表示方式对字符串操作的代价有很大的影响。例如,考虑字符串 s 的两种常见表示,图 4-16(a)是 C 语言中的传统表示,它使用一个简单的字符向量,并用特定字符('\0')充当结束符,空格符号表示空格;图 4-16(b)中的表示同时存储了字符串长度(8)和内容,许多语言实现已经使用了这种方法。

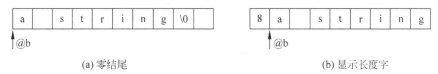

(a) 零结尾   (b) 显示长度字

图 4-16 字符串的两种表示形式

如果长度字段比零字符(Null)结束符更占空间,那么存储长度的做法将增加字符串在内存中占用的空间。但存储字符串长度简化了对字符串的几种操作。比如,编译器可以利用字符串长度在运行时对字符串赋值和连接等操作进行范围检查。

2. 字符串赋值

字符串赋值在概念上很简单。在 C 语言中,从 b 的第三个字符到 a 的第二个字符的赋值,可以写成"a[1]=b[2];"。如果目标机器具备字符粒度的内存操作(如 cloadr 和 cstorer),则该代码可以转换为如下所示的简单代码:

```
loadI   r_{@b}, @b
cloadr  r_2, [r_{@b}, 2]
loadI   r_{@a}, @a
cstorer [r_{@a}, 1], r_2
```

但如果底层的硬件并不支持面向字符的内存操作,则编译器必须生成更复杂的代码。假定 a 和 b 在内存中都从字边界开始,一个字符占 1 字节,且一个字占 4 字节,那么编译器可能生成以下代码:

```
loadI r_{C2}, 0x0000FF00 // mask for 2nd char
loadI r_{C124}, 0xFF00FFFF // mask for chars 1,2,&4
loadI r_{@b}, @b // address of b
load r_1, r_{@b} // get 1st word of b
and r_2, r_1, r_{C2}   // mask away others
lshiftI r_3, r_2, 8 // move it over 1 byte
loadI r_{@a}, @a // address of a
load r_4, r_{@a}   // get 1st word of a
and r_5, r_4, r_{C124} // mask away 2nd char
or r_6, r_3, r_5 // put in new 2nd char
store r_{@a}, r_6 // put it back in a
```

该代码加载包含 b[2] 的字,提取该字符,通过移位使之到达正确的位置,然后将其"按位或"到包含 a[1] 的字中,最后将其结果存储回原位。实际上,上述代码加载到 r_{C2} 和 r_{C124} 中的掩码,很可能存储在静态初始化的内存部分,或是动态计算出来的。上述代码序列比较复杂,这也是现代机器通常都包含面向字符的 load 和 store 操作的原因。

有些语言支持字符串的整体复制,即如 a=b 这样的语句,字符串 b 被逐个字符复制到字符串 a 中。假定编译器使用显式存储长度的字段表示,则可生成以下简单的循环,用于在具有面向字节的 cload/cstore 操作的机器上复制字符:

```
        loadI   r_@b, @b
        loadAI  r_1, r_@b, -4 // get b's length
        loadI   r_@a, @a
        loadAI  r_2, r_@a, -4 // get a's length
        cmp_LT  r_3, r_2, r_1 // will b fit in a?
        cbr [L_SOV, L_1], r_3 // raise overflow
L_1 :
        loadI   r_4, 0 // counter
        cmp_LT  r_5, r_4, r_1 // more to copy?
        cbr [L_2, L_3], r_5
L_2 :
        cloadA0  r_6, [r_@b, r_4] // get char from b
        cstoreA0 [r_@a, r_4], r_6 // put it in a
        addI r_4, r_4, 1 // increment offset
        cmp_LT r_7, r_4, r_1 // more to copy?
        cbr [L_2, L_3], r_7
L_3 :
        storeAI [r_@a, -4], r_1 // set length
```

此代码判断了 a 和 b 的长度,以避免向 a 写入时越界。在显示包含长度的表示中,这种检查开销很小。标号 L_{SOV} 表示在字符串溢出情况下的运行时错误处理程序。

在 C 语言中,使用零字符表示字符串结束符,同样的赋值操作,可以写作复制字符的循环。例如对于下面的 C 代码:

```
1. t_1 = a;
2. t_2 = b;
3. do{
4. * t_1 ++ = * t_2 ++;
5. }while( * t_2 ! = '\0');
```

其生成代码如下:

```
        loadI r_@b, @b // get pointers
        loadI r_@a, @a
        loadI r_1, NULL // terminator
        cload r_2, r_@b // get next char
L_1 :
        cstore r_@a, r_2 // store it
        addI r_@b, r_@b, 1 // bump pointers
        addI r_@a, r_@a, 1
        cload r_2, r_@b // get next char
        cmp_NE r_4, r_1, r_2
        cbr [L_1, L_2], r_4
L_2 :
        nop // next statement
```

如果目标机器对 cload/cstore 操作支持自动递增,则循环中的两个加法操作可以在

cload 和 cstore 操作中进行,这可以使循环体部分减少到只有 4 个操作。如果目标机器没有自动递增特性,编译器使用具有公用偏移量的 cload 和 cstore 操作可以生成更好的代码,该策略在循环内部只使用一个加法操作。

为实现对较长的字对齐字符串的高效处理执行,编译器可能首先生成使用整字的 load/store 的代码,然后使用面向字符的循环来处理字符串末尾的剩余字符。

面向字符的循环的优点是简单、通用。面向字符的循环可以处理罕见但复杂的情形,如交迭的子串、具有不同对齐模式的字符串。面向字符的循环的缺点在于,与在各次迭代中分别移动较大块内存的循环相比,其效率较低。

4.2.5 结构引用

大多数程序设计语言提供一种将数据聚合到一个结构中的机制。例如,C 语言的结构体 struct,它将有名字的各个成员聚集起来,各个成员通常具有不同类型。下面的代码展示了用 C 语言中的 struct 来实现单链表。

```
1.   struct node{
2.       int value;
3.       struct node * next;
4.     };
5.   struct node nil_node = {0, (struct node * )0};
6.   struct node * nil = &nil_node;
```

每个 node 包含一个整数字段 value 和一个指向另一个节点的指针字段 next。最后的声明先创建了一个节点实例 nil_node 和一个指针 nil,代码初始化了 nil_node,其中的值初始化为 0,其中的指针初始化为空,并将 nil 设置为指向 nil_node。

在编译器为结构引用生成代码时,它必须知道结构实例的起始地址以及每个结构成员的长度和偏移量。为维护这些信息,编译器可以建立一个独立的表来保存结构布局的相关信息,这些信息包含各个结构成员的名字、其在结构内部的偏移量以及其源语言数据类型。对于上面的链表示例,编译器可以建立如图 4-17 所示的表,成员表中的各项需要使用全名(fully qualified name),以避免在几个不同结构中重用同一成员名时造成冲突。

有了这些信息,编译器可以很容易地为结构引用生成代码。考虑链表的例子,对于节点指针 p,编译器可以为引用 p-> next 生成以下代码:

loadI r_1, 4   // offset of next
loadr r_2, [r_p, r_1]

在这里,编译器通过检查结构表中 node 的信息,来查找 next 字段的偏移量。

在对结构进行布局以及为其中各成员分配偏移量的过程中,编译器必须遵守目标体系结构的对齐规则。这可能迫使编译器在结构中留出不使用的空间。比如,当编译器对以下代码声明的结构进行布局时,就会面临该问题。

结构布局表

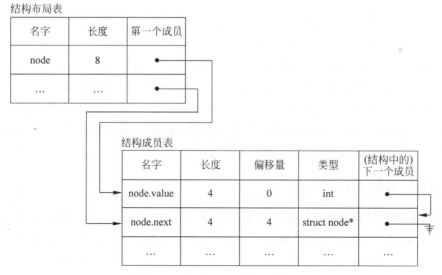

图 4-17　链表示例对应的结构表

```
1.   struct example{
2.     int a;
3.     double b;
4.     int c;
5.     double d;
6.   };
```

如果编译器按照结构成员声明的顺序来进行布局,就会是如图 4-18(a)所示的结构。因为 b 和 d 必须对齐到双字,编译器必须在 a 和 c 之后插入填充字节。如果编译器可以在内存中按任意顺序部署结构成员,它可能会使用如图 4-18(b)所示的布局,该布局不需要填充字节。这牵涉到语言设计中的一个问题:语言定义是否规定结构布局向用户开放。

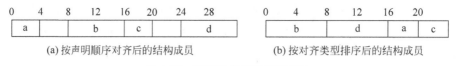

(a) 按声明顺序对齐后的结构成员　　　　　　(b) 按对齐类型排序后的结构成员

图 4-18　两种对齐后的结构布局

4.2.6　控制流结构

高级程序设计语言包含分支、跳转等控制流结构,编译器必须对这些控制流结构进行分析和编译,生成控制流图等中间表示。本节将对高级程序设计语言中出现的许多控制流结构的编译技术进行讨论。

1. 条件

大部分程序设计语言提供了 if-then-else 分支跳转结构。对于如下典型的分支代码:

```
if e
    then s₁
else s₂
s₃
```

编译器必须生成对 e 求值的代码,并根据 e 的值选择跳转到语句 s_1 或 s_2。实现这两个语句的中间代码必须跳转到语句 s_3 生成的代码。

then 和 else 部分的内部可以包含任意大的代码片段,这些代码片段的长度会影响编译器实现 if-then-else 结构的策略。例如,在支持谓词执行的机器上,对 then 和 else 部分较大的基本块使用谓词会浪费 CPU 周期。因为处理器必须将每个谓词化的指令发给处理器中的某个功能单元,这使得每个带有 false 谓词的操作都会增加机会成本:它会占用一个发射槽(issue slot)。如果 then 和 else 部分都有大块的代码,那么执行本不该执行的指令所增加的开销可能会超过使用条件分支的开销。

图 4-19 说明了这种权衡。它假定 then 和 else 部分都包含 10 条独立的指令,且目标机器每周期可以发射两条指令。

图 4-19(a)给出了使用谓词可能会生成的代码,其中假定控制表达式的值在 r_1 中。该代码每周期发射两条指令,只执行其中一条指令。then 部分的操作都发射到单元 1,而 else 部分的操作都发射到单元 2。该代码避免了所有分支操作。如果每个操作花费一个周期,那么无论采用哪个分支,执行受控制的语句都需要 10 个周期。

单元1		单元2	
r_1=comparison			
(r_1)	op_1	$(\neg r_1)$	op_{11}
(r_1)	op_2	$(\neg r_1)$	op_{12}
(r_1)	op_3	$(\neg r_1)$	op_{13}
(r_1)	op_4	$(\neg r_1)$	op_{14}
(r_1)	op_5	$(\neg r_1)$	op_{15}
(r_1)	op_6	$(\neg r_1)$	op_{16}
(r_1)	op_7	$(\neg r_1)$	op_{17}
(r_1)	op_8	$(\neg r_1)$	op_{18}
(r_1)	op_9	$(\neg r_1)$	op_{19}
(r_1)	op_{10}	$(\neg r_1)$	op_{20}

(a) 使用谓词

单元1		单元2
compare&branch		
L_1:	op_1	op_2
	op_3	op_4
	op_5	op_6
	op_7	op_8
	op_9	op_{10}
	jumpI	$\to L_3$
L_2:	op_{11}	op_{12}
	op_{13}	op_{14}
	op_{15}	op_{16}
	op_{17}	op_{18}
	op_{19}	op_{20}
	jumpI	$\to L_3$
L_3:	nop	

(b) 使用分支

图 4-19　谓词与分支对比

图 4-19(b)给出了使用分支操作可能生成的代码,其中假定转向 L_1 的控制流对应于 then 部分,转向 L_2 的控制流对应于 else 部分。因为每个部分内部的指令都是独立的,该代码每周期发射两条指令。如果按照 then 路径执行,需要花费 5 个周期执行采用路径中的操

作,外加结束部分跳转操作的代价。如果按照 else 路径执行,代价也是相同的。

谓词化的版本避免了非谓词化版本中需要的初始分支操作(跳转到图中的 L_1 或 L_2),以及结束的跳转操作(跳转到 L_3)。分支版本需要承担一个分支和一个跳转操作的开销,但可以执行得更快速,其中的每条路径都包含 1 个条件分支、5 个周期的操作和结束的跳转操作(一部分操作可能用来填充跳转的延迟槽)。二者的差别在于有效发射比(effective issue rate):分支版本发射的指令大约只有谓词化版本的一半。随着 then 和 else 部分代码片段变大,这项差别也会变大。

在实现 if-then-else 时,如果要在分支和谓词之间做出最佳抉择,编译器不仅要考虑条件分支结构的上下文环境,还必须考虑以下因素。

(1)预期执行频度:如果条件分支的两条路径中,有一条路径的执行频度显著高于另一条,那么加速该路径执行的技术将产生更快速的代码。这种偏向性可以体现为分支预测、投机性地预先执行某些指令或对逻辑进行重排。

(2)代码数量的不均衡:如果条件分支结构中的一条路径包含的指令比另一条多得多,可能不利于采用谓词执行或谓词化与分支的某种组合。

(3)条件分支结构内部的控制流:如果条件分支结构的两条路径都包含复杂的控制流,如 if-then-else、循环、switch 语句或函数调用,那么谓词执行就可能不适用。尤其是嵌套的 if 结构会产生复杂的谓词,并降低已发射指令中有用指令的比重。

2. 循环和迭代

大多数程序设计语言包括用于执行迭代的循环结构。以 C 语言中的 for 循环为例:

```
for(e₁; e₂; e₃){
  s;
}
```

for 循环有三个控制表达式:e_1 用于初始化;e_2 的求值结果为布尔值,用于控制循环的执行;e_3 在每次迭代结束时执行,可能会更新 e_2 中使用的值。图 4-20 说明了编译器如何对该代码进行布局。接下来将使用该图作为基本框架,来解释几种循环的实现。

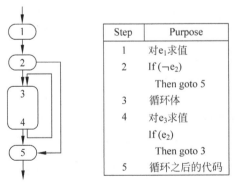

图 4-20   编译器对 for 循环生成代码时所用的通用框架

如果循环体由单个基本块组成,即其中不包含其他控制流,那么根据该框架生成的循环代码会包含一个初始分支操作,另外每次迭代都有一次分支操作。编译器可以用两种方法来隐藏分支操作的延迟:如果体系结构允许编译器预测采用哪个分支,编译器应该预测步骤 4 的分支为采用分支(开始下一次迭代);如果体系结构允许编译器将指令移动到分支操作的延迟槽中,编译器应该尝试用循环体中的指令来填充延迟槽。

1) for 循环

编译器遵循图 4-20 中的通用框架将一个 for 循环映射到代码。以下面的代码为例:

```
for(i = 1; i < = 100; i++){
    s;
}
t;
```

编译器对上述 for 循环所生成的代码如下所示:

```
        loadI r_i, 1                // Step 1
        loadI r_1,  100             // Step 2
        cmp_GT r_2, r_i, r_1
        cbr [L_2, L_1], r_2
L_1: 循环体                          // Step 3
        addI  r_i, r_i, 1           // Step 4
        cmp_LE r_3, r_i, r_1
        cbr [L_1, L_2], r_3
L_2: 下一个语句                      // Step 5
```

步骤 1 和 2 产生单个基本块。如果步骤 3 中的循环体由单个基本块组成或结束于单个基本块,那么编译器可以利用循环体来优化步骤 4 中的更新和判断操作。例如,指令调度器可以使用步骤 3 末尾的操作来填充步骤 4 中分支操作的延迟槽。

编译器还可以改变循环的形式,使之只包含一个判断,即步骤 2 中的判断。在这种形式中,步骤 4 对 e_3 求值然后跳转到步骤 2。编译器会将循环末尾的 cmp_LE 和 cbr 指令序列替换为 jumpI。这种形式的循环比使用两个判断的形式少一个操作。但即使对于最简单的循环,它也会产生一个包括两个基本块的循环,而且它将穿过循环的路径至少延长了一个操作。当代码长度是主要考虑因素时,可能有必要使用这种更紧凑形式的循环。只要循环末尾的跳转是一个直接跳转,硬件就可以采取措施来最小化它可能产生的影响。

图 4-20 中的规范循环形式也为后续的优化奠定了基础。例如,如果 e_1 和 e_2 只包含已知的常数,如上述示例,编译器可以将步骤 1 中的常数值合并到步骤 2 的判断中,这样可以消除比较和分支操作(如果控制流会进入循环),或者会消除循环体本身(如果控制流不会进入循环)。在使用单个判断的循环中,编译器无法做到这一点。相反,编译器会找到两条代码路径通向该判断,一条是从步骤 1,另一条是从步骤 4。而判断中使用的值 r_i 在沿步骤 4 出发的边上其值是可变的,因此判断的结果是不可预测的。

2) FORTRAN 语言的 do 循环

在 FORTRAN 语言中,迭代循环是 do 循环。它类似于 C 语言中的 for 循环,但形式更受限。以下述代码为例：

```
j = 1
do 10 i = 1,100
     循环体
     j = j + 2
10 continue
下一个语句
```

编译器为此 do 循环生成的代码，如下所示：

```
     loadI r_j, 1         // j = 1
     loadI r_i, 1         // Step 1
     loadI r_1, 100       // Step 2
     cmp_GT r_2, r_i, r_1
     cbr [L_2, L_1], r_2
L_1:  循环体                // Step 3
     addI r_j, r_j, 2 // j = j + 2
     addI r_i, r_i, 1     // Step 4
     cmp_LE r_3, r_i, r_1
     cbr [L_1, L_2], r_3
L_2: 下一个语句             // Step 5
```

上述代码中的注释将各部分代码映射回图 4-20 中的通用框架中。

在执行进入循环之前，循环中迭代的次数是固定的。如果程序改变下标变量的值，这一改变并不会影响迭代执行次数。为确保正确的行为，编译器需要生成一个隐藏的归纳变量，称为影子下标变量（shadow index variable），来控制迭代的执行。

3）while 循环

while 循环也可以利用图 4-20 中的循环框架来实现。不同于 C 语言的 for 循环或 FORTRAN 语言的 do 循环，while 循环没有初始化部分，因而其代码更为紧凑。while 循环的形式如下所示：

```
while(x < y){
   循环体
}
下一个语句
```

为其生成的代码如下所示：

```
     cmp_LT r_1, r_x, r_y     // Step 2
     cbr [L_1, L_2], r_1
L_1: 循环体                    // Step 3
     cmp_LT r_2, r_x, r_y     // Step 4
     cbr [L_1, L_2], r_2
L_2: 下一个语句                // Step 5
```

根据图 4-20 的框架，步骤 4 中的判断实际上是从步骤 2 复制而来，这产生了只用一个基本块形成一个循环的可能性。在该框架中，对 for 循环的优势也可以体现在 while 循环中。

4）until 循环

对 until 循环来说，只要控制表达式为 false，循环就会一直迭代下去。它会在每个迭代之后检查控制表达式。因而，它至少会进行循环执行一次迭代。until 循环的形式如下所示：

```
{
    循环体
}until(x < y)
下一个语句
```

为其生成的代码如下所示：

```
L₁:循环体                   // Step 3
    cmp_LT r₂, rₓ, r_y      // Step 4
    cbr [L₁, L₂], r₂
L₂: 下一个语句               // Step 5
```

这产生了一个特别简单的循环结构，因为它避免了框架中的步骤 1 和步骤 2。C 语言没有 until 循环，其 do 循环类似于 until 循环，只是条件表达式的语义刚好反过来，do 循环在条件表达式为 true 时会一直迭代执行下去。

5）break 语句

许多高级语言都包含 break 或 exit 语句（或者其变体）。break 语句是一种用于退出控制流结构的结构化方法。在循环中，break 将控制转移到循环之后的第一个语句。对于嵌套循环，break 通常退出最内层循环。一些语言，如 Ada 和 Java，允许在 break 语句中使用可选的标号，由此 break 语句可以退出由标号指定的外层控制流结构。在嵌套循环中，带标号的 break 允许程序一次性退出几层循环。C 语言还在 switch 语句中使用 break，以便将控制转移到 switch 语句之后的语句。

编译器对该操作的实现比较简单：每个循环和每个 switch 语句都以一个标号结束，该标号指定了紧接其后的语句，break 可以实现为到该标号的直接跳转。一些语言包括 skip 或 continue 语句，这些语句可以跳转到循环的下一次迭代，也可以实现为一个直接跳转，跳转到重新对控制表达式求值并判断其值的代码处。另外，编译器完全可以在 skip 出现处直接插入代码来执行求值、判断、分支等操作。

3. case 语句

许多程序设计语言都包含 case 语句或其某种变体。例如，FORTRAN 语言包含计算式的 goto，而 C 语言有 switch 语句。编译器可以采用类似编译 if 语句的方法来编译 case，但如何高效地实现 case 语句是有挑战性的。

以 C 语言中 switch 语句的实现为例，其基本步骤是：①对控制表达式求值；②分支到所选择的 case 子句；③执行该 case 子句的代码。各个 case 子句通常结束于一个 break 语句，break 语句用于退出 switch 语句。而 case 语句实现的复杂性在于，编译器如何才能高效地定位到目标 case 子句并实现高效的跳转。许多编译器都提供了几种不同的查找方案，编译器设计者需要根据具体的实现目标从中进行选择。

本节介绍三种策略：线性查找、直接计算地址和二分查找。每种策略分别适用于不同场景。

1）线性查找

定位 case 子句最简单的方法是将 case 子句作为一组嵌套的 if-then-else 语句进行处理。以下面的代码为例：

```
switch (e₁){
    case 0:   block₀;
              break;
    case 1:   block₁;
              break;
    case 3: block₃;
              break;
    default: block_d;
              break;
}
```

编译器将其转换为如下的嵌套 if-then-else 语句：

```
t₁ =  e₁
if (t₁ == 0)
    then block₀
else if (t1 == 1)
    then block₁
else if (t₁ == 3)
    then block₃
else block_d
```

该转换保证了 switch 语句的语义不变，却使得控制流到达各个 case 子句的代价依赖于它们在代码中出现的次序。利用线性查找策略，编译器会按照估算的执行频度来排序各个 case 子句。在 case 子句的数目较少时（如三四个），该策略会很高效。

2）直接计算地址

如果 case 子句的标签形成了一个紧凑的集合，编译器所做的实现就会非常高效。以图 4-21(a)所示的 switch 语句为例。其 case 标签从 0 到 9，还包括一个默认情况。对于该代码，编译器可以构建一个紧凑的包含各 case 子句的块标号的向量或跳转表，通过对该表进行索引即可得到对应 case 子句的标号。图 4-21 给出了此 case 子句的跳转表以及用于计算正确的 case 子句标号的代码。进行查找的代码假定跳转表存储在@Table，且每个标号占用 4 字节。

如果 case 子句使用的标签形成一个稠密的集合，那么这种方式生成的代码紧凑而高效，因为它所付出的代价很小且为常数，即一次简单计算、一次内存访问和一个跳转操作。如果在标签集合中存在少量的"洞"，编译器可以将跳转表中对应的槽位设置为默认情况对应的标号。如果不存在默认情况，那么采用何种操作将取决于语言的定义。

```
switch(e₁){
        case 0: block₀
                break;
        case 1: block₁
                break;
        case 2: block₂
                break;
        ...
        case 9: block₉
                break;
        default: block_d
                break;
}
```

Label
LB₀
LB₁
LB₂
LB₃
LB₄
LB₅
LB₆
LB₇
LB₈
LB₉

```
t₁ = e₁
if (0 > t₁ or t₁ > 9)
      then jump to LB_d
else
      t₂ = @Table + t₁ * 4
      t₃ = memory(t₂)
      jump to t₃
```

(a) switch语句　　　　(b) 跳转表　　　　(c) 用于地址计算的代码

图 4-21　利用直接地址计算实现 case 语句

3）二分查找

随着 case 子句数目的增长，线性查找的效率会成为一个问题。同样，随着标签集变得不那么稠密紧凑，对于直接地址计算方式来说，跳转表的长度也会变成一个问题。此时，可以让编译器先为 case 标签建立一个紧凑的有序表，再利用二分查找来找到与控制表达式匹配的 case 标签，或者最终发现没有匹配的 case 标签。最后，代码会跳转到对应的标号，或跳转到默认 case 子句。

以下述 switch 语句为例：

```
switch (e₁){
    case 0: block₀
            break;
    case 15:block₁₅
            break;
    case 23:block₂₃
            break;
        ...
    case 99:block₉₉
            break;
    default:block_d
            break;
}
```

此处假定其中使用的 case 标签有 0、15、23、37、41、50、68、72、83、99 以及一个默认情况，而实际使用的 case 标签可能涵盖一个大得多的范围。

对于这样的 case 语句，编译器可以建立如图 4-22 所示的查找表以及二分查找代码来定位目标 case 子句。如果允许像 C 语言那样的"落空"行为，编译器必须确保对应于各个 case 子句的代码块在内存中按源代码次序出现。

Value	Label
0	LB_0
15	LB_{15}
23	LB_{23}
37	LB_{37}
41	LB_{41}
50	LB_{50}
68	LB_{68}
72	LB_{72}
83	LB_{83}
99	LB_{99}

```
t₁ = e₁
down = 0 // lower bound
up = 10 // upper bound + 1
while (down + 1 < up) {
    middle = (up + down) / 2
    if (Value [middle] <= t₁)
        then down = middle
    else up = middle
}
if (Value [down] == t₁)
    then jump to Label[down]
else jump to LBd
```

(a) 查找表   (b) 用于二分查找的代码

图 4-22   利用二分查找实现 case 语句

4.2.7   过程调用

如图 4-23 所示,过程调用由调用者中的调用前代码序列和返回后代码序列、被调用者中的起始代码序列和收尾代码序列组成。单个过程可以包含多个调用位置,各个位置都具有自身的调用前和返回后代码序列。在大多数语言中,一个过程只有一个入口点,因此它只有一个起始代码序列和收尾代码序列。本节主要讨论一些编译器实现过程调用时需要注意的问题,这些问题会影响编译器生成代码的高效性、紧凑性和一致性。

通常,将操作从调用前和返回后代码序列移动到起始代码序列和收尾代码序列中,应该能够减小最终代码的总体大小。如果图 4-23 中 p 对 q

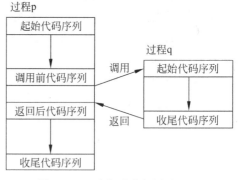

图 4-23   一个标准的调用过程

的调用是整个程序中对 q 的唯一调用,那么从 p 中的调用前代码序列移动一个操作到 q 中的起始代码序列(或从 p 中的返回后代码序列移动到 q 中的收尾代码序列),不会影响代码长度。但如果其他调用位置也调用了 q,且在所有的调用位置上,编译器都将某一个操作从调用者移动到被调用者,那么将一个操作的多个副本替换为单一副本应该能够从整体上减小代码的大小。随着调用给定过程的调用位置的增多,所节省的代码空间也会随之增长。

1. 实参求值

在编译器建立调用前代码序列时,它必须生成对调用实参求值的代码。对于传值参数,调用前代码序列会对表达式求值并将其存储在对应于该参数的位置上,这些位置可以是寄存器或被调用者的地址寄存器。对于传引用参数,调用前代码序列会对该参数求值,并将该值的地址存储到对应于该参数的位置中。如果该引用参数没有存储位置,那么编译器可能需要分配空间来保存该参数的值,使之能够有一个传递给被调用者的地址。

　　如果源语言规定了对实参求值的顺序,编译器必须遵循该顺序。否则,编译器应该规定并使用一种一致的顺序进行求值,比如从左到右或从右到左。对于可能有副作用的参数来说,求值顺序是很重要的。例如,如果一个程序使用两个例程 push 和 pop 来操纵一个栈,那么采用从左到右和从右到左求值时,代码序列(pop()-pop())将产生不同的结果。

　　过程通常有几个隐式参数,包括过程的活动记录指针 ARP、调用者的活动记录指针 ARP、返回地址以及为确定可寻址性而需要的任何其他信息。面向对象语言会将接收器对象作为隐式参数传递,其中一些参数通过寄存器传递,而其他的则通常位于内存中。许多体系结构具有类似以下的操作:

```
jsr r ,label
```

　　该操作将控制转移到 label,同时将 jsr 指令之后的下一个操作的地址放到 r 中。

　　如果函数也作为参数被传递,则该函数参数可能需要特殊处理。如果 p 调用 q,其中传递过程 r 作为参数,除了 r 的起始地址之外,p 还必须向 q 传递更多的信息。特别地,如果编译后代码使用存取链查找非局部变量,那么被调用者需要 r 的词法层次信息,只有这样,在后续调用 r 时才能找到对应于 r 词法层次的正确存取链。编译器可以构建一个⟨address,level⟩有序对,并将该有序对(或其地址)传递给被调用者,而不是只传递实参所指向过程的地址。在编译器针对过程值参数构建调用前代码序列时,必须插入额外的代码来获取其对应的词法层次,并据此相应地调整存取链。

2. 保存和恢复寄存器

　　寄存器是一种全局资源,在任何调用约定下,调用者和被调用者中的一方或两方都必须妥善保存寄存器值。通常,链接约定使用调用者保存寄存器和被调用者保存寄存器的某种组合。随着内存操作代价的增大和寄存器数目的增加,在调用位置处保存和恢复寄存器的代价也会增加。

　　虽然较大的寄存器集合会增加需要保存和恢复的寄存器数目,但使用这些额外的寄存器能够提高最终代码的执行速度。在寄存器较少的情况下,编译器将不得不在代码中到处生成 load/store 操作;而如果寄存器较多,对寄存器的许多溢出操作可能只会在调用位置发生。调用位置处集中的寄存器保存和恢复操作,为编译器提供了更好的处理它们的机会。比如,编译器可以做以下处理。

　　(1) 使用多寄存器内存操作:在保存和恢复相邻的寄存器时,编译器可以使用多寄存器的内存操作。许多指令集体系结构支持双字和四字的 load/store 操作。使用这些操作不仅可以缩短代码长度,还可以提高执行速度。

　　(2) 使用库例程:随着寄存器数目的增长,调用前和返回后代码序列也都会增长。编译器编写者可以将单个内存操作的序列替换为编译器提供的保存或恢复例程。如果对所有调用实行此策略,可以大大缩短代码长度。由于保存和恢复例程只对编译器是已知的,它们可以使用最小的调用序列,使得运行时代价保持在比较低的水准上。保存和恢复例程可以有一个参数,用于指定哪些寄存器必须保存。有必要针对常见情形生成例程的优化版本,例如保存所有由调用者保存的寄存器或由被调用者保存的寄存器。

(3) 合并责任:要进一步降低开销,编译器可以合并对调用者保存寄存器和被调用者保存寄存器的处理。在这种方案中,调用者向被调用者传递一个值,指定被调用者必须保存哪些寄存器。被调用者将本身必须保存的寄存器添加到该值上,然后调用编译器提供的适当保存例程。收尾代码序列会将被调用者计算出的同一个值传递给恢复例程,使之重新加载必需的寄存器。这种方法限制了保存恢复寄存器的开销:保存寄存器需要一个调用,恢复寄存器也只需一个调用。

编译器编写者必须仔细分析各种方式对代码长度和运行时速度的影响。代码应该使用最快速的操作来进行寄存器保存和恢复。使用库例程执行保存和恢复可以节省空间,而对库例程的精心实现可以降低调用库例程导致的额外代价。

4.3　静态单赋值形式

静态单赋值形式(Static Single-Assignment form,SSA)是现代编译器广泛采用的一种中间表示,由于其单赋值的良好性质,它可以简化很多程序分析和优化。本节将深入讨论静态单赋值形式的基本概念、构建、消去以及在编译优化中的应用。

4.3.1　基本概念

许多数据流分析需要寻找表达式中每个定值变量的使用点,或者每个使用变量的定值点。编译器为了高效表达这些信息,可以采用定值-使用链(Def-use Chain,DU 链)或使用-定值链(Use-def Chain,UD 链)的数据结构,即对控制流图中的每条语句,编译器构建并维护两个由指针组成的列表,其中一个指针指向在该语句中定值的变量的所有使用点,另一个指针指向该语句中使用的变量的所有定值点。通过这个方法,编译器能够快速地从使用跳到定值,或从定值跳到使用。

静态单赋值形式是对定值-使用链思想的一种改进的中间表示,它满足:在程序中,每个变量只有一个定值。但由于这个(静态的)定值可能位于一个可(动态)执行多次的循环中,因此把这种中间表示称为静态单赋值形式,而不是简单地称为单赋值形式(在单赋值形式中,变量可能会被动态重新定值)。

和 UD 链相比,SSA 形式有以下优势。

(1) 简化优化:如果每个变量只有一个静态定值,数据流分析和优化算法的实现会更加简单。

(2) 节约空间:如果一个变量有 N 个使用和 M 个定值(占了程序中大约 N+M 条指令),表示 UD 链所需要的空间和时间与 N×M 成正比,即具有平方量级。但是对于几乎所有的实际程序,SSA 形式的大小和原始程序呈线性关系。

(3) 简化编译的其他阶段:在 SSA 形式中,变量的使用和定值与控制流图的必经节点结构存在紧密联系,这简化了编译的其他阶段。例如,在 SSA 形式上构建的干涉图都是弦图(Chordal Graph)。

(4) 移除伪相关：源程序中同一个变量的不相关的使用在 SSA 形式中被命名为不同的变量，从而删除了它们之间不必要的关系。例如，对于程序：

```
for i = 1 to N do
    A[i] = 0;
for i = 1 to M do
    s = s + B[i];
```

即使这两个循环计数器的名字都是 i，SSA 形式也会将其命名为不同的变量，从而不需要使用同一个寄存器或中间代码临时变量来保存它们，这有利于降低寄存器压力。

为了将程序转换成对应的 SSA 形式，编译器需要引入变量版本号的概念，让每个变量指向最新的变量定值。在不包含控制流结构的直线型代码中(例如，在一个基本块中)，编译器可以让每条指令定值一个全新版本的变量，而不是重新定值一个老版本的变量。图 4-24 给出了一个示例程序及其被转换为 SSA 形式的结果，每个变量的每个新定值都被修改为定值一个全新的变量名。例如，变量 a 先后被重新命名为 a_1、a_2、a_3 等，该变量的每个使用被修改为使用上一次定值的那个版本。

但对于一般的控制流图，当两条控制流边汇合到一起时，就无法定义变量的最后一个版本的概念。在图 4-25 中，基本块 L0 和 L1 中分别定值了变量 x 的一个新版本，那么基本块 L2 就无法确定该使用变量 x 的哪个版本，对基本块 L2 来说，基本块 L0 和 L1 不存在距离"更近"的概念。

直线型程序	静态单赋值形式的程序
a = x + y	a_1 = x + y
b = a - 1	b_1 = a_1 - 1
a = y + b	a_2 = y + b_1
b = x · 4	b_2 = x · 4
a = a + b	a_3 = a_2 + b_2

图 4-24　示例程序及其静态单赋值形式

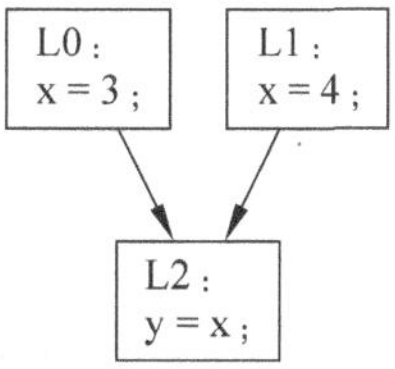

图 4-25　控制流图的边汇合

为解决这个问题，可以引入一个虚构的操作，称为 ϕ 函数。在图 4-26 中，ϕ 函数 y = ϕ(x1,x2)接受来自基本块 L0 中定值的 x1 和来自基本块 L1 中定值的 x2 作为参数。但是，和普通的数学函数不同，ϕ 函数沿着控制流的边选取参数值：如果控制流边 L0→L2 到达基本块 L2，则 ϕ(x1,x2)选取 x1 的值并赋值给变量 y，如果控制流沿边 L1→L2 到达基本块 L2，则 ϕ(x1,x2)选取变量 x2 的值并赋值给变量 y。

大部分实际的机器并不包括像 ϕ 函数这样的与控制流相关的赋值指令，因此，SSA 形式的程序无法在这类机器上直接运行。编译器必须先移除 ϕ 函数，把 SSA 形式的程序转换回不含 ϕ 函数的普通程序。简单来讲就是，编译器可以将 ϕ 函数对应的赋值放置到合适的控制流边上。对于图 4-26 中的例子,消去 φ 函数后得到程序如图 4-27 所示。φ 函数被拆分成两条赋值语句,分别放置在基本块 L0 和 L1 的末尾。

如果有多个变量在程序的某个基本块汇聚,则可能需要多个 φ 函数。在图 4-28 中,左侧原始程序中的变量 x、y 都能到达基本块 L2。因此,编译器需要对这两个变量都引入 φ 函数,从而得到右侧的 SSA 程序。特别需要注意的是,SSA 的语义规定同一个基本块(如此处的 L2)中的 φ 函数并行执行,即变量 x3、y3 并行赋值。对于这个例子而言,顺序赋值和并行赋值的结果是相同的。但对于更加复杂的例子,两者可能产生完全不同的结果。假设控制流图某个基本块中包括下面的 φ 函数:

```
y = φ(x, x);
x = φ(y, y);
```

则上述两条语句将完成变量 x、y 值的交换,而顺序执行会产生错误的结果。

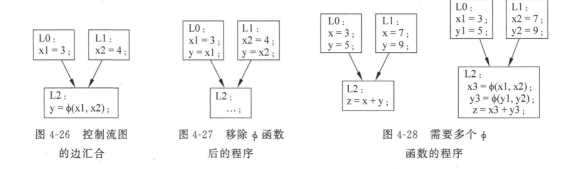

图 4-26　控制流图　　　图 4-27　移除 φ 函数　　　图 4-28　需要多个 φ
　　的边汇合　　　　　　　后的程序　　　　　　　函数的程序

4.3.2　SSA 形式的构建

编译器将一个程序转化为 SSA 形式分两步:第一步,为变量插入必要的 φ 函数;第二步,用下标重新命名变量的所有定值和使用。

1. 插入 φ 函数的标准

编译器可以在每个汇合点(即控制流图中前驱个数超过 1 个的节点),为每个变量插入一个 φ 函数。但是这种做法既浪费又没有必要。例如,当沿进入基本块的两条边到达的变量 b 的定值相同时,就没有必要为 b 插入 φ 函数。当且仅当满足如下所列的条件时,才应该为变量 a 在控制流图的节点 z 处插入一个 φ 函数:

(1) 有一个基本块 x 包含 a 的一个定值。

(2) 有一个基本块 y(y ≠ x)包含 a 的一个定值。

(3) 有一条从 x 到 z 的非空路径 P_{xz}。

(4) 有一条从 y 到 z 的非空路径 P_{yz}。

(5) 除节点 z 外,路径 P_{xz} 和 P_{yz} 没有其他任何共同节点。

(6) 在路径 P_{xz} 和 P_{yz} 的汇合点以前,z 没有同时出现在这两条路径中,但它可以出现在其中某条路径中。

约定控制流图的起始节点含有每个变量的一个隐含定值,因为变量可能是一个形参,或者在非特殊情况下可以认为变量有未初始化的值。

需要注意,对变量 a 赋值的 ϕ 函数本身也定值 a,因此,可以将路径汇合标准看成是需要满足的一组方程,通过如下迭代来求解此方程组:

while 节点 x,y,z 满足条件(1)到(5)&& 基本块 z 不包含 a 的 ϕ 函数 do
    在 z 插入 a = ϕ(a,a, …,a);

其中,基本块 z 中包含的 ϕ 函数参数的个数等于 z 前驱的数量。但是,直接求解放置 ϕ 函数的迭代方程并不实际,因为需要花大量的时间来检查 x、y、z 的每个三元组和从 x 到 y 的每条路径。接下来讨论一种更加高效的算法。

2. 必经节点

每个控制流图 G 都一定有一个没有前驱的起始节点 s_0,这个节点是程序执行的入口点。

定义 4.3(必经节点) 如果从节点 s_0 到节点 n 的所有有向边路径都经过节点 d,那么称节点 d 是节点 n 的必经节点(dominator),也称节点 d 支配(dominate)节点 n,并且约定每一个节点 x 都是自身的必经节点。

考虑一个具有前驱 $p_1,\cdots,p_k$ 的节点 n 和另一个节点 d(d≠n)。如果 d 是每个 p_i 的必经节点,那么它一定是 n 的必经节点。因为从 s_0 到 n 的路径一定要经过某个 p_i,而每条从 s_0 到 p_i 的路径又都必须经过 d。反过来说,如果 d 是 n 的必经节点,d 也必须是所有 p_i 的必经节点,否则,就会有一条从 s_0 到 n 的路径经过了某个前驱 p_i,而 d 不是 p_i 的必经节点。

令 D[n]是 n 的所有必经节点的集合,则:

$$D[s_0] = \{s_0\}$$
$$D[n] = \{n\} \cup (\bigcap_{p\in pred[n]} D[p]),\quad n \neq s_0$$

和通常一样,可以将每个方程看作一个赋值语句,通过迭代求解此联立方程组。但是,在这种情况下,由于赋值

$$D[n] = \{n\} \cup \cdots$$

使 D[n]变小(或不发生改变),而不是变大,所以每个集合 D[n]($n\neq s_0$)在初始化时必须包括图中的所有节点。

以类拓扑序对赋值语句进行排序,即按照图的深度优先搜索顺序,可以使计算必经节点的算法更为高效。

SSA 形式的一个基本性质是"定值(节点)是使用(节点)的必经节点",更明确地说:

(1)如果变量 x 是基本块 n 中一个 ϕ 函数的第 i 个参数,则 x 的定值(节点)是 n 的第 i 个前驱的必经节点。

(2)如果变量 x 在基本块 n 的一个不是 ϕ 函数的语句中被使用,则 x 的定值(节点)是节点 n 的必经节点。

3. 直接必经节点

定理 在连通图 G 中,假设节点 d 是 n 的必经节点,e 也是 n 的必经节点,则一定有节点 d 是节点 e 的必经节点,或者节点 e 是 d 的必经节点。

证明:反证法。假设定理不成立,即节点 d 和 e 都不是对方的必经节点,则有一条从 s_0 到 e 的路径不经过 d,因此,任何从 e 到 n 的路径都必须经过 d,否则 d 就不是 n 的必经节点。反过来,如果任何从 d 到 n 的路径都必须经过 e,这就意味着,为了从 e 到 n,其路径一定包含了无限循环 d→e→d→⋯,从而永远不可能到 n。证毕。

这个定理说明,每个节点 n 都不会有超过一个的直接必经节点(immediate dominator)。记节点 n 的直接必经节点为 idom(n),它具有下列性质:

(1) idom(n)和 n 不是同一个节点。

(2) idom(n)是 n 的必经节点。

(3) idom(n)不是 n 的其他必经节点的必经节点。

除节点 s_0 外,所有其他节点至少有一个除自己本身之外的必经节点(因为 s_0 是每个节点的必经节点),因此除节点 s_0 外,所有其他节点都恰好有一个直接必经节点。这意味着直接必经节点决定了一个树状关系:树中包含控制流图的每个节点,并且对每个节点 n 有一条从节点 idom(n)到 n 的边。这棵树被称为必经节点树(dominator tree)。

图 4-29 展示了以下程序的控制流图和它的必经节点树。必经节点树的某些边对应于控制流图中的边,但是其他的边(例如 4→7)在流图中没有相对应的边。即一个节点的直接必经节点不一定是它在控制流图中的前驱。

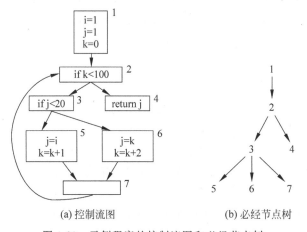

(a) 控制流图   (b) 必经节点树

图 4-29 示例程序的控制流图和必经节点树

```
i = 1
j = 1
k = 0
while k < 100
    if j < 20
        j = i
```

```
            k = k + 1
        else
            j = k
            k = k + 2
    return j
```

4. 必经边界

定义 4.4（严格必经节点） 如果节点 x 是 w 的必经节点，并且 x≠w，则称 x 是 w 的严格必经节点（Strict Dominator）。

定义 4.5（必经边界） 节点 x 的必经边界（dominance frontier）是所有符合下面条件的节点 w 的集合：x 是 w 的某个前驱节点的必经节点，但不是 w 的严格必经节点。记节点 x 的必经边界为 df(n)。

对于流图中的每个节点 n，为了计算 n 的必经边界 df(n)，需要定义以下两个辅助集合。

(1) $DF_{local}(n)$：不以 n 为严格必经节点的 n 的后继。

(2) $DF_{up}(n)$：属于 n 的必经边界，但是不以 n 的直接必经节点作为严格必经节点的节点。

必经边界标准。只要节点 x 包含某个变量 a 的一个定值，则 x 的必经边界中的任何节点 z 都需要一个 a 的 φ 函数。

迭代的必经边界。由于 φ 函数本身也是一种定值，因此必须迭代地应用必经边界标准，直到再没有节点需要 φ 函数为止。

迭代的必经边界标准和迭代的路径汇合标准指定的需要放置 φ 函数的节点集合正好相同。

计算必经边界。为了插入所有必需的 φ 函数，n 的必经边界能够根据 DF_{local} 和 DF_{up} 计算得来：

$$DF[n] = DF_{local}[n] \bigcup_{c \in children[n]} DF_{up}[c]$$

其中，children[n]是其直接必经节点为 n 的所有节点。

为了更容易地计算 $DF_{local}[n]$，即使用直接必经节点而不是必经节点，可以使用下面的定理：$DF_{local}[n]$＝{n 的这样一些后继组成的集合：这些后继的直接必经节点不是 n}。

调用下面的 computeDF 函数时，应该用必经节点树的根（控制流图中的起始节点）作为参数。

computeDF 函数遍历必经节点树，计算每个节点 n 的 DF[n]，它通过检查 n 的后继来计算 $DF_{local}[n]$，然后合并 $DF_{local}[n]$ 和每个儿子 c 的 $DF_{up}[c]$。

对于图 4-29 的控制流图和必经节点树，可以计算得到必经边界如表 4-1 所示。

表 4-1 必经边界

n	1	2	3	4	5	6	7
DF(n)	{}	{2}	{2}	{}	{7}	{7}	{2}

算法 13　计算必经边界

输入：必经节点树 T、控制流图
输出：每个节点的 DF [n]
```
 1. procedure computeDF[n](T)
 2.     S = {}
 3.     for  succ[n] 中的每个节点 y do
 4.         if idom(y) ≠ n then
 5.             S = S∪{y}
 6.     for 必经节点树中的 n 的每个儿子 c do
 7.         computeDF[c]
 8.         for DF [c] 中的每个元素 w do
 9.             if n ∉ idom(y) 或者 n == w then
10.                 S = S∪{w}
11.     DF [n] = S
```

算法 13 是相当高效的。它的工作时间与原始图的大小（边的数目）和它所计算的必经边界的大小之和成正比。尽管存在一些不合理的图，在这些图中多数节点有非常大的必经边界，但是在大多数情况下，所有 DF 的总大小与图的大小近似地呈线性关系。因此，在实际中该算法的运行时间几乎总是线性的。

5. 插入 φ 函数

使用算法 14 对一个普通程序 P 插入适当的 φ 函数，从而将程序 P 转换为 SSA 形式。为了避免检查那些不插入 φ 函数的节点，使用了工作表算法。

算法 14　φ 函数插入

输入：控制流图形式的程序 G
输出：程序 G 的 SSA 形式
```
 1. procedure Place-φ(G)
 2.     for 图 G 中的每个基本块 n do
 3.         for A_orig[n] 中的每个变量 x do
 4.             defsites[x] = defsites[x]∪{n}
 5.     for 每个变量 x do
 6.         W = defsites[x]
 7.         while W 非空 do
 8.             从 W 中删除某个节点 n
 9.             for DF[n] 中的每个节点 Y do
10.                 if x∉A_φ[Y] then
11.                     在节点 Y 的顶端插入语句 a = φ(a,a,…,a)，其中参数个数与 Y 的前驱节点一样多
12.                     A_φ[Y] = A_φ[Y]∪{x}
13.                     if x∉A_orig[n] then
14.                         W = W∪{Y}
```

对于控制流图中的每个节点 n，记在节点 n 定值的所有变量的集合为 $A_{orig}[n]$，记需要在节点 n 处插入 φ 函数的变量集合为 $A_{\phi}[n]$。注意，一个变量既可以属于 $A_{orig}[n]$，又可以属于 $A_{\phi}[n]$。

首先,算法对每个变量 x 构建包含其定值的基本块集合 defsites[x](第 2～4 行)。接着,算法考查程序中的每一个变量 x,对包含 x 的定值的基本块集合 W 使用工作表算法,即对于任意一个定值基本块 n,算法遍历 n 的每一个必经边界节点 Y,如果还没有给变量 x 生成过 φ 函数的话,则给该基本块 Y 生成一个平凡的 φ 函数,即参数名都相同的 φ 函数,并把 x 加入 $A_φ$[Y]。最后,如果变量 x 是基本块 Y 中新增加的定值变量,则也要将变量 x 加入工作表 W。

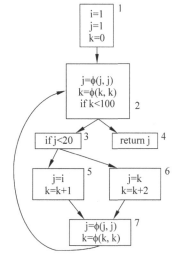

假定初始程序中共有 N 条语句,则程序变量数、语句数以及基本块数都和 N 成正比。在最坏情况下,算法需要在每个基本块上对每个变量都插入一个 φ 函数,因此,算法插入的 φ 函数的数目近似 N^2,即算法的最坏复杂度为 $O(N^2)$。但研究表明,在通常情况下,插入的 φ 函数数量和 N 成正比。因此在实际中,该算法以近似线性的时间复杂度 $O(N)$ 运行。加入 φ 函数后的程序控制流图如图 4-30 所示。

图 4-30 加入 φ 函数后的程序控制流图

6. 变量重命名

放置好 φ 函数后,可以遍历必经节点树,将变量 x 的不同定值(包括对 φ 函数的定值),重新命名为不同的版本,如 a_1、a_2、a_3 等。

在直线型程序中,可以先重命名变量 a 的所有定值,然后重命名变量 a 的所有使用,将其重命名为距离它最近的定值。对于含有控制流分支和汇合点,并且其控制流图满足必经边界标准的程序,用必经节点树中位于 a 上面的最靠近 a 的定值 d 来重命名 a 的每个使用。

算法 15 对插入 φ 函数后的程序进行重命名,该算法接受流图的基本块 n 作为输入,并重命名其中的所有变量。在算法初始执行时,从程序控制流图的入口节点 s_0(即必经节点树的根节点)来进行调用。

算法对必经节点树进行前序遍历,在遍历过程中,算法为每个变量 x 维护以下两个数据结构。

(1) 变量编号 Count[x]:变量 x 下一个要使用的版本号,该值总是单调递增。

(2) 变量"版本"栈 Stack[x]:以"记住"变量 x 的最近定值版本。

在算法运行前,编译器给每个变量 x 初始化这两个数据结构:Count[x]=0 且 Stack[x]=[0]。

算法首先遍历当前基本块 n 当中的每条语句 S(第 2～11 行),如果 S 不是 φ 函数,则对于语句 S 中使用的每个变量 x,都把该使用替换成 x 的最近的版本号 x_i(注意:i 是 x 版本栈中的栈顶元素)。然后考查语句 S 定义的每个变量 x(第 7～11 行),给这个变量 x 自增一个新的版本号 x_i,并将语句 S 定义的变量 x 改写成 x_i。

接着,算法对节点 n 在控制流图中的每个后继节点 Y 进行遍历(并且假设 Y 是节点 n

的第 j 个后继），即对节点 Y 中的每个 φ 函数进行遍历，将 φ 函数的第 j 个参数 x 替换成 x 的栈顶元素 x_i（第 12 ～17 行）。

算法 15　变量重命名

输入：控制流图中的某个基本块 n
输出：基本块 n 中的变量完成重命名

```
 1. procedure Rename(n)
 2.    for 基本块 n 中的每个语句 S do
 3.        if S 不是 φ 函数 then
 4.            for S 中每个变量 x 的每一个使用 do
 5.                i = top(Stack[x])
 6.                在 S 中用 xᵢ 替换 x 的每一个使用
 7.        for S 中变量 x 的每一个定值   do
 8.            Count[x] = Count[x] + 1
 9.            i = Count[x]
10.            将 i 压入栈 Stack[x]
11.            在 S 中用 xᵢ 替换 x 的每一个使用
12.    for 基本块 n 的每一个后继 Y do
13.        设 n 是 Y 的第 j 个后继
14.        for Y 中的每一个 φ 函数 do
15.            设该 φ 函数的第 j 个操作数是 x
16.            i = top(Stack[x])
17.            用 xᵢ 替换第 j 个操作数
18.    for n 的每个儿子 X do
19.        Rename(X)
20.    for 原来 S 中的某个变量 a 的每一个定值 do
21.        pop(Stack[x])
```

算法完成对当前节点 n 的处理后，继续对必经节点树上每个孩子节点 X 进行递归遍历。最后，算法在结束执行前，需要把当前基本块中所有被定值的变量的版本都清除。

算法需要的运行时间和插入 φ 函数后的程序的大小成正比，因此在实际中，其运行时间应该和原始程序的大小成近似线性的关系。进行变量重命名后的控制流图如图 4-31 所示。

4.3.3　SSA 形式的消去

因为现代处理器的指令集一般都没有实现 φ 函数的指令，因此编译器需要将 SSA 形式转换回普通代码才可以执行。

4.3.1 节讨论过，编译器可以保持 SSA 名字空间原样不动，将每个 φ 函数替换为一组赋值操作（每个赋值操作对应于一条进入当前基本块的边）。对于 φ 函数 $a_i = \phi(a_j, a_k)$，编译器应该沿进入 a_j 的边插入 $a_i =$

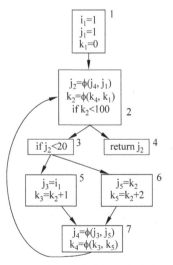

图 4-31　变量重命名后的控制流图

a_j,沿进入 a_k 的边插入 $a_i = a_k$。并且一般地,编译器可以将赋值操作插入前驱基本块中。

　　但是,图 4-32 给出了一种更复杂的情形。对于左侧给出的 SSA 形式,如果编译器尝试在其前驱 L0 和 L1 中直接插入赋值操作,得到右侧图中的控制流图的话,会因为 L0 有多个后继节点,导致新插入的赋值语句 x3＝x1 在 L0→L2 的代码路径上额外执行,而此操作在这种情况下是不必要的且可能导致不正确的结果。为解决这种问题,编译器可以拆分边 L0→L3,在 L0 和 L3 之间插入一个新基本块 L4,将赋值操作置于该基本块中,得到的程序如图 4-33 所示。编译器后续的优化中,可能会删除掉额外引入的基本块(如此处的 L4)。

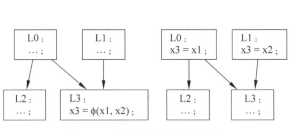

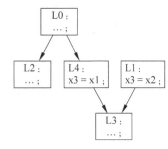

图 4-32　关键路径导致的错误　　　　　图 4-33　插入新的基本块

　　一般地,在控制流图中,如果一条边 X→Y 的源节点 X 具有多个后继节点,而边的目标节点 Y 具有多个前驱节点,则称这样的边 X→Y 为关键边(critical edge)。当编译器在关键边中插入代码时,需要首先拆分关键边。一些在 SSA 形式上执行的变换会假定编译器在应用变换之前已经拆分了所有的关键边。

　　在从 SSA 形式到普通形式的转换中,编译器可以通过拆分关键边解决上述问题,但还可能出现两个更微妙的问题。第一个问题是备份丢失(lost-copy)问题,是由程序变换与不可拆分的关键边共同引起的。第二个问题是交换(swap)问题,是由 SSA 形式赋值的并行性所导致的。

1. 备份丢失问题

　　许多基于 SSA 形式的算法要求拆分关键边。但是编译器有时候无法或不应该拆分关键边。例如,如果关键边是一个频繁执行循环的回跳分支(closing branch)指令,那么为拆分关键边而添加的一个额外基本块,可能对执行速度带来影响;并且,在编译后期添加基本块和控制流边,还有可能影响指令调度或寄存器分配等其他优化。

　　对于图 4-32 左侧的 SSA 形式,如果变量 x3 在边 L0→L2 上活跃的话,则将变量 x3 的赋值语句插入基本块 L0 的末尾,会使得变量 x3 原本的备份丢失。如果编译器无法对关键边 L0→L3 做拆分,可以使用如下步骤避免备份丢失:编译器首先检查试图插入的赋值操作定值的变量的活跃性,如果该变量不活跃,则直接将该语句插入;否则,可以将活跃值保存在一个新生成的临时变量中,并重写对目标变量名的相关使用,使之指向新的临时变量名。图 4-34 给出了使用这种方法生成的代码。

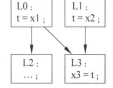

图 4-34　引入临时变量
消除备份丢失

2. 交换问题

交换问题是由 φ 函数的并行执行语义导致的。当一个基本块执行时,其所有 φ 函数将在程序块中任何其他语句之前并发执行。也就是说,所有的 φ 函数同时读取其适当的输入参数,然后同时赋值给其目标变量。

例如,对于如下 φ 语句:

```
x = φ(y,…);
y = φ(x,…);
```

当控制流从第一个参数对应的边进入时,这两个 φ 函数并行执行,完成对变量 x、y 值的交换。因此,该语句语义并不等价于顺序语句序列:

```
x = y;
y = x;
```

为解决这个问题,编译器可引入两个新的临时变量 t_x、t_y,并将程序改写成

```
tx = y;
ty = x;
x = tx;
y = ty;
```

即在 φ 开始执行前,先将对应参数的值复制到新引入的临时变量 t_x、t_y 中。

一般地,对有 n 个前驱且包括 m 条 φ 语句的基本块 B:

$$y_1 = \phi(x_{11},\ \cdots,\ x_{1n});$$
$$\cdots$$
$$y_m = \phi(x_{m1},\ \cdots,\ x_{mn});$$

编译器可引入 m 个临时变量 $t_1, t_2, \cdots, t_m$,并在基本块 B 的每个前驱块 $B_i (1 \leqslant i \leqslant n)$ 的末尾,各添加 m 条顺序赋值语句:

$$t_1 = x_{1i};$$
$$\cdots$$
$$t_m = x_{mi};$$

并在当前基本块 B 的开头添加 m 条顺序赋值语句:

$$y_1 = t_1;$$
$$\cdots$$
$$y_m = t_m;$$

尽管这个方法能够产生正确的代码,但对于 φ 语句较多的程序,会引入较多的数据移动语句(最多可达 m×n 条),编译器需要依靠寄存器分配的接合阶段将这些数据移动移除,6.3.5 节将讨论变量的接合。

4.4　小结

　　编译器使用各种中间表示来更好地进行程序分析和程序优化；同时，中间表示还可以使得编译器更好地进行前后端解耦。本章讨论了编译器中常用的中间表示，包括在基本块内部常用的线性表示、语法树和抽象语法树等常用的树状表示，以及控制流图和依赖图等图状表示；讨论了编译器将高层表示编译成中间表示的方法。

　　本章还重点讨论了在现代编译器中常用的静态单赋值形式。尽管构造静态单赋值形式有一定代价，但静态单赋值形式通过保证每个变量都只有一个静态赋值，大大简化了很多程序分析和优化，因此其已经成为现代优化编译器的主流选择。

4.5　深入阅读

　　许多教科书中都描述过经典的中间表示形式，更新的中间表示形式，如静态单赋值形式则出现在分析和优化方面的文献中。Muchnick 对这一主题进行了论述，并突出了在单一编译器中多级中间表示的使用。

　　Cai 和 Paige 引入了多重集鉴别作为哈希方法的备选方案，这样做是为了提供一种高效的查找机制，以确保查找的常数时间行为特性。

　　Floyd 提出了根据表达式树生成代码的第一个多趟算法。他指出冗余消除和代数重新关联有可能改进其算法的结果。Sethi 和 Ullman 提出了一个对简单机器模型最优的两趟算法；Proebsting 和 Fischer 扩展了 Sethi 和 Ullman 的工作，将小的内存延迟也考虑进来。Aho 和 Johnson 为查找最小代价实现而引入了动态规划。

　　Harrison 使用字符串操作来促进对内联替换（inline substitution）和特化（specialization）的普遍使用。Mueller 和 Whalley 描述了不同循环形式对性能的影响。Bernstein 详细讨论了为 case 语句生成代码时的各种可用方案。范围检查的优化很久之前就已经出现了，PL/.8 编译器会检查每个引用，优化降低了其开销。Gupta 等扩展了这些思想，增加了可以移动到编译时进行的检查的集合。

　　IBM FORTRAN H 编译器使用必经节点识别机器指令基本块控制流图中的循环。Lengauer 和 Tarjan 开发了近似线性时间的算法来寻找有向图的必经节点，这一算法已被普遍使用。

　　静态单赋值形式是由 Wegman、Zadeck、Alpern 和 Rosen 提出的，其目的是高效地计算数据流问题，例如全局值编号、变量的结合、激进的死代码删除以及带条件分支的常数传播。控制依赖由 Ferrante 等形式化，并用于向量并行机的一个优化编译器中。Cytron 等描述了使用必经边界高效计算静态单赋值形式和控制依赖图的方法。

　　Wolfe 描述了静态单赋值形式上的几个优化算法，包括归纳变量分析，Wolfe 把静态单赋值形式称为因式化的使用-定值链。

在将控制流图转换成静态单赋值形式之前,可以先对流图执行几种转换。这些转换包括将 while 循环转换为 repeat 循环;插入循环前置节点、循环体后置节点;以及为循环出口边插入着陆垫(landing pad),边分割能高效地实现着陆垫的插入。这些转换为插入循环不变量计算、公共子表达式计算等语句提供了放置的位置。

4.6　习题

1. 语法分析树包含的信息比抽象语法树多得多。

(1) 在什么环境下,需要在语法分析树而不是抽象语法树中找到信息?

(2) 输入程序的规模与其语法分析树规模的关系如何? 与抽象语法树呢?

(3) 提出一种算法,从程序的抽象语法树恢复其语法分析树。

2. 编写一种算法,将表达式语法树转换为有向无环图。

3. 说明如何用抽象语法树、控制流图、四元组表示下面的代码片段。讨论每种表示的优势。

```
if(c[i] ≠ 0)
    then a[i] = b[i] + c[i];
else a[i] = b[i];
```

4. 内存布局会影响分配给变量的地址。假定字符变量没有对齐约束,短整型变量必须对齐到半字(2 字节)边界,整型变量必须对齐到字(4 字节)边界,长整型变量必须对齐到双字(8 字节)边界。考虑以下声明的集合:

```
char a;
long int b;
int c;
short int d;
long int e;
char f;
```

画出以下情形下这些变量的内存分布图:

(1) 假定编译器无法重排变量。

(2) 假定编译器可以重排变量以省空间。

5. 编译器需要一种算法对数据区内部各个变量的内存位置进行布局。假定该算法接受的输入为变量、变量长度、对齐约束的一个列表,如

<a, 4, 4>, <b, 1, 3>, <c, 8, 8>, <d, 4, 4>, <e, 1, 4>, <f, 8, 16>, <g, 1, 1>

该算法应该产生的输出是变量及其在数据区中偏移量的一个列表。该算法的目标是最小化不使用的或浪费的空间。写出一个算法,对数据区进行布局,以最小化浪费的空间。

6. 对于以行主序存储的字符数组 A[10⋯12,1⋯3]，计算引用 A[i,j] 的地址，在生成的代码中至多只能使用 4 个算术操作。

7. 考虑 C 语言中的下列类型声明：

```
struct S2{
  int i;int f;
};
union U{
  float r; struct S2;
};
struct S1{
  int a; double b;union U;int d;
};
```

为 S1 建立一个结构成员表。表中需要包括编译器对类型为 S1 的变量的成员，生成引用时所需的全部信息，包括每个成员的名字、长度、偏移量和类型。

8. 考虑 C 语言中的下列声明：

```
struct record{
int StudentId;
int CourseId;
int Grade;
} grades[1000];
int g,i;
```

如果需要将变量 g 的值存储到 grades 第 i 个元素的 grade 成员，给出编译器为此生成的代码，假定：

（1）数组 grades 存储为结构数组。

（2）数组 grades 存储为由多个数组成员构成的结构。

9. 假定 x 是一个无歧义的局部整型变量，且在声明 x 的过程中，x 作为传引用实参传递给另一个过程。因为它是局部变量且无歧义，编译器可以尝试在其整个生命周期中将其保持在寄存器中。又因为它会作为传引用参数传递给另一个过程，在调用处它必须有内存地址。

（1）编译器应该在何处存储 x？

（2）编译器在调用位置应该如何处理 x？

（3）如果 x 作为传值参数传递给另一个过程，答案会如何改变？

10. 考查如下所示的代码片段，绘制其控制流图，并给出其对应的静态单赋值形式。

```
x = ...
y = ...
a = y + 2
b = 0
while(x < a)
  if(y < x)
```

```
    x = y + 1
    y = b * 2
else
    x = y + 2
    y = a/2
w = x + 2
z = y * a
y = y + 1
```

第 5 章

中端分析与优化

编译器的中端读入前端生成的程序的中间表示,对中间表示进行程序分析和程序优化,并进一步输出程序的后端表示供编译器后端进一步处理。编译器中端首先依赖控制流分析来理解程序的执行流,并建立合适的控制流数据结构。编译器使用数据流分析技术,来理解程序中值的流动信息,并依赖这信息进行程序优化。为了取得更好的优化效果,编译器不仅需要对函数内的代码做优化,还需要具有跨函数进行过程间程序分析和程序优化的能力。本章对编译器中端的主要理论和技术进行讨论,首先讨论理解程序执行流程的控制流分析;其次讨论刻画程序值流动的数据流分析,以及基于数据流分析结构的程序优化算法;再次讨论对于指针程序非常重要的别名分析和优化;接着讨论过程间程序分析和程序优化;最后讨论循环优化。

5.1 控制流分析

为实现编译优化,编译器必须对程序如何使用系统中的可用资源具有全局性的"理解"能力。编译器必须能刻画程序的控制流和程序对数据执行的操作的相关特征,以便删除未优化的无用代码,从而使低效的、较通用的操作被更高效的专用操作所替代。

当编译器编译程序时,它一开始读入的是程序的字符流。词法分析器将这些字符流转换为记号流,语法分析器从中进一步发现并检查语法结构。编译器前端输出的结果可以是抽象语法树或某种其他形式的中间代码。但是,不论这种中间表示是什么形式,它对程序做什么和怎样做仍然没有提供更多的信息。编译器使用控制流分析(control-flow analysis)来发现每一个函数内控制流的层次结构,并使用数据流分析(data-flow analysis)来确定与数据定值和使用有关的全局信息。

在讨论控制流分析和数据流分析中使用的技术之前,先讨论一个简单的例子。从图 5-1(a)的 C 程序开始,这个程序对给定的 m>0,计算第 m 个斐波那契数。对于给定的输入值 m,它检查该数是否小于或等于 1,当小于或等于 1 时返回该参数值;否则,它迭代计算过程直到得出数列的第 m 个成员,并返回此数。图 5-1(b)给出了这个 C 程序被转换为中间表示后的代码。

在分析这个程序时,第一个任务是发现它的控制流。就这个程序的源代码而言,其控制结构是显然的,函数体由一个 if-then-else 结构组成,并且在 else 部分含一个循环。但是在中间代码中,控制结构就不那么明显了。此外,循环也可能是用 if 和 goto 形成。因此,即便在源代码中,控制结构也可能不那么明显。为了使控制流分析方法更加直观,需要首先将程序转换为一种更形象的表示,即如图 5-2 所示的流程图。

```
unsigned int fib(m){
  unsigned int m;
  unsigned int f0 = 0,f1 = 1,f2,i;
  if (m <= 1){
    return m;
  }
  else {
    for(i = 2;i <= m;i++){
      f2 = f0 + f1;
      f0 = f1;
      f1 = f2;
    }
    return f2;
  }
}
```

```
        receive m (val)
        f0 = 0
        f1 = 1
        if m <= 1 goto L3
        i = 2
L1 : if i <= m goto L2
        return f2
L2 : f2 = f0 + f1
        f0 = f1
        f1 = f2
        i = i + 1
        goto L1
L3 : return m
```

（a）计算斐波那契数的 C 程序　　　　　（b）C 程序的中间代码

图 5-1　C 程序和对应的中间代码

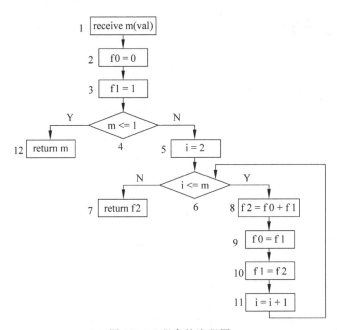

图 5-2　C 程序的流程图

　　控制流图是一个由基本块构成的有向图,有向边代表基本块之间的跳转关系;而基本块是一段只能从它的入口进入,并从它的出口离开的线性代码序列。接下来开始标识基本块。显然,节点 1 到节点 4 构成了一个基本块,称为 B1;节点 8 到节点 11 构成了另一个基本块,称为 B6。其他每一个节点独自构成一个基本块,其中节点 12 对应于 B2,节点 5 对应于 B3,节点 6 对应于 B4,节点 7 对应于 B5。得到的控制流图如图 5-3 所示。

增加一个以第一个基本块作为其后继的 entry 基本块,和一个放在流图结尾的 exit 基本块,并使流图中每一个实际从该程序出口出去的分支(基本块 B2 和 B5)转向 exit 基本块。

下面利用必经节点来标识该程序中的循环,将流图表示成以 entry 节点为根的一棵树。对于图 5-3 中的控制流图,其必经节点树如图 5-4 所示。

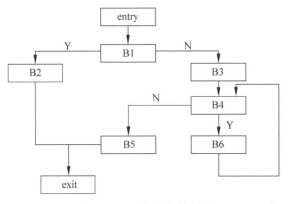

图 5-3 C 程序的控制流图

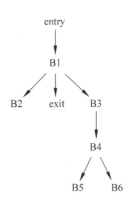

图 5-4 图的必经节点树

在控制流图中,回边的头节点是其尾节点的必经节点,例如从 B6 到 B4 的边。一个循环由满足下述条件的所有节点组成:循环的入口节点(即回边的头节点)是所有节点的必经节点,所有这些节点都可以到达入口节点,而且其内只有一条回边。因此 B4 和 B6 形成了一个循环,其中 B4 是循环的入口节点,而且此循环不包含图中其他的节点。

5.1.1 控制流分析方法

编译器对单一过程进行控制流分析,从确定构成过程的基本块开始,然后构造出它的流图,并使用必经节点来找出循环并优化它所找到的循环。当前大多数优化编译器使用的是必经节点和基于迭代的数据流分析,这可以满足大部分程序分析和优化的需要。

第 4 章讨论了从线性代码构建程序控制流图的算法(算法 12)。接下来,引入在本书后面的章节中将会用到的符号,记控制流图 $G=(V,E)$,其中 V 是节点集合,E 是有向边集合 $E \subseteq N \times N$。由于控制流图 G 是有向图,所以对于有向边 $(a,b) \in E$,经常写成 $a \rightarrow b$。

来进一步定义一个基本块 b 的后继基本块集合和前驱基本块集合。用 succ(b) 表示基本块 $b \in V$ 的后继集合,用 pred(b) 表示基本块 $b \in V$ 的前驱集合。则

$$succ(b) = \{n \in V \mid \exists e \in E, 使得 e = b \rightarrow n\}$$
$$pred(b) = \{n \in V \mid \exists e \in E, 使得 e = n \rightarrow b\}$$

分支节点是有多个后继的节点,汇合节点是有多个前驱的节点。

扩展基本块(Extended Basic Block,EBB)是从一个首领块开始的最长基本块序列,在这个基本块序列中,除了第一个节点之外不含其他汇合节点,第一个节点本身不必一定是汇合节点,例如,它可以是过程入口节点。因为扩展基本块只有一个入口但可能有多

个出口,所以可以将它看成是以它的入口基本块为根的一棵树。以这种方式构成的扩展基本块称为诸基本块。某些局部优化,如指令调度,在扩展基本块上比在一般基本块上更加有效。在图 5-3 所示的例子中,基本块 B1、B2 和 B3 构成了一个由多个基本块组成的扩展基本块。

算法 16 对以 r 为根的扩展基本块,构造其内诸基本块的索引集合;而算法 17 对以 r 为入口节点的流图,构造它的所有扩展基本块集合。算法首先设置 AllEbbs 为一个偶对集合,偶对的第一个元素为根基本块的索引,偶对的第二个元素为扩展基本块内的诸基本块的索引集合。这两个算法都使用全局变量 EbbRoots 记录扩展基本块的根基本块。

算法 16　构造具有指定根节点的扩展基本块内的诸基本块集合

输入：以 r 为根的扩展基本块
输出：扩展基本块内诸基本块的集合
```
 1. procedure Build_Ebb (r, succ, pred)
 2.     Ebb = Φ
 3.     Add_Bbs(r, Ebb, succ, pred)
 4.     return Ebb
 5. procedure Add_Bbs(r, Ebb, succ, pred)
 6.     x = Node
 7.     Ebb∪ = {r}
 8.     for succ(r) 中的每个节点 x do
 9.         if |Pred(x)| = 1 并且 x ∉ Ebb then
10.             Add_Bbs(r, Ebb, Succ, Pred)
11.         else if x ∉ EbbRoots then
12.             EbbRoots∪ = { x }
```

算法 17　构造给定流图中的所有扩展基本块

输入：以 r 为入口节点的流图
输出：流图中的所有扩展基本块集合
```
 1. procedure Build_All_Ebbs(r, succ, pred)
 2.     x = Node
 3.     s = set of Node
 4.     EbbRoots = {r}
 5.     AllEbbs = Φ
 6.     while EbbRoots ≠ Φ do
 7.         从 EbbRoots 中选择一个节点 x
 8.         EbbRoots -= {x}
 9.         if ∀s ∈ AllEbbs(s[1] ≠ x) then
10.             AllEbbs ∪ = {< x, Build_Ebb(r, succ, pred) >}
11.     Build_All_Ebbs(entry, succ, pred)
```

作为 Build_Ebb()和 Build_All_Ebbs() 的例子,考虑如图 5-5 所示的流图。由该算法识别的扩展基本块是{entry}、{B1,B2,B3}、{B4,B6}、{B5,B7}和{exit},如图 5-5 中虚线框所示。

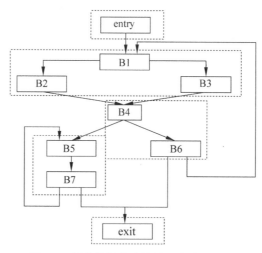

图 5-5　用虚线框指出扩展基本块的流图

　　类似地,反扩展基本块是以分支节点结束的,且除最后一个节点之外不包含其他分支
节点的最长基本块序列。

5.1.2　流图的遍历

　　在程序编译过程中,编译器经常需要对控制流图进行遍历。第一个编译器常用的遍历
策略是深度优先遍历(depth-first traversal),这种遍历在访问图中的节点时,首先优先访问
的是该节点的后继,而不是其兄弟。例如,图 5-6(a)的深度优先查找表示是图 5-6(b)。用
深度优先遍历依次给每一个节点指定的编号,就是节点的深度优先编号。

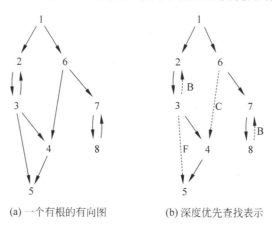

(a) 一个有根的有向图　　　　(b) 深度优先查找表示

图 5-6　有向图及其深度优先查找表示

　　算法 18 用于构造图的深度优先表示(depth-first representation),深度优先表示将图中
所有的节点和那些构成深度优先次序的边表示为树的形式,称为深度优先生成树(depth-
first spanning tree),并将其他不是深度优先次序的一部分边用一种有别于树边的方式来表

示(用虚线表示)。

属于深度优先生成树的边称为树边(tree edge),不属于深度优先生成树的那些边分为以下三类。

(1) 前向边(forward edge):从一个节点到一个直接后继并且不是树边的边,用"F"标识。

(2) 后向边(back edge):从一个节点到树中它的一个祖先的边,用"B"标识。

(3) 交边(cross edge):连接两个在树中相互不是祖先的节点的边,用"C"标识。

算法 18   深度优先查找

输入:有根的有向图
输出:深度优先遍历

```
 1. N : in set of Node
 2. r, i : Node
 3. visit : Node→ boolean
 4. succ : set of Node
 5. x : in Node
 6. procedure Depth_First_Search(N, succ, x)
 7.      y : Node
 8.      Process_Before(x)
 9.      visit(x) = true
10.      for succ(x) 中的每个节点 y do
11.          if !visit(y)   then
12.              Process_Succ_Before(y)
13.              Depth_First_Search(N, succ, y)
14.              Process_Succ_After(y)
15.          Process_After(x)
16.      for V 中的每个节点 i do
17.              visit(i) = false
18.          Depth_First_Search(N, succ, r)
```

注意,图的深度优先表示不是唯一的。例如,图 5-7(a)所示的有向图有图 5-7(b)和图 5-7(c)所示的两个不同的深度优先表示。

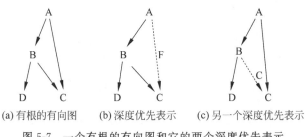

(a)有根的有向图   (b)深度优先表示   (c)另一个深度优先表示

图 5-7   一个有根的有向图和它的两个深度优先表示

算法 18 实现通用的流图深度优先遍历,它提供 4 个动作执行点:

(1) Process_Before()允许在访问一个节点之前执行某种动作。

(2) Process_After()允许在访问一个节点之后执行某种动作。

（3）Process_Succ_Before()允许在访问一个节点的每一个后继之前执行某种动作。

（4）Process_Succ_After()允许在访问一个节点的每一个后继之后执行某种动作。

有向图的另外两种遍历策略是前序遍历（Preorder Traversal）和后序遍历（Postorder Traversal）。令有向图 G=(V,E)，令 E′⊆E 是 G 的深度优先表示中不包含反向边的边集合，则图 G 的前序遍历是这样一种遍历：其中每一个节点的遍历早于其后继，后继关系由 E′ 定义。例如，entry、B1、B2、B3、B4、B5、B6、exit 是图 5-3 的一种前序遍历，序列 entry、B1、B3、B2、B4、B6、B5、exit 是图 5-3 的另一种前序遍历。

假设 G 和 E′ 的定义如前所述，则图 G 的后序遍历是这样一种遍历：其中每一个节点的遍历晚于其后继，后继关系由 E′ 定义。例如，exit、B5、B6、B4、B3、B2、B1、entry 是图 5-3 的一种后序遍历，而 exit、B6、B5、B2、B4、B3、B1、entry 是图 5-3 的另一种后序遍历。

算法 19 是深度优先查找的一种特定的版本，它计算根 r∈V 的图 G=(V,E) 的深度优先生成树，以及它的前序遍历和后序遍历。在 Depth_first_Search_PP() 执行之后，由根节点开始，并沿着类型为树边的边 e 而行，便得到深度优先生成树。编译器给每一个节点的前序编号和后序编号，分别存放在 Pre() 和 Post() 中。

算法 19　计算深度优先生成树及其前序遍历和后序遍历

输入：有根的有向图
输出：深度优先生成树、前序遍历顺序、后序遍历顺序

```
 1. r, x : Node
 2. i, j = 1: integer
 3. Succ, N : set of Node
 4. Pre, Post: Node → integer
 5. Visit: Node → boolean
 6. EType: enumtree, forword, back, cross
 7. procedure Depth_First_Search_PP(N, succ, x)
 8.     y : Node
 9.     visit(x) = true
10.     Pre(x) = j
11.     j += 1
12.     for succ(x) 中的每个节点 y do
13.         if !visit(y) then
14.             Depth_First_Search_PP(N, succ, y)
15.             EType(x → y) = tree
16.         else if Pre(x) < Pre(y) then
17.             Etype(x → y) = forward
18.         else if Post(y) = 0 then
19.             EType(x → y) = back
20.         else
21.             EType(x → y) = cross
22.     Post(x) = i
23.     i += 1
24.     for  V 中的每个节点 i do
25.         visit(i) = false
26.     Depth_First_Search_PP(N, succ, r)
```

最后,编译器还可以对流图进行宽度优先遍历(Breadth-first Traversal)。在这种遍历顺序中,对一个节点的所有直接后继的处理早于这些后继的任何还未处理的后继。例如,如果一个节点有两个直接后继 a 和 b,其中节点 b 同时又是节点 a 的后继,则 a 的处理先于 b 的处理。在宽度优先查找中节点被访问的次序是宽度优先次序(Breadth-first Order)。算法 20 构造流图中节点的宽度优先次序。对于图 5-6 的例子,次序 1、2、6、3、4、5、7、8 是宽度优先次序。

算法 20 构造流图中节点的宽度优先次序。

算法 20　计算宽度优先遍历

输入: 有根的有向图
输出: 宽度优先次序
```
 1.  i = 2: integer
 2.  N : in set of Node
 3.  s: in Node
 4.  procedure Breadth_First(N, succ, s)
 5.      x = Node
 6.      T = Φ
 7.      Order (r) = 1
 8.      i = 2
 9.      for succ(s) 中的每个节点 t do
10.          if Order(t) == nil then
11.              Order (t) = i
12.              i += 1
13.              T ∪ = {t}
14.      for  T 中的每个节点 t do
15.          Breadth_First(N, succ, t)
16.      return Order
```

5.2　数据流分析及优化

基于数据流的优化主要分两步:首先,编译器对程序进行某种特定的数据流分析,得到分析的结果;然后,编译器按照分析结果对程序进行特定的优化。本节将讨论数据流分析和优化的主要技术。

5.2.1　优化的基本结论

优化编译器能够在不改变程序输出的情况下优化程序,以提高程序的性能。能够提高性能的转换有以下几种。

(1) 寄存器分配: 使两个不重叠的临时变量存放在同一个寄存器中。

(2) 公共子表达式删除:如果一个表达式被计算了不止一次,删除多余的计算,只保留一个。

（3）死代码删除：如果一个计算的结果从未被使用过，则删除该计算。

（4）常数折叠：在编译期计算操作数为常数的表达式。

以上只是编译器优化的几种方式，事实上编译器并不能实现所有的优化方式，因为可计算性理论证明总是能发明出新的优化算法。

定义完全优化的编译器是这样一个编译器：它将每一个程序 P 转换为程序 Opt(P)，使得程序 Opt(P) 是和 P 具有相同输入/输出行为的最小的程序。也可以假设编译器优化的是程序运行的速度，而不是程序大小，这里选择程序大小只是为了简化讨论。

对于任何一个既不产生输出又不会停止的程序 P，一个最短的 Opt(Q) 是：

L: goto L

因此，假如有一个完全优化的编译器，就应当能用它来解决停机问题。即为了说明是否存在一个能使 P 停止的输入，只需看一下 Opt(P) 是不是这个只有一行代码的无限循环。但是理论表明停机问题是不可判定问题，因此也不可能存在完全优化的编译器，即无论如何添加编译器优化，总是会有另一个更好（通常也更大）的优化编译器存在。

虽然不能构造出一个完全优化的编译器，但可以构造一些部分优化编译器。优化编译器将程序 P 转换为和 P 具有相同输入/输出行为，但比 P 更小或更快的程序 P'。尽管 P' 未必是最优的，但只要在实践中 P' 能够达到实际需求，优化就可被认为是成功的。

5.2.2　三地址码中间表示

本节集中讨论过程内的全局优化。过程内意味着分析局限在单一过程或函数内；全局意味着对过程内的所有语句或基本块统一进行分析。相比于过程内的优化，过程间优化更具有全局性，它能一次针对若干个过程和函数进行优化。

全局程序优化遵循以下通用步骤。

（1）分析：遍历流图，分析并收集运行时所有相关信息，这必定是一种保守的近似信息。

（2）转换：用某种方法修改程序，对程序进行改进，使它运行得更快，或体积更小。分析阶段收集的信息用来指导程序转换的过程，保证程序的语义不会发生改变。

编译器基于求解数据流方程来得到描述数据流的信息，该方程是从流图节点衍生出来的一组联立方程。接下来，基于三地址代码中间表示讨论描述各种数据流问题的方程及其求解。

为了更方便地讨论数据流方程问题，使用前面已经讨论过的三地址代码中间表示。下面给出三地址代码的抽象语法：

$$S \rightarrow t = a \oplus b$$
$$| \text{ goto } L$$
$$| L :$$
$$| a = b$$
$$| a = M [b]$$

$$| \ M[a] = b$$
$$| \ if(a \ominus b, L_1, L_2)$$
$$| \ f(a_1, a_2, \cdots, a_n)$$
$$| \ t = f(a_1, a_2, \cdots, a_n)$$

语句 S 包括几种典型的结构：$t = a \oplus b$ 代表某种二元运算，其中 $\oplus$ 是一个二元运算符；goto L 是跳转到标号 L 的控制转移语句；L: 是一个语句标号；a = b 代表数据移动；a = M[b] 和 M[a] = b 分别表示内存读和写；if $(a \ominus b, L_1, L_2)$ 是有条件跳转语句，它对操作数 a 和 b 进行 $\ominus$ 比较运算，并根据比较结果跳转到标号 L_1 或标号 L_2 处；$f(a_1, a_2, \cdots, a_n)$ 是具有 n 个参数的函数调用；$t = f(a_1, a_2, \cdots, a_n)$ 是将函数调用的结果赋值给 t。

过程内优化接受前端生成的三地址代码中间表示为输入，对其进行程序分析，并将其转换为更优的三地址代码。在这个过程中，优化器可能会对三地址代码进行移动、插入、删除和修改等操作。然后，经过优化后的程序交给编译器的后续阶段继续进行处理。需要特别指出的是，编译器在把经过优化后的三地址代码输出给编译器后端之前，可能需要将这些线性的语句序列重新变换为嵌套的表达式，主要原因是指令选择阶段在只含一个二元运算或数据移动的"原子化的"语句上执行树匹配的效果一般不理想，第 6 章将深入讨论指令选择。

本节采用了一个更简单的控制流图的观点，即流图中每个节点（语句）n 都有指向其他后继的有向边，也就是说，这里的流图基本块都是平凡的。这个约定不影响数据流分析的正确性，但对大型程序不太高效，5.2.5 节将讨论对其加速的若干技术。

5.2.3　数据流分析

本节讨论程序的种数据流分析算法，包括到达定值分析、可用表达式分析、到达表达式分析、活跃分析等。

1. 到达定值分析

许多优化需要提前了解在一个点对一个程序变量 t 进行的特定赋值，是否会直接影响程序中另一点的变量 t 的值。变量 t 有一个无二义性的定值（unambiguous definition），是指程序中有形如 $t = a \oplus b$ 或 t = M[a] 对变量 t 进行赋值的语句。给定一个定值 d，如果存在一条从 d 到语句 u 的由控制流边组成的路径，并且该路径上不包含对 t 的任何其他定值，我们就说定值 d 到达（reach）语句 u。编译器进行的这类分析被称为到达定值（reaching definition）分析。

模糊定值（ambiguous definition）是指这样的语句，它可能给变量 t 赋值，也可能不给变量 t 赋值。例如，如果 t 是一个全局变量，语句 s 是函数调用语句，被调用的这个函数有可能修改 t，也可能不修改 t，那么 s 就是对变量 t 的一个模糊定值。但是，此处讨论的数据流分析暂时不将逃逸变量作为临时变量来对待，而是作为具有存储位置的内存变量来对待。这意味着本节不讨论模糊定值（但这同时也失去了优化这些逃逸变量的机会）。在本节的讨论中，假设所有的定值都是明确的。

到达定值的计算可以表达成对数据流方程的求解。首先给每个赋值语句标记一个标号,并且计算这些标号组成的集合。可以说语句

$$d: t = x \oplus y$$

生成(generate)定值 d,因为无论到达这条语句开始的其他定值是什么,定值 d 都能到达该语句的末尾。并且这条语句杀死(kill)了对变量 t 的其他定值,因为无论到达这条语句开始的变量 t 的其他定值是什么,它们都不能到达这条语句的末尾,即它们不能直接影响这条语句之后的变量 t 的值。

临时变量 t 的所有定值(即定值标号)组成的集合被定义为 defs(t)。表 5-1 给出了到达定值的生成集合和杀死集合。

表 5-1　到达定值的生成集合(gen)和杀死集合(kill)

语句 s	gen[s]	kill[s]
d : t = b $\oplus$ c	{d}	defs(t) − {d}
d : t = M [b]	{d}	defs(t) − {d}
M [a] = b	{}	{}
if (a $\ominus$ b, L_1, L_2)	{}	{}
goto L	{}	{}
L :	{}	{}
f (a_1, a_2, ···, a_n)	{}	{}
d : t = f (a_1, a_2, ···, a_n)	{d}	defs(t) − {d}

利用生成集合 gen 和杀死集合 kill,可以计算出到达每个节点 n 的开始的定值集合 in[n]和到达 n 末尾的定值集合 out[n]:

$$in[n] = \bigcup_{p \in pred[n]} out[p]$$

$$out[n] = gen[n] \cup (in[n] - kill[n])$$

可以通过迭代来解这两个方程:首先,对所有的节点 n,编译器将集合 in[n] 和 out[n]初始化为空集合 Φ;然后,编译器将每个方程看作一个赋值语句,反复执行赋值操作,直到 in[n] 和 out[n] 不再改变为止。

考虑如下有标号的程序(将这些标号直接作为定值标号):

```
1.       a = 5
2.       c = 1
3. L₁: if   c > a goto L₂
4.       c = c + c
5.       goto L₁
6. L₂:  a = c − a
7.       c = 0
```

迭代进行赋值,依次计算每条语句的输入集合 in[ ] 和输出集合 out[ ],注意到迭代 3 和迭代 2 的 in[n] 和 out[n] 相同,则算法可结束运行,计算过程如表 5-2 所示。

表 5-2　迭代计算的结果

语句	生成集合和杀死集合		迭代 1		迭代 2		迭代 3	
n	gen[n]	kill[n]	in[n]	out[n]	in[n]	out[n]	in[n]	out[n]
1	1	6		1		1		1
2	2	4,7	1	1,2	1	1,2	1	1,2
3			1,2	1,2	1,2,4	1,2,4	1,2,4	1,2,4
4	4	2,7	1,2	1,4	1,2,4	1,4	1,2,4	1,4
5			1,4	1,4	1,4	1,4	1,4	1,4
6	6	1	1,2	2,6	1,2,4	2,4,6	1,2,4	2,4,6
7	7	2,4	2,6	6,7	2,4,6	6,7	2,4,6	6,7

编译器可将计算得到的到达定值信息用于多种优化。例如,编译器可以尝试进行常数传播(constant propagation)优化,即如果只有一个定值 $d：t=c$ 可以到达程序点 u,且该定值是对变量 t 的常量定值,则可将程序点 u 对变量 t 的使用替换成常量 c。例如,在上面的示例程序中,变量 a 只有一个常量定值 1 到达语句 3,因此,可以通过常量传播将判断条件 c>a 替换为 c>5。

2. 可用表达式分析

公共子表达式删除(Common-Subexpression Elimination,CSE)是一种重要的编译器优化方法,这种优化对一个多次计算 $x \oplus y$ 的程序,删除其中的重复计算。编译器可借助可用表达式(available expression)分析来实施这种优化。

如果从流图的入口节点到节点 n 的每条路径上,表达式 $x \oplus y$ 都至少被计算一次,并且在每条路径上 $x \oplus y$ 的最近一次出现之后,再没有对变量 x 或 y 的定值,那么称表达式 $x \oplus y$ 在节点 n 是可用的(available)。

可以利用集合 gen 和 kill,并结合数据流方程组来表达可用性的概念,这里 gen 和 kill 都是表达式的集合。

每一个计算表达式 $x \oplus y$ 的节点都生成 $\{x \oplus y\}$,而每一个对变量 x 或 y 的定值都会杀死表达式 $\{x \oplus y\}$,可用表达式的集合 gen 和 kill 如表 5-3 所示。

表 5-3　可用表达式的集合 gen 和 kill

语句 s	gen[s]	kill[s]
$t=b \oplus c$	$\{b \oplus c\}$ − kill[s]	包含 t 的表达式
$t=M[b]$	$\{M[b]\}$ − kill[s]	包含 t 的表达式
$M[a]=b$	{}	形如 M[x] 的表达式
$if(a \ominus b, L_1, L_2)$	{}	{}
goto L	{}	{}
L:	{}	{}
$f(a_1, a_2, \cdots, a_n)$	{}	形如 M[x] 的表达式
$t=f(a_1, a_2, \cdots, a_n)$	{}	包含 t 的表达式和形如 M[t] 的表达式

一般地,语句 t＝b＋c 生成表达式 b＋c。但是对于 b＝b＋c,由于在 b＋c 之后有对 b 的定值,因此不会生成 b＋c。方程

$$\text{gen}[s] = \langle b \oplus c \rangle - \text{kill}[s]$$

给出了这种情况。

存储操作指令 M[a]＝b 可能修改任意存储位置,因此它杀死所有的从内存中取操作数的表达式 M[x]。如果编译器可以肯定 a≠x,即变量 a 和 x 肯定不指向同一内存地址,则编译器可以得到更精确的结论：认为 M[a]＝b 不会杀死 M[x],这称为别名分析。

给定 gen 和 kill,编译器可以计算集合 in 和 out：

$$\text{in}[n] = \bigcup_{p \in \text{pred}[n]} \text{out}[p]$$

$$\text{out}[n] = \text{gen}[n] \bigcup (\text{in}[n] - \text{kill}[n])$$

集合 in 和 out 的计算几乎和到达定值的计算一样,只是在计算 in[n] 时,计算的是节点 n 的所有前驱的 out 集合的交集,而不是并集,即当且仅当每条到达节点 n 的路径上都计算了某个表达式时,这个表达式在节点 n 才是可用的。

为了通过迭代计算 in 和 out,需要首先定义起始节点的集合 in 为空集,将其他所有节点的集合初始化为全集(即所有表达式组成的集合),而不是空集。这是因为交集运算会使集合变小,而不像到达定值计算中的并集那样使集合变大。然后,算法寻找此方程组的最大不动点。

3. 到达表达式分析

如果流图中存在一条从节点 s 到节点 n 的路径,且该路径不存在任何对 x 和 y 的赋值,或者任何对 x⊕y 的计算,就称节点 s 中的表达式 t＝x⊕y 到达节点 n。和往常一样,能够用集合 gen 和 kill 来表示到达表达式。值得注意的是,在到达表达式的定义中,只要求节点 s 到节点 n 存在一条路径即可；而在可用表达式中,必须考查从节点 s 到节点 n 的所有路径。

在实际中,公共子表达式删除优化需要用到的到达表达式,可能只是程序中所有表达式的一个小的子集。因此,编译器可以更加简化地计算到达表达式：从节点 n 开始后向搜索,一旦发现对表达式 x⊕y 的计算,便停止搜索,也可以在计算可用表达式的过程中计算到达表达式。

4. 活跃分析

如果一个变量 t 在一个给定的程序点 u 后面会被使用到,则称变量 t 在程序点 u 是活跃的。计算变量活跃性的分析过程被称为活跃分析(liveness analysis)。

活跃分析也可以用 gen 和 kill 表示：对变量的任何使用都会使该变量成为活跃的,对变量的任何定值都会杀死该变量的活跃性。对三地址代码计算活跃性集合 gen 和 kill 的规则由表 5-4 给出。

表 5-4　对三地址代码计算活跃性集合 gen 和 kill 的规则

语句 s	gen[s]	kill[s]
t＝b $\oplus$ c	{b,c}	{t}
t＝M[b]	{b}	{t}
M[a]＝b	{a,b}	{}
if(a $\ominus$ b,L_1,L_2)	{a,b}	{}
goto L	{}	{}
L：	{}	{}
f(a_1,a_2,…,a_n)	{a_1,a_2,…,a_n}	{}
t＝f(a_1,a_2,…,a_n)	{a_1,a_2,…,a_n}	{t}

集合 in 和 out 的方程组与到达定值和可用表达式的方程组类似,但是活跃分析是向后(Back-ward)的数据流分析,因此 in 和 out 的计算也是向后的:

$$in[n] = gen[n] \cup (out[n] - kill[n])$$
$$out[n] = \bigcup_{s \in succ[n]} in[s]$$

5.2.4　程序优化

编译器能够利用数据流分析的结果对程序进行优化。本节将讨论几种重要的程序优化:公共子表达式删除、常数传播、复写传播、死代码删除等。

1. 公共子表达式删除

给定流图中的一条语句 d：t＝x $\oplus$ y,如果表达式 x $\oplus$ y 在另一条语句 s：u＝x $\oplus$ y 处是可用的,那么编译器可以删除 s 中对 x $\oplus$ y 的计算。这种优化被称为公共子表达式删除优化。

公共子表达式删除优化的主要步骤如下。

(1) 编译器计算可用表达式(Available Expression),即寻找形如 d：t＝x $\oplus$ y 且满足如下条件的语句:在从语句 d 到语句 s 的所有路径上,既没有计算 x $\oplus$ y,也没有对 x 或 y 定值。

(2) 编译器生成一个新的临时变量 w,并将上述语句 d 重写为:

```
d : w = x ⊕ y
e : t = w
```

(3) 编译器将语句 s 改为:

```
s : u = w
```

注意,公共子表达式删除优化引入了额外的数据移动语句(如上面的 t＝w 等),编译器将依靠复写传播优化或接合优化来删除部分或全部的多余赋值。

2. 常数传播

假设有一条语句 d：t＝c(其中 c 是常数)和另一条使用 t 的语句 n,例如 n：y＝t $\oplus$ x,如果 d 是能够到达 n 的唯一对变量 t 的定值,则在语句 n 中,变量 t 可被替换成常数,即可以将语句 n 重写为 n:y＝c⊕x。

3. 复写传播

复写传播与常数传播类似,但传播的不是常数 c,而是一个变量 z。假设有一条语句 d:t＝z,以及另一条使用 t 的语句 n,例如 n:y＝t⊕x,如果 d 是能够到达语句 n 的唯一定值,同时任何从 d 到 n 的路径(包括多次经过 n 的路径)都没有对 z 定值,那么可以将 n 重写为 n:y＝z⊕x。

复写传播和寄存器分配存在密切联系:基于图着色的寄存器分配器可以在分配过程中完成对节点的接合,即把与数据移动语句 d:x＝y 相关的变量 x 和 y 分配到同一个物理寄存器 r 中,从而编译器能够把得到的无用的数据移动语句 d:r＝r 移除;并且考虑到如果在寄存器分配之前进行复写传播,则有可能增加寄存器溢出的数目。因此,如果只是为了删除冗余的数据移动而做复写传播的话,应该等到寄存器分配之后再进行。

但另一方面,编译器在中端优化阶段进行复写传播有可能识别出更多其他优化机会,如公共子表达式删除等。例如,在下面的程序中:

```
a = y + z
u = y
c = u + z
```

编译器对数据移动语句 u＝y 执行复写传播后,其他两个加法表达式才能被识别为公共子表达式。因此,编译器设计者需要根据优化的目标和组织方式,仔细选择优化进行的时机和顺序。

4. 死代码删除

对于语句 d:a＝b ⊕c 或 d:a＝M[x],如果 a 不在 s 的出口活跃集合中,则语句 d 可以被删除。这种优化被称为死代码删除。

需要特别注意:程序优化绝对不能更改程序的可观察行为。有些指令有隐含的副作用,如进行输入输出或者抛出异常等,在这种情况下,编译器不应该删除这类代码。

5.2.5　数据流分析的改进

5.2.3 节已经讨论了基于数据流方程和迭代求解的数据流分析方法,本节将讨论几种可以加速数据流分析的重要改进。

1. 位向量

位向量(bit vector)是对有限集合 S 的高效表示,对集合 S 引入一个对应的向量 V ($V[i]\in\{0,1\}$,$0\leqslant i\leqslant n$)

$$S = \{s_0, s_1, \cdots, s_n\}$$
$$V = \{b_0, b_1, \cdots, b_n\}$$

元素 $x\in S$($x=s_i$)当且仅当 $V[i]=(b_i=1)$,即元素 x 在集合 S 中,当且仅当 x 在对应向量 V 中的值是 1。

在位向量表示中,对两个集合 S 和 T 的操作都可以被表示成其对应位向量上的相应操作。例如,集合并集可以用位向量的按位或操作获得;集合交集可以通过位向量按位与操作获得;集合的补集可以通过按位补操作获得等。如果计算机的字长为 W 位,向量长度为 N 位,那么用 N/W 条按位或运算指令组成的序列就可以计算出两个集合的并。当然,还必须包括 2N/W 条取指令和 N/W 条存指令,以及索引和循环的开销。

需要注意,如果集合非常稀疏,其对应的位向量中几乎全部是零,这种情况下使用位向量表示会占用更多的内存空间。

2. 基本块

前面我们基于三地址代码基本语句,讨论了数据流方程求解。如果以基本块为单位,也可以加速数据流求解的过程。下面以到达定值为例进行讨论,但这里的讨论也适用于其他数据流分析。

考虑有什么样的定值到达了节点 n 的出口,即节点 n 的 out 集合:

$$out[n] = gen[n] \cup (in[n] - kill[n])$$

因为 $in[n]$ 恰好等于 $out[p]$,因此有

$$out[n] = gen[n] \cup ((gen[p] \cup (in[p] - kill[p])) - kill[n])$$

根据等式

$$(A \cup B) - C = (A - C) \cup (B - C)$$
$$(A - B) - C = A - (B \cup C)$$

有

$$out[n] = gen[n] \cup (gen[p] - kill[n]) \cup (in[p] - (kill[p] - kill[n]))$$

如果希望节点 pn 合并 p 和 n 的作用,那么从最后一个方程可以看出 pn 的正确的 gen 和 kill 集合分别为

$$gen[pn] = gen[n] \cup (gen[p] - kill[n])$$
$$kill[pn] = kill[p] \cup kill[n]$$

可以用这种方法合并一个基本块中的所有语句,从而得到整个基本块的 gen 和 kill 集合。控制流图中基本块的数量比单个语句的数量小得多,所以基于基本块的迭代数据流分析的速度也要快得多。

上述迭代数据流分析算法一旦完成,就可以从整个基本块的 in 集合开始,用一遍迭代来计算基本块中语句 n 的前驱语句的 gen 和 kill 集合,从而重新获得基本块中各个语句的数据流信息。

3. 节点排序

在前向数据流问题中(例如到达定值或可用表达式),一个节点的 out 集合的信息将传递给它的后继节点的 in 集合。如果能够安排每个节点的计算次序,使得它都先于它的后继节点进行,就能够加速数据流分析的计算过程。

为此,对于有向无环图,可以先对流图进行拓扑排序(这将给出一种顺序,其中每一个节点都在它的后继节点之前),然后按照排好的顺序计算数据流方程。即便图中含有环,对图进行类似的拓扑排序,仍有助于减少图的迭代次数,在这种伪拓扑的排序中,大多数节点

的计算仍先于它们的后继节点。

算法 21 给出了基于深度优先遍历的图拓扑排序算法。利用该算法给出的 sorted 数组（它给出深度优先遍历计算出的顺序），数据流方程可以按下面的方式迭代求解：

```
repeat
    for i = 1 to N
        n = sorted [i]
        in =   ⋃    out[p]
             p∈ pred[n])
        out[n] = gen[n] ⋃ (in- kill[n])
until out 集合不再改变
```

因为 in 只是为了计算 out 局部使用，所以不需要将 in 设置成全局数组。

算法 21　按照深度优先搜索拓扑排序

输入：有向图 G = (V,E) 和节点 n
输出：有向图 G 的伪拓扑排序
1. procedure Topological – sort(V, E, n)
2. 　　N = |V|
3. 　　for 每个节点 i ∈ V do
4. 　　　　mark[i] = false
5. 　　DFS(n)
6. procedure DFS(i)
7. 　　if mark[i] = false then
8. 　　　　mark[i] = true
9. 　　　for i 的每个后继 s do
10. 　　　　　DFS(s)
11. 　　　sorted[N] = i
12. 　　　N = N – 1

对于后向数据流问题（如活跃分析），只需对遍历顺序稍加修改，即从出口节点开始遍历前驱，而不是从入口节点开始遍历后继。

4. 使用-定值链和定值-使用链

到达定值的相关信息可以作为使用-定值链来保存，即对变量 x 的每一个使用，它的使用-定值链是一张列表，此表记录着能够到达该使用的 x 的所有定值。从技术上讲，使用-定值链并不能加快数据流分析，但是能够更高效地实现那些需要分析结果的优化算法。

第 4 章讨论了静态单赋值形式，静态单赋值形式可看成使用-定值链的一种特例，静态单赋值形式中的使用-定值链中最多只有一个元素，因为每个变量只有唯一的定值。这个性质使得编译器在静态单赋值形式上进行优化会更加高效。

表示活跃分析结果的一种方法是利用定值-使用链，即每一个定值有一张表，此表记录着该定值的所有可能的使用。

5. 工作表算法

在基于迭代求解的算法中，只要 repeat-until 循环的一次迭代中有任意一个 out 集合发生改变,则所有的方程都需要重新计算,这在很多情况下比较低效,因为大多数方程也许并没有在此次迭代中继续改变。

工作表算法是对基本迭代算法的改进,工作表的核心步骤是记录需要重新计算的 out 集合。只要节点 n 必须重新计算,并且它的 out 集合发生了改变,那么 n 的所有后继节点都将放到工作表中(如果后继节点不在表中的话)。算法 22 以计算到达定值为例,说明了工作表的具体方法。当从工作表 W 中取出一个节点 n 进行处理时,如果所选择的节点是 sorted 数组中最早出现的节点,则工作表算法将收敛得更快。

算法 22　到达定值的工作表算法

```
 1.  W = 所有节点的集合
 2.  while  W 不为空 do
 3.      n = 从 W 中移除的节点
 4.      old = out[n]
 5.      in =  ∪  out[p]
              p∈ pred[n]
 6.      out[n] = gen[n] ∪ (in - kill[n])
 7.      if old ≠ out[n] then
 8.          for n 的每个后继节点  s do
 9.              if s ∉ W then
10.                  将 s 加入 W
```

6. 增量式数据流分析

利用数据流分析的结果,优化器能够执行各种程序转换:移动、修改或删除指令,并且这些优化可以具有以下级联效果。

(1) 删除死代码 $a=b\oplus c$ 可能导致以前的代码 $b=x\oplus y$ 变成死代码。

(2) 删除一个公共子表达式可能会产生另一个可以被删除的公共子表达式。例如程序:

```
x = b + c
y = a + x
u = b + c
v = a + u
```

当 $u=b+c$ 被替换成 $u=x$ 后,复写传播将 $a+u$ 改变成 $a+x$,这样就又出现了一个能够被删除的公共子表达式。

根据这个事实,基于数据流的优化器的一种简单的组织方法是,首先,执行全局的数据流分析,其次,做所有可能的基于数据流的优化,再次重复进行全局数据流分析,最后执行优化,如此迭代反复,直到不能发现更多的优化为止。

通常情况下迭代过程最多执行两三次即可终止,但在最坏的情况下,迭代可能进行很多次。考虑语句 $z=a_1+a_2+a_3+\cdots+a_n$,其中 z 是死代码,该语句被翻译成如下三地址代码:

```
x₁ = a₁ + a₂
x₂ = x₁ + a₃
    ...
x_{n-2} = x_{n-3} + a_{n-1}
z = x_{n-2} + a_n
```

第一轮死代码删除优化移除对 z 的定值,下一轮活跃分析判断出 x_{n-2} 是死代码,然后死代码删除优化再移除 x_{n-2},以此类推,编译器共计需要 n 轮分析和优化才能删除 x_1。

为了避免这种最坏情况降低编译效率,编译器可以采取以下几种策略。

(1) 设定截止阈值:使分析和优化的执行次数不超过 k 次(例如可取 k 为 3)。尽管这种做法未必能取得最优编译结果,但至少可以保证编译能在合理的时间内结束。

(2) 级联分析:设计一种新的数据流分析,能够预测将要执行的优化的级联效果。

(3) 增量数据流分析:当优化器对程序进行某种转换时(这种转换可能会使数据流信息无效),优化器并不抛弃原来的数据流信息,而是对它进行"修订"。

接下来,讨论级联分析的一个重要实例:值编号(value numbering),它只需执行一遍,就能找到一个基本块内所有的级联的公共子表达式。

该算法维护一张表 T,此表将变量映射为值编号,也将形如(值编号,操作符,值编号)的三元组映射为值编号。为了提高效率,应该用哈希表来实现 T。此外,算法还需要一个全局编号 N,用于统计迄今为止已见到了多少个不同的值。

利用 T 和 N,值编号算法(参见算法 23)从头到尾扫描基本块的四元式。当看到表达式 b+c 时,它会查找 b 的值编号和 c 的值编号。然后在 T 中查找 hash(nb,+,nc),如果找到了,则意味着 b+c 重复了较早时候的计算,将 b+c 标记为可删除的,并且使用以前计算的结果。如果没有找到,则 b+c 继续保留在程序中,同时也将它加入哈希表中。

算法 23 值编号算法

```
1.  T = empty
2.  N = 0
3.  for 块中的每个四元式 a = b ⊕ c do
4.      if (b↦k) ∈ T 对于某个 k then
5.          n_b = k
6.      else
7.          N = N + 1
8.          n_b = N
9.          将 b↦n_b 放入 T 中
10.     if 对于某个 k, 有 (c↦k) ∈ T then
11.         n_c = k
12.     else
13.         N = N + 1
14.         n_c = N
15.         将 c↦n_c 放入 T 中
16.     if 对于某个 m, 有 ((n_b, ⊕, n_c)↦m) ∈ T then
17.         将 a↦m 放入 T 中
18.         将这个四元式 a = b ⊕ c 标记为公共子表达式
19.     else
20.         N = N + 1
21.         将 (n_b, ⊕, n_c)↦N 放入 T 中
22.         将 a↦N 放入 T 中
```

5.3　别名分析

如果两个变量指向同一个内存单元,则它们称为别名(alias);编译器对别名变量进行的分析称为别名分析(alias analysis)。例如,对如下的示例程序:

```
M[p] = 5;
M[q] = 7;
a = M[p];
```

希望到达定值分析指出只有 M[p]的一个定值(即 5)到达了 a 的定值点。但是问题在于无法确定另一个变量(此处为 q)是否是 p 的别名,即变量 q 和 p 是否指向同一个内存地址,如果是,就只有定值(7)能够到达 a。

类似地,如果下面的程序采用引用方式传递参数:

```
void f( int &i, int &j){
    i = 5;
    j = 7;
    return i;
}
```

那么当用 f(x,x)来调用函数 f 时,到达定值分析必须结合别名分析,才能确定 i 可能和 j 是同一个变量这一事实。

一般地,程序中有可能会有别名的变量包括:

(1) 作为传地址参数的变量;

(2) 取了其地址的变量;

(3) 析取指针的左值表达式;

(4) 显式带下标的数组左值表达式;

(5) 内层嵌套过程中使用的变量。

本节讨论的别名分析有两点要注意:第一,本节描述的别名分析只考虑临时变量的值,而不考虑逃逸变量(逃逸变量是被取地址的变量,因此它们必须位于内存中);第二,本节讨论的是可能别名关系(may-alias),即如果程序运行时,变量 p 和 q 可能指向相同的内存地址,则 p 和 q 就是可能别名。在大多数数据流分析中,静态(编译时)信息不可能完全精确,因此可能别名关系是保守的,即如果不能证明 p 绝对不是 q 的一个别名,就说 p 和 q 是可能别名。接下来,为简单起见,经常将可能别名简称为别名。

5.3.1　基于类型的别名分析

对于强类型语言,如果两个变量具有不一致的类型,那么它们不可能是同一存储空间的不同名字,因此可以利用类型信息来指导可能别名关系的构建。另外,在这些语言中,程序员不能显式地使指针指向一个局部变量,也可以利用这一点进行别名分析。

　　根据变量类型将程序使用的所有存储空间划分为一些不相交的集合,这些集合称为别名类(alias class)。别名类的计算涉及类型,而编译器语义分析之后的阶段对类型一无所知,因此必须在语义分析阶段计算并保存足够多的类型信息,供编译器的后续程序分析和优化使用。

5.3.2　基于流的别名分析

　　除了基于类型的别名类外,还可以基于创建点构造别名类。在下面的程序中:

```
int * p, * q;
int h, i;
p = &h;
q = &i;
* p = 0;
* q = 5;
a = * p;
```

即使 p 和 q 的类型相同,也知道它们指向的是不同的记录。因此,赋给 a 的一定是 0,定值 * q=5 不会影响 a。

　　为了能自动识别出这些区别,需要为每个创建点构造一个别名类。也就是说,对每个分配记录的不同语句(即在 C 中每次调用 malloc 或在 Java 中每次调用 new),都构造一个新的别名类。此外,每个不同的被取了地址的局部或全局变量都属于同一个别名类。

　　指针(或传地址的参数)可以指向多个变量,这些变量可以属于不同的别名类。例如以下程序:

```
1.  p = new List();
2.  q = new List();
3.  if(a == 0)
4.    p = q;
5.  p.head = 4;
```

其中第 5 行,q 只能指向别名类 2,但是 p 指向的别名类既有可能是 1,也有可能是 2,具体取决于 a 的值。

　　因此,编译器必须给每个内存单元关联一组别名类,而不是只关联某一个别名类。第 2 行后,得到了信息 p $\mapsto$ {1},q $\mapsto$ {2};第 4 行后,有 p $\mapsto$ {2},q $\mapsto$ {2}。但是当控制流的两条分支汇合时(上述程序中,包括控制边 3→5 和 4→5),必须合并别名类信息,于是在第 5 行后,有 p $\mapsto$ {1,2},q $\mapsto$ {2}。

　　数据流算法处理形如(t,d,k)的元组集合,其中 t 为变量,d 为程序位置(记录的分配点),d 和 k 一起表示在位置 d 分配的记录的第 k 个域的所有实例的别名类。如果 t－k 在语句 s 的开始可能指向别名类为 d 的一个记录,集合 in[s]就包含了(t,d,k)。

　　这里不使用 gen 和 kill 集合,而是使用一个转移函数(transfer function):如果 A 是语句 s 的入口处的别名信息(元组集合),则 trans$_s$(A)是语句 s 的出口处的别名信息。不同类型四元式的转移函数的定义如表 5-5 所示。

表 5-5　别名流分析的转移函数

语句 s	$\text{trans}_s(A)$
t＝b	$(A-\Sigma_t) \cup \{(t,d,k) \mid (b,d,k) \in A\}$
t＝b＋k（k 为常量）	$(A-\Sigma_t) \cup \{(t,d,i) \mid (b,d,i-k) \in A\}$
t＝b⊕c	$(A-\Sigma_t) \cup \{(t,d,i) \mid (b,d,j) \in A \vee (c,d,k) \in A\}$
t＝M[b]	$A \cup \Sigma_t$
M[a]＝b	A
if(a⊖b,L_1,L_2)	A
goto L	A
L:	A
f(a_1,a_2,…,a_n)	A
d: t＝allocRecord(a)	$(A-\Sigma_t) \cup \{(t,d,0)\}$
t＝f(a_1,a_2,…,a_n)	$A \cup \Sigma_t$

初始集合 A_0 包括(FP,frame,0),frame 是当前函数的所有分配在栈帧上的变量的特殊别名类。

使用缩写 Σ_t 表示所有元组(t,d,k)的集合,其中 d、k 是其类型和变量 t 一致的任意记录域的别名类。让编译器前端配合,由它为每个变量 t 提供一个"小的"t 集合,可以使得这种分析更为精确。

别名流分析的集合方程组是

$$\text{in}[s_0]=A_0,\text{其中 } s_0 \text{ 是起始节点}$$
$$\text{in}[n]=\bigcup_{p \in \text{pred}[n]} \text{out}[p]$$
$$\text{out}[n]=\text{trans}_n(\text{in}[n])$$

可以像通常一样用迭代方法求解此方程组。最后,如果存在 d,k 使(p,d,k)∈in[s] 并且(q,d,k)∈in[s],就说 p 在语句 s 中可能与 q 别名。

5.3.3　别名信息的使用

给定可能别名关系,可以将每个别名类作为数据流分析中的一个"变量"来对待,就像到达定值和可用表达式中的变量一样。

以可用表达式为例,修改表中的一行,设置 gen 和 kill 集合,如表 5-6 所示。

表 5-6　修改后的集合

语句 s	gen[s]	kill[s]
M[a]＝b	{}	{M[x] | a 在语句 s 可能与 x 别名}

现在分析下面的程序片段:

```
1. u = M[t]
2. M[x] = r
3. w = M[t]
4. b = u + w
```

没有别名分析时,由于不知道 t 和 x 是否相关,因此会假定第 2 行的存储指令可能会杀死 M[t]的可用性。但是假设别名分析已判断出在语句 2 中 t 不可能和 x 别名,则在第 3 行中 M[t]仍是可用的,于是,可以将它作为公共子表达式删除。经复写传播后,得到:

```
1. z = M[t]
2. M[x] = r
3. b = z + z
```

上面讨论的是过程内的别名分析,过程间的别名分析有助于分析函数调用指令的作用。例如,在下面的程序中:

```
1.  t = fp + 12
2.  u = M[t]
3.  f(t)
4.  w = M[t]
5.  b = u + w
```

如果函数 f 会修改 M[t],则 M[t]在第 4 行就不是可用的了;否则,M[t]在第 4 行就是可用的。

5.4 过程间分析及优化

过程间分析和优化可以跨越函数边界,进行多个函数的分析和优化。本节将讨论进行过程间分析和优化的主要技术。

5.4.1 分析

有两方面的原因可能导致过程调用低效:一是单过程分析和优化中信息的缺失,这是由分析和变换区域中函数调用引起的;二是为维护过程调用的固有抽象而引入的特定开销。引入过程间分析是为解决由第一个原因引起的过程调用低效。

1. 调用图

编译器在过程间分析中必须解决的第一个问题是构建调用图(call graph)。在最简单的情况下,每个函数调用位置处被调用的函数的名称均由字面常量确定,如在函数调用"call foo(x,y,z)"处,被调用函数的名称为 foo,编译器将创建一个名为 foo 的调用图节点。编译器会为程序中的每个函数创建一个调用图节点,并针对每个调用位置向调用图添加一条边。这一过程花费的时间与程序中的函数数目和调用位置数目成正比。

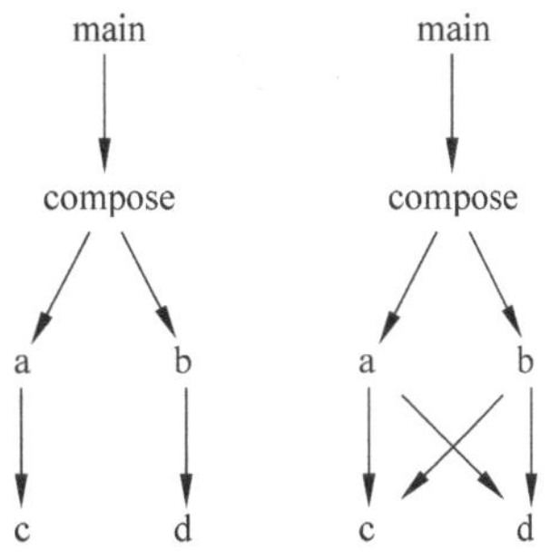

源语言特性可能增加构建调用图的难度。例如,考虑下面的程序,其精确调用图如图 5-8(a)所示。

int compose(int f(), int g())

图 5-8 构建具有函数值参数的调用图

```
        return f(g);
    int a(int z())
        return z();
    int b(int z())
        return z();
    int c()
        return … ;
    int d()
        return … ;
    int main(int argc, char * argv[])
        return compose(a, c) + compose(b, d);
```

1) 值为过程的变量

如果程序使用值为过程的变量,则编译器必须分析代码,以估计在每个调用值为过程的调用位置上,潜在被调用者的集合。编译器可以从由使用显式字面常数的调用指定的图开始构建。接下来,它可以跟踪函数值围绕调用图的这个子集的传播,并在需要处添加边。

编译器可以使用全局常量传播的一种简单模拟将函数值从过程入口处传递到使用函数值的调用位置,并在其间使用集合并运算。

正如上述代码所示,直接分析可能会高估调用图的边集。该代码调用 compose 函数计算 a(c) 和 b(d)。但是,简单分析将得出的结论是 compose 中的形参 g 可以接收 c 或 d 作为实参,因此程序形成的复合函数可能是 a(c)、a(d)、b(c)、b(d) 中的任何一个,如图 5-8(b) 所示。为构建精确的调用图,编译器必须跟踪沿同一路径共同传递的参数的集合。接下来,算法可以单独处理每个集合以推导精确的调用图。另外,算法还可以把每个值迁移的代码路径标记到值上,并使用路径信息来避免向调用图添加不合逻辑的边,如 (a, d) 或 (b, c)。

2) 根据上下文解析的名字

一些语言允许程序员使用根据上下文解析的名字。在具有继承层次结构的面向对象语言中(如 Java),方法名到具体实现的绑定依赖于接收对象(receiver)所属的类,还有相关继承层次结构的状态。如果在编译器进行分析时,继承层次结构和所有过程都已经固定下来,那么编译器可以使用针对类结构的过程间分析尽量减小任何给定调用位置上可调用的方法的集合。对于调用位置处可调用的每个过程或方法,编译器都必须向调用图中添加一条边。

如果语言允许程序在运行时导入可执行代码或新的类定义,则编译器必须构建一个保守的调用图,以反映每个调用位置处所有潜在被调用者的全集。为此,编译器可在调用图中构建一个节点表示未知过程,并对其赋予最坏情形的性质。

如果编译器能够减少可能调用多个过程位置的数目,那么它就能够减少调用图的边(对应于运行时不可能存在的调用),从而提高调用图的精度。更重要的是,在任何调用位置,只要其调用目标的范围能够缩小到只有一个被调用者,那么它就可以实现为一个简单调用。而调用目标包括多个可能被调用者的调用位置,这可能需要在运行时查找,以便将调用分派到具体实现。

在过程内分析中,假定控制流图具有单入口和单出口,如果过程具有多个返回语句,则添加一个人造的出口节点。在过程间分析中,语言特性可能导致类似的问题。例如,Java语言支持初始器(initializer)和终结器(finalizer)。Java 虚拟机会在加载并校验某个类之后调用该类的初始器,并在为对象分配空间之后且返回对象的哈希值之前,调用对象的初始器。

2. 过程间常量传播

过程间常量传播会随着全局变量和参数在调用图上的传播,跟踪其已知常数值,这种跟踪会穿越过程体并跨越调用图的边。过程间常量传播的目标在于发现过程总是接收已知常量值或发现过程总是返回已知常量值的情形。当分析发现这样的常量时,编译器可以对与该值相关的代码进行专门化处理。

过程间常量传播由 3 个子问题组成:发现常量的初始集合、面向调用图传播已知的常数值以及对值穿越过程的传播进行建模。

分析程序必须在每个调用位置识别出哪些实参具有已知的常数值。有大量技术可实现这一目标。最简单的方法是识别用作参数的字面常数值。一种更有效、代价更高的技术是:使用一个全局常量传播算法识别值为常量的参数。

给定常量的初始集合,分析程序需要跨越调用图的边并穿越过程(从入口点到过程中的每个调用位置)传播常数值。这部分分析类似于迭代数据流算法。但与更简单的问题,如活动变量或可用表达式相比,其使用的迭代数目将显著增多。

分析程序每次处理调用图节点时,都必须判断在过程入口点处已知的常数值是如何影响过程中各个调用位置处已知的常数值集合的。为此,编译器需要为每个实参建立一个小模型,名为跳跃函数(jump function)。具有 n 个参数的调用位置 s 会有一个跳跃函数向量 $\mathcal{J}_s = (\mathcal{J}_s^a, \mathcal{J}_s^b, \mathcal{J}_s^c \cdots, \mathcal{J}_s^n)$,其中 a 是被调用者中的第一个形参,b 是第二个形参,以此类推。这些形参是包含 s 的过程 p 的形参,每个跳跃函数 $\mathcal{J}_s^x$ 都依赖于它们的某个子集的值,将该集合记作 $\mathrm{Support}(\mathcal{J}_s^x)$。

现在假定 $\mathcal{J}_s^x$ 由一个表达式树组成,该表达式树的叶节点都是调用者的形参或字面常数。要求对于任何 $y \in \mathrm{Support}(\mathcal{J}_s^x)$,如果 Value(y) 为 T,则返回 T。

算法 24 用于处理跨越调用图的过程间常量传播。该算法将字段 Value(x) 关联到每个过程 p 的每一个形参 x。算法假定每个形参都具有唯一的名字或完全限定名。在初始化阶段,编译器将所有 Value 字段都设置为 T。接下来,算法遍历程序中每个调用位置 s 处的每个实参 a,将 a 对应的形参 f 的 Value 字段更新为 Value(f) $\wedge$ $\mathcal{J}_s^f$,并将 f 添加到 Worklist。这一步骤将跳跃函数表示的初始常量集合分解为多个 Value 字段,并设置 Worklist 使之包含所有的形参。

第二阶段,编译器重复地从 Worklist 中选择一个形参并传播它。为传播过程 p 的形参 f,分析程序会找到 p 中每个调用位置 s,以及每一个满足 $f \in \mathrm{Support}(\mathcal{J}_s^x)$ 的形参 x(对应于调用位置 s 的某个实参)。算法对 $\mathcal{J}_s^x$ 求值并将其合并到 Value(x)。如果这使 Value(x) 发生改变,则算法将 x 添加到 Worklist。用于实现 Worklist 的数据结构应该具有某种性质

（如稀疏集），使得只允许 x 的一个副本出现在 Worklist 中。

算法 24　过程间常量传播算法

---

1. // 初始化
2. Worklist = Φ
3. for 程序中的每个过程 p do
4. 　　for p 的每个形参 f　do
5. 　　　　Value(f) = T
6. 　　　　Worklist = Worklist ∪ { f }
7. for 程序中的每个过程调用位置 s do
8. 　　for 调用位置 s 处的每个实参 a 对应的形参 f do
9. 　　　　Value(f) = Value(f) ∧ $\mathcal{J}_s^f$
10. // 迭代到不动点
11. while Worklist ≠ Φ do
12. 　　从 Worklist 中选择一个形参 f
13. 　　// 更新依赖于 f 的每一个参数的值
14. 　　for 过程 p 中的每个调用位置 s 和每个满足 f ∈ Support($\mathcal{J}_s^x$) 的形参 x do
15. 　　　　t = Value(x)
16. 　　　　Value(x) = Value(x) ∧ $\mathcal{J}_s^x$
17. 　　　　if Value(x) < t then
18. 　　　　　　Worklist = Worklist ∪ {x}
19. for 每个过程 p do
20. 　　CONSTANTS(p) = Φ
21. 　　for p 的每个形参 f do
22. 　　　　if Value(f) = ⊤ then
23. 　　　　　　Value(f) = ⊥
24. 　　　　if Value(f) ≠ ⊥ then
25. 　　　　　　CONSTANTS(p) = CONSTANTS(p) ∪{(f ,Value(f))}

算法的第二阶段之所以会停止，是因为每个 Value 至多能取到 3 个格值：⊤、某个 c 和 ⊥。变量 x 只能在计算出其初始 Value 时或其 Value 改变时进入 Worklist。因此每个变量 x 至多只能出现在 Worklist 上 3 次。因而，改变的总数是有限的，迭代最终会停止。在算法的第二阶段停止之后，会有一个后处理步骤来构建每个过程入口处已知的常量集合。

跳跃函数可以通过简单的静态近似实现，也可以通过小的参数化模型实现，还可以通过比较复杂的方案实现，即在每次对跳跃函数求值时进行广泛分析。在上述任何一种方案中，有几个原则都是成立的：如果分析程序判断调用位置 s 处的参数 x 是一个已知常量 c，那么$\mathcal{J}_s^x$=c 且有 Support($\mathcal{J}_s^x$)=Φ；如果 y∈ Support($\mathcal{J}_s^x$)且 Value(y)=⊤，那么 $\mathcal{J}_s^x$=⊤；如果分析程序判断的值是无法确定的，那么$\mathcal{J}_s^x$=⊥。例如，如果 Support($\mathcal{J}_s^x$) 包含一个从文件中读取的值，则$\mathcal{J}_s^x$=⊥。

分析程序可以用许多方法实现$\mathcal{J}_s^x$。简单的实现方案：仅当 x 是包含 s 的过程中的一个形参的静态单赋值形式名时才传播常量。较为复杂的方案可以建立由形参和字面常数的静态单赋值形式名组成的表达式。

算法 24 只沿调用图的边正向传播值为常数的实参。可以用一种直截了当的方法扩展该算法,以处理过程中具有全局作用域的返回值和变量。

既然算法可以建立跳跃函数来模拟值从调用者流动到被调用者,那么它也可以构建回跳函数(return jump function)来模拟值从被调用者返回到调用者。回跳函数对于初始化值的例程特别重要,无论是 FORTRAN 中由公用块填写数据,还是 Java 中为对象或类设置初始值的操作。算法可以用处理普通跳跃函数的方式来处置回跳函数。但要注意的情况是,实现必须避免创建回跳层数的环,这种情况会导致脱节(例如,对于出现尾递归的过程)。

为扩展算法使之涵盖更大的一类变量,编译器只需用一种适当的方法简单地扩展跳跃函数向量。扩展变量集合将增加分析的代价,但有两个因素可以减少代价。首先,在构建跳跃函数时,分析程序可以注意到其中许多变量没有一个能够轻易模拟的值。算法可以将这些变量映射到一个返回 ⊥ 的通用跳跃函数,从而避免将这些变量置于 Worklist 上。其次,对于可能有常数值的变量来说,格的结构确保了它们至多在 Worklist 上出现两次,因而算法仍然运行得很快。

5.4.2　优化

过程调用将一个程序划分为多个过程,对于编译器生成高效代码的能力具有正反两方面的影响。从正面来看,它限制了编译器在任一时刻需要考虑的代码数量,这使得编译时数据结构保持在比较小的尺寸上,同时通过对问题规模的约束也限制了各种编译时算法的代价。从负面来看,将程序划分为过程,限制了编译器理解被调用过程内部行为的能力。

由过程调用引入的低效性的第二个主要来源是,对每个调用来说,调用者中必定执行一个调用前代码序列和一个返回后代码序列,同时被调用者中必定要执行一个起始代码序列和一个收尾代码序列。实现这些代码序列的操作是要花费时间的,且这些代码序列之间的转移需要跳转(可能是破坏性的)。在一般情形下,这些操作都是为实现源语言中的抽象而引入的开销。但对于任何特定调用来说,编译器也许能对这些代码序列或被调用者进行某种改进,使之适应局部运行时环境并实现更好的性能。

过程调用对于编译时支持和运行时操作的这些影响,会引入过程内优化无法解决的低效性。为减少独立过程引入的低效性,编译器可以使用过程间分析和优化技术,同时对多个过程进行分析和变换。

本节将介绍两种不同的过程间优化技术:过程调用的内联替换和过程置放。因为全程序优化要求编译器能够访问被分析和变换的代码,对编译器结构有一些隐含的要求,所以本节最后将探讨在包含过程间分析和优化机制的编译器系统中会出现的结构性问题。

1. 内联替换

编译器为实现过程调用而必须生成的代码涉及很多操作。生成的代码必须分配一个活动记录、对每个实参求值、保存调用者的状态、创建被调用者的环境、将控制从调用者转移到被调用者(以及与之对应的反向转移)以及把返回值从被调用者传递给调用者。在某种意义上,这些运行时活动是使用编程语言的一部分固有开销,它们维护了编程语言本身的抽象,但严格来说,这些抽象对于结果的计算并不是必需的。优化编译器试图减少此类开销的代价。

有时候,编译器可以通过将被调用者过程体的副本替换到调用位置上,并根据具体调用位置进行适当的调整,来提高最终代码的效率。这种变换称为内联替换(inline substitution)。内联替换是一种变换,它将一个调用位置替换为被调用者过程体的一个副本,并重写代码以反映参数的绑定。内联替换能够避免大部分过程链接代码,还可以根据调用者的上下文,对被调用者过程体的新副本进行调整。因为该变换代码从一个过程移动到另一个过程中,还会改变程序的调用图,所以内联替换是一种过程间变换。

类似于许多其他优化,内联替换很自然地划分为两个子问题:实际的变换和选择需要内联的调用位置的决策过程。变换本身相对简单,决策过程更为复杂且对性能有直接影响。

1) 变换

为进行内联替换,编译器需要用被调用者过程体重写一个调用位置,同时需要适当修改过程体副本,以模拟参数绑定的效果。图 5-9 给出了两个过程 fee 和 fie,二者都调用了另一个过程 foe。图 5-10 描述了将 fie 中对 foe 的调用进行内联之后的控制流。编译器已经创建了 foe 的一个副本并将其移动到 fie 内部,将 fie 中的调用前代码序列直接连接到 foe 副本的起始代码序列,同时用类似的方式将 foe 副本的收尾代码序列直接连接到 fie 中的返回后代码序列。由此生成的代码中,一部分基本程序块是可以合并的,可通过后续的优化继续改进代码。

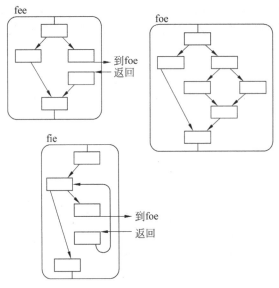

图 5-9　内联替换之前

当然,编译器必须使用一种能够表示内联过程(Inlined Procedure)的中间形式。一些源语言结构能够导致结果代码中出现任意且罕见的控制流结构。例如,如果被调用者带有多个过早的返回语句,则会产生一个复杂的控制流图。类似地,FORTRAN 交错返回

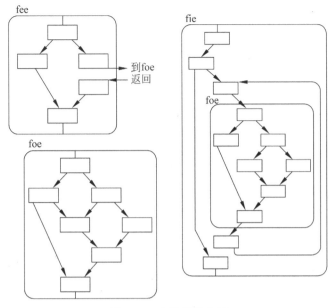

图 5-10   内联替换之后

(alternate return)结构允许调用者向被调用者传递标号,然后被调用者可以使控制返回到这些标号中的任何一个。但不论是哪种情况,最终产生的控制流图可能都很难接近源代码的抽象语法树。

在实现时,编译器编写者应该注意局部变量的"增殖"问题。一个简单的实现策略可能会在调用者中为被调用者中的每个局部变量分别创建一个与之对应的新的局部变量。如果编译器内联了几个过程,或在几个调用位置内联了同一被调用者,那么局部命名空间可能会变得相当庞大。虽然命名空间的增长并不导致正确性问题,但它可能会增加对变换后代码进行编译的代价,有时候也会损害最终代码的性能。关注这一细节,就可以轻易避免该问题,只需让跨越多个内联的被调用者重用名字即可。

2）决策过程

选择对哪些调用位置进行内联是一个复杂任务。内联一个给定的调用位置可能会提高性能,也可能导致性能下降。为做出明智的选择,编译器必须在一个颇为宽泛的范围内考查调用者、被调用者和调用位置的特征。编译器还必须了解其自身的优势和劣势。

通过内联,代码性能改进的主要来源是直接消除一部分操作,以及提高其他优化的有效性。在剔除了一部分链接代码序列后会出现前一种效应。例如,可以去掉寄存器保存和恢复代码,而由寄存器分配器做出这方面的决策。来自调用者的知识还可用于证明被调用者内部的其他代码是死代码或无用代码。而后一种效应则源自为全局优化提供了更多的上下文信息。

内联替换导致性能降低的主要来源是对结果代码进行代码优化的有效性降低。内联被调用者会增加代码长度和命名空间规模。这会导致在原来的调用位置附近对寄存器需求的增加。而消除寄存器保存和恢复代码则改变了寄存器分配器"眼中"的问题。实际上，这些效应中的任何一项都可能导致优化有效性的下降。

体系结构中的改变，比如更大的寄存器集合，可能导致过程调用代价增加。这些改变进而又使得内联更具吸引力。

在每个调用位置上，编译器必须决定是否内联该调用。使问题进一步复杂化的是，一个调用位置上所做的决策会影响到其他调用位置上的决策。例如，如果 a 调用 b，b 又调用 c，则选定将 c 内联到 b 中不仅会改变内联到 a 中的过程的特征，还会改变底层程序的调用图。此外，必须从整个程序的角度来考虑内联带来的一些效应，如代码长度的增长，但编译器编写者可能想要限制代码的总长度。

内联替换的决策过程会在每个调用位置根据多条准则来考查，其中包括如下几条：

（1）被调用者规模。如果被调用者的代码长度小于过程链接代码（调用前代码序列、返回后代码序列、起始代码序列、收尾代码序列），那么内联此类被调用者应该会减少代码长度，实际执行的操作数也会减少。这种情况经常出现。

（2）调用者规模。编译器可能会限制任何过程的总长度，以缓解编译时间的增加和优化有效性的降低。

（3）动态调用计数。与对很少执行的调用位置进行同等改进相比，对频繁执行的调用位置进行改进，能够提供更大的收益。实际上，编译器会使用剖析数据或简单估算来对调用位置的执行次数进行计数。

（4）常数值实参。在调用位置处使用具有已知常数值的实参，会产生一种对代码进行改进的潜在可能性：将这些常数合并到被调用者的过程体中。

（5）静态调用计数。编译器通常会跟踪调用同一过程的不同调用位置的数目。只从一个调用位置处被调用的过程可以安全地内联而不会带来代码长度的增长。编译器在进行内联操作的同时应该更新这个度量数据，以检测因内联替换的进行而减少到只余一个调用位置的那些过程。

（6）参数计数。参数的数目可以充当过程链接代价的一种表示，因为编译器必须生成代码以对每个实参求值并存储。

（7）过程中的调用。跟踪过程中调用的数目，这提供了一种很容易的方法来检查调用图中的叶节点，即不包含调用的过程，称为叶过程，它通常是良好的内联候选者。

（8）循环嵌套深度。循环中的调用位置，比循环以外的调用位置执行得更为频繁。它们还破坏了编译器将循环作为单个单元进行调度的能力。

（9）占执行时间的比例。根据剖析数据计算每个过程占执行时间的比例，可以防止编译器内联那些对性能影响不大的例程。

2. 过程置放

给定一个程序的调用图，其中标注了每个调用位置测量或估算的执行频度，需要重排各个过程以减小虚拟内存工作集的规模，并限制调用引起指令高速缓存中冲突的可能性。

如果过程 p 调用 q，则希望 p 和 q 占用相邻的内存位置。

为解决这个问题,可以将调用图当作可执行代码中各个过程相对位置上的一组约束来处理。调用图的每条边(p,q)规定了可执行代码中应该存在的一组相邻关系。遗憾的是,编译器无法满足全部相邻关系。例如,如果 p 调用 q、r 和 s,则编译器无法将后三者都放置到与 p 相邻的位置上。因而,编译器执行过程置放时,倾向于使用一种贪婪算法来寻找一种良好的置放方式,而非试图计算最优置放方式。

采用过程置放算法建立过程链,可以使用位于过程链中部的过程之间的边,因为该算法的目标就是使各个过程彼此接近,从而减小工作集规模并减少对指令高速缓存的干扰。如果 p 调用 q,且从 p 到 q 的距离小于指令高速缓存的容量,那么这种置放方式就是成功的。

过程置放由两个阶段组成:分析和变换。分析阶段在程序的调用图上运作。算法重复地在调用图中选择两个节点并合并二者。合并的次序由执行频度数据驱动,频度数据是测量或估算而来的。合并的次序决定了最终的代码布局。变换阶段比较直接,此时只需按照分析阶段选择的次序重排各个过程的代码即可。

算法 25 给出了一个用于过程置放分析阶段的贪婪算法。

算法 25　过程置放算法

```
 1. 初始化工作
 2. 构建调用图 G
 3. 初始化优先队列 Q
 4. for 图 G 中的每条边 (x, y) do
 5.     if (x == y) then
 6.         从 G 中删除 (x, y)
 7.     else
 8.         weight((x, y)) = 边 (x, y) 的估算执行频度
 9. for 图 G 中的每个节点 x do
10.     list(x) = {x}
11.     if 从 x 到 y 存在多条边 then
12.         合并它们和它们的权重
13.     for 图 G 中的每条边 (x, z) do
14.         Enqueue(Q, (x, z), weight((x, z)))
15. //以迭代方式建立过程置放的一种次序
16. while Q 不为空 do
17.     (x, y) = Dequeue(Q)
18.     for 图 G 中的每条边 (y, z) do
19.         ReSource((y, z), x)
20.     for 图 G 中的每条边 (z, y) do
21.         ReTarget((z, y), x)
22.     将 list(y) 追加到 list(x)
23.     从图 G 中删除 y 和与之相连的边
```

该算法在程序的调用图上运作,按估算的执行频度次序来考查调用图中的各条边,从而以迭代方式构建一种置放方式。算法在第一步建立调用图,为各条边分配与估算的执行频度相对应的权重,然后将两个节点之间的所有边合并为一条边。作为初始化工作的最后一部分,算法为调用图的边建立一个优先队列,按边的权重排序。

算法的后半部分以迭代方式建立过程置放的一种次序。该算法将调用图中的每个节点关联到过程的一个有序表。这个表规定了各个有名字过程之间的一种线性序。在该算法停止时,这个表规定了各个过程上的一个全序,可利用该全序在可执行代码中置放各个过程。

算法使用调用图中各条边的权重来引导这一处理过程。它重复地从优先队列中选择权重最高的边,假定为(x,y),并合并边的源(source)x 和目标(sink)y。接下来,算法必须更新调用图以反映这种变化:

(1) 算法对每条边(y,z)调用 ReSource,将(y,z)替换为(x,z)并更新优先队列。如果边(x,z)已经存在,则 ReSource 将二者合并。

(2) 算法对每条边(z,y)调用 ReTarget,将(z,y)替换为(z,x)并更新优先队列。如果边(z,x)已经存在,则 ReTarget 将二者合并。

为使过程 y 放置到 x 之后,算法将 list(y)追加到 list(x)。最后,算法从调用图中删除 y 和与之相连的边。

该算法在优先队列为空时停止。在最终形成的图中,每个节点都与原始调用图中的某个连通分量一一对应。如果从表示程序入口点的节点出发可以到达调用图中所有的节点,那么最终的图中将只有一个节点。如果某些过程是不可到达的,因为程序中不存在调用这些过程的代码路径,或者这些路径被具有二义性的调用掩盖,那么最终的图中将包括多个节点。不管是哪种情形,编译器和链接器都可以使用与最终的图中各个节点相关联的列表,来规定各个过程的相对置放次序。

为了解过程置放算法的工作方式,考虑图 5-11 画面 0 中给出的示例调用图。P_5 有一条到其自身的边,但是因为环的源和目的相同,所以这种边不影响置换算法。

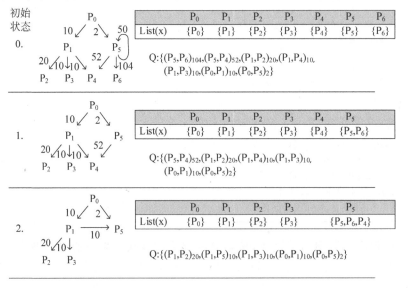

图 5-11   过程置放算法的步骤(1)

　　画面 0 给出了该算法在迭代归约即将开始时的状态。每个节点对应的列表都是平凡的,只包含其自身的名字。优先队列使图中每条边(环除外)根据执行频度排序。

　　画面 1 给出了该算法在 while 循环完成第一次迭代之后的状态。算法将 P_6 坍缩(collapse)到 P_5,并更新对应于 P_5 的列表和优先队列。

　　在画面 2 中,算法已经将 P_4 坍缩到 P_5。它将边(P_1,P_4)的目标重定向到 P_5,并改变了优先队列中对应边的名字。此外,它从图中删除了 P_4 并更新了对应于 P_5 的列表。

　　如图 5-12 所示,其他迭代以类似的方式进行。画面 4 给出了算法合并边的场景。此时,算法将 P_5 坍缩到 P_1,并将边(P_0,P_5)的目标重定向到 P_1。因为(P_0,P_1)已经存在,算法只是合并了新旧两条边的权重,并相应地更新优先队列:删除(P_0,P_5),并改变(P_0,P_1)的权重。

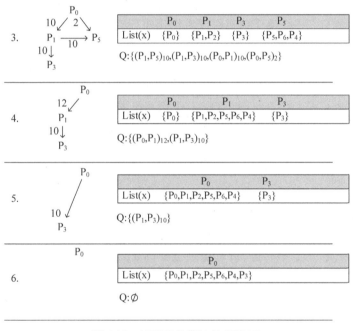

图 5-12　过程置放算法的步骤(2)

　　在各次迭代结束后,调用图已经坍缩到一个节点 P_0。虽然这个例子构建的布局从入口节点开始,但这是由各条边的权重所致,而非算法设计如此。

3. 针对过程间优化的编译器组织结构

　　建立一个跨两个或更多过程进行分析和优化的编译器,可以从根本上改变编译器与其所生成代码之间的关系。程序在输入编译器时,通常划分为多个部分,这些部分通常称为编译单元。对于传统的编译器来说,编译单元可能是单个过程、单个类或单个代码文件,编译生成的结果代码完全取决于对应编译单元的内容。一旦编译器使用关于某个过程的知识来优化另一个过程,则结果代码的正确性同时取决于两个过程的状态。

　　考虑内联替换对优化后代码正确性的影响,假定编译器将 fie 内联到 fee 中,任何后续对 fie 的编辑修改都必将导致重新编译 fee,这是因优化决策而导致的依赖性,而非源代码中暴露的任何关系所致。

如果编译器收集并使用过程间信息,则可能会出现类似的问题。例如,fee 可能调用 fie,fie 又调用 foe。假定编译器需要依赖一个事实:对 fie 的调用不会改变全局变量 x 的已知常量值。如果程序员后来编辑 foe 导致该过程修改了 x,这一改变会使此前对 fee 和 fie 的编译无效,因为优化所依赖的事实已经发生了改变。因而,对 foe 的修改可能导致必须重新编译程序中的其他过程。

为解决这种固有的问题,并使得编译器能够访问其需要的所有源代码,人们提出了能够进行全程序或过程间优化的几种不同的编译器结构:扩大编译单元、在集成开发环境中嵌入编译器以及在链接时进行优化。

(1)扩大编译单元。对于过程间优化引入的实际问题,最简单的解决方案是扩大编译单元。如果编译器只在一个编译单元内考虑优化和分析,且这些单元具有某种一致的划分方式,那么编译器可以规避前文提到的问题。这样,编译器只能分析并优化同时编译的代码,因而无法在编译单元之间引入依赖性,也不需要访问其他编译单元的源代码或相关事实。当然,这种方法限制了过程间优化的机会,它还促使程序员创建较大的编译单元,并将彼此调用的过程群集到一起,这在具有多个程序员的系统中会引入实际问题。即便如此,这种组织方式仍然是有吸引力的,因为它对编译器行为模型的干扰最少。

(2)集成开发环境。如果对编译器组织结构的设计将编译器嵌入一个集成开发环境(Integrated Development Environment,IDE)内部,那么编译器就可以通过 IDE 按需访问源代码。在源代码发生改变时,IDE 可以通知编译器,这样编译器能够确定是否需要重新编译。这种模型将源代码和编译后代码的所有权从开发者移交给 IDE。接下来,IDE 和编译器之间的协作可以确保采取适当的行动来保证一致且正确的优化。

(3)链接时优化。编译器编写者可以将过程间优化转移到链接器中,其中可以访问所有静态链接的代码。为获得过程间优化的收益,链接器可能还需要执行后续的全局优化。因为链接时优化的结果只记录在可执行文件中,而该可执行文件将在下一次编译时丢弃,这种策略绕过了重新编译问题。与其他方法相比,这种方法会执行更多的分析和优化,但它同时具备简单性和正确性。

5.5 循环优化

循环(loop)是一个指令序列,它重复执行直到满足终止条件为止。循环在计算机程序中广泛存在,程序的大部分执行时间用于执行某个循环。因此,专门优化循环的执行效率非常有价值。直观上讲,循环从序列结尾又跳回到序列开始的指令序列。但是为了高效地优化循环,将给出对循环更准确的定义。

控制流图中的循环是一个包含满足以下性质的头节点(header node)h 的节点集合 S:

(1)S 中的每个节点都有一条由通向 h 的有向边构成的路径;

（2）从 h 到 S 中的任意节点，都有一条有向边路径；

（3）除 h 外，不存在任何从 S 外节点到 S 内其他节点的边。

图 5-13 给出了几个循环的示例，其中各例中 1 是头节点。循环的入口（loop entry）节点是有一个前驱位于循环外的节点，循环的出口节点是有一个后继位于循环外的节点。图 5-13（c）、（d）和（e）说明了循环可以有多个出口节点，但是只能有一个入口节点。图 5-13（e）和（f）包含嵌套循环。

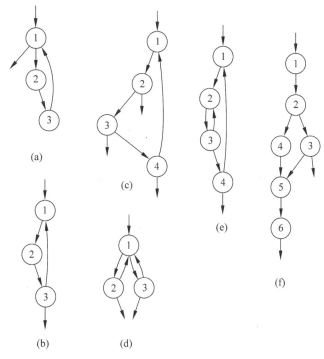

图 5-13 循环示例

图 5-14（a）不包含循环，在强连通部分中的两个节点（2,3）都可以不经过对方而到达。图 5-14（c）中分别包含节点 1、2 和 3 的 3 个图形之间的关系和图 5-14（a）相同，如果重复地删除所有 x 是 y 的唯一前驱的边 x→y，并且合并这一对节点（x,y），则可以看到：删除 6→9,5→4，合并（7,9）、（3,7）、（7,8）、（5,6）、（1,5）、（1,4），就可以得到图 5-14（a）。虚线指出了通过删除边和折叠节点对图 5-14（c）的归约。

不可归约流图（irreducible flow graph）是指这样的图：合并节点和删除边后，在图中可以找到与图 5-14（a）相同的子图。可归约流图（reducible flow graph）是合并后不包含这种子图的流图。在没有这样的子图时，节点的任何环路都只有唯一的头节点。常见的控制流结构，如 if-then、if-then-else、while-do、repeat-until、for 和 break（甚至多级 break）都只能生成可归约流图。因此，Java 的方法或者不带 goto 语句的 C 函数的控制流图，总是可归约的。

可归约流图的优点是许多数据流分析都能在可归约流图上高效进行。此时，不需要使用不动点迭代（即迭代地执行赋值，直到结果不再发生改变），就可以确定出计算这些赋值的顺序,并且提前计算出需要多少次赋值,即不再需要检查是否发生了任何改变。

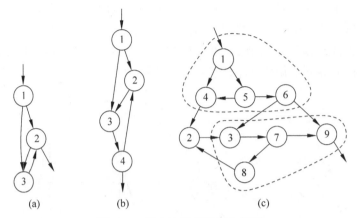

图 5-14　所有流图都不包含循环

5.5.1　循环

图 5-15 展示了一个流图和它的必经节点树。

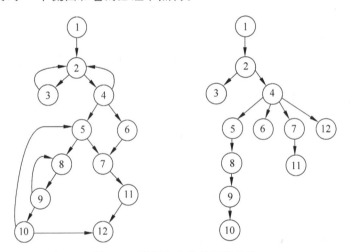

图 5-15　流图和它的必经节点树

流图中从一个节点 n 到它的必经节点 h 的边称为回边,对于每条回边,对应地存在着一个构成循环的子图。回边 n→h,其中 h 是 n 的必经节点,对应的自然循环(natural loop)是由满足下列条件的所有节点 x 组成的集合:x 的必经节点是 h,并且有一条从 x 到 n 的路径不包含 h。这个循环的头(header)是 h。

图 5-15 中流图的回边 10→5 的自然循环包括节点{5,8,9,10},并且内部有一个由节点{8,9}构成的嵌套循环。

如果有多条回边到达节点 h,那么 h 就是多个自然循环的头。在图 5-15 的流图中,3→

2 对应的自然循环由节点{3,2}组成,4→2 对应的自然循环由节点{4,2}组成。

本节讨论的循环优化适用于任何循环,不管循环是否是自然循环,或者是否和其他循环共享一个循环头。但是,因为内层循环占用了大多数程序执行时间,所以通常希望首先优化内层循环。如果两个循环共享一个循环头,就很难判断应将哪一个循环看作内层循环。解决这一问题的通用方法是合并共享同一个头的所有循环。但合并后的循环不一定是一个自然循环。

如果合并图 5-15 中流图的循环头为 2 的两个循环,得到的这个循环将包括节点 2、3、4,该循环不是一个自然循环。

如果 A 和 B 是头分别为 a 和 b 的两个循环,其中 a≠b,并且 b 在 A 中,则 B 的节点是 A 的节点的真子集,就称 B 嵌套在 A 的内部,或者说 B 是内层循环。

可以构建程序中循环的循环嵌套树(loop-nest tree),构建流图 G 的循环嵌套树的过程如下:

(1) 计算 G 的必经节点;

(2) 构建必经节点树;

(3) 找出所有的自然循环,以及所有的循环头节点;

(4) 对每个循环头节点 h,将所有头为 h 的自然循环合并成一个循环 loop[h];

(5) 构建循环头节点 h(以及隐含的循环)的树,如果 h_2 在循环 loop[h_1] 中,则在树中,loop[h_2] 在 loop[h_1] 之下。

这种循环嵌套树的叶子节点是最内层循环。

为了在循环嵌套树中有一个位置放置不属于任何循环的节点,可以将整个过程体看成是一个位于循环嵌套树的根的伪循环。图 5-15 的循环嵌套树如图 5-16所示,循环头(节点 1、2、5、8)位于每个椭圆的上半部,一个循环包括一个循环头(例如节点 5)、同一个椭圆中的所有其他节点(例如节点 10)以及以该椭圆为根的循环嵌套子树中的所有节点(例如节点 8、9)。

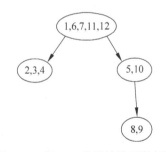

图 5-16　图 5-15 流图的循环嵌套树

许多循环优化需要在紧挨着循环执行之前插入一些语句。例如,循环不变量外提会将一条语句从循环内移动到紧挨循环之前。这些语句应该放在哪里呢?图 5-17(a)举例说明了这个问题:如果想要将语句 s 插入循环之前紧挨着循环的一个基本块中,则需要将 s 同时放到基本块 2 和 3 的末尾。为了有一个统一的位置放置这些语句,在循环外插入了一个新的、初始为空的前置节点(preheader)p 和一条边p→h。所有从循环内的节点 x 到 h 的边 x→h 都不会发生改变,但是所有从循环外节点 y 到 h 的边 y→h 都将重定向到 p。

如果循环中包含语句 t＝a⊕b,并且在循环的每一轮执行中,a 的值都相同,b 的值也相同,那么 t 每次也会具有相同的值,则 t 称为循环不变量(loop invariant)。可以将这个计算提升到循环之外,这样该计算就只需要执行一次,而不是每次迭代都执行。这种优化称为

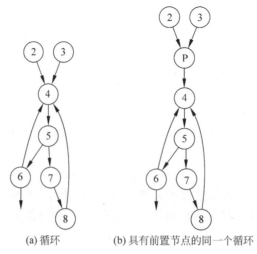

(a) 循环　　　　(b) 具有前置节点的同一个循环

图 5-17　循环及加入前置节点的循环

循环不变量外提（Loop Invariant Code Motion, LICM）。

　　为了静态估计变量 a 的动态值，编译器需要对 a 的值进行保守估计。如果每个操作数 a_i 都满足下列条件之一，则循环 L 中的定值

$$d: t = a_1 \oplus a_2$$

是循环不变量，其中：

　　（1）a_i 是常数；

　　（2）或者所有到达 d 的 a_i 的定值都在循环之外；

　　（3）或者 a_i 只有一个定值 e: $a_i = \cdots$ 到达 d，并且该定值 e 是循环不变量。

　　根据上面的条件，可以给出一个迭代算法来找出循环不变量的定值：首先找出所有操作数是常数或者来自循环之外的定值，然后重复地寻找其操作数都为循环不变量的定值。这是一个典型的不动点算法，可以给出一个基于工作表的高效实现。

　　假设 $t = a \oplus b$ 是循环不变量，能够将它提升到循环之外吗？在图 5-18(a) 中，将它外提可以使程序运行较快，并仍能得到相同的计算结果。但是在图 5-18(b) 中，外提它虽然可使程序运行得更快，但是结果却不正确：原来的程序并不一定会执行 $t = a \oplus b$，但是转换后的程序却总是执行它，如果一开始就有 $i \geqslant N$，转换后的程序会产生错误的 x 值。图 5-18(c) 中，外提 $t = a \oplus b$ 也是不正确的，因为原循环中有多个对 t 的定值，转换后的程序会以不同的交替方式对 t 赋值。在图 5-18(d) 中进行外提同样是错误的，因为在此循环不变量定值之前有一个对 t 的使用，因此，将此定值外提后，循环的第一次迭代会使用错误的值。

　　综合考虑以上问题，可以给出以下将定值 $d: t = a_1 \oplus a_2$ 外提到循环前置节点末尾的判定标准。

　　（1）d 是所有这样的循环出口节点的必经节点：在这些循环出口节点，变量 t 在出口是活跃的；

　　（2）在循环中 t 只有一个定值；

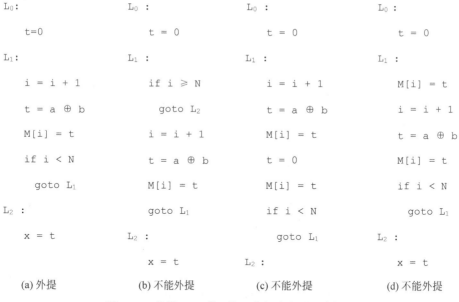

```
L0:                 L0:               L0:               L0:
   t=0                t = 0             t = 0             t = 0
L1:                 L1:               L1:               L1:
   i = i + 1          if i ≥ N          i = i + 1         M[i] = t
   t = a ⊕ b             goto L2        t = a ⊕ b         i = i + 1
   M[i] = t           i = i + 1         M[i] = t          t = a ⊕ b
   if i < N           t = a ⊕ b        t = 0             M[i] = t
      goto L1         M[i] = t         M[i] = t          if i < N
L2:                      goto L1       if i < N             goto L1
   x = t            L2:                   goto L1       L2:
                       x = t          L2:                  x = t
   (a) 外提            (b) 不能外提         x = t          (d) 不能外提
                                       (c) 不能外提
```

图 5-18　外提 t＝a ⊕ b 的正确候选和不正确候选

（3）并且 t 不属于循环前置节点的出口活跃集合。

在循环不变式外提中，还必须考虑指令隐含的副作用。例如，如果指令 t＝a_1 ⊕ a_2 可能引发某类算术异常或者有其他副作用，上述规则就需要做一些修改对这些情况加以限制。

上述条件（1）比较苛刻，它会阻碍从 while 循环中外提许多计算。从图 5-19(a)可以看到，循环体中没有一条语句是循环出口节点（它同时也是循环头节点）的必经节点。为了解决这个问题，可以将 while 循环转换为其前有一条 if 语句的 repeat 循环。这种转换需要复制头节点中的语句，如图 5-19(b)所示。当然 repeat 循环体中的所有语句都是循环出口节

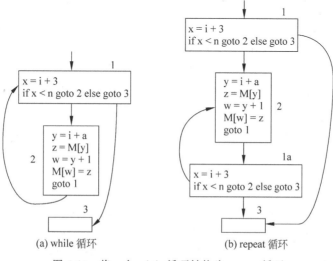

图 5-19　将一个 while 循环转换为 repeat 循环

点的必经节点(如果没有 break 或显式的循环退出语句),这样便能满足条件(1)。

5.5.2 归纳变量

某些循环中,存在一个递增或递减的变量 i,以及一个在循环中被赋值

$$j = i * c + d$$

的变量 j,其中 c 和 d 是循环不变量。于是可以在不引用 i 的情况下计算 j 的值,即只要 i 以 δ 的幅度递增,就可以用 $c * \delta$ 递增 j。

例如,表 5-7 中左侧的程序计算一个数组的所有元素之和。利用归纳变量分析 (induction-variable analysis),编译器可以发现 i 和 j 是相关的归纳变量,通过强度削弱 (strength reduction)操作,编译器可以用加法替代乘以 4 的乘法,然后通过归纳变量删除 (induction-variable elimination)可以将 i≥n 替换为 k≥4n+a,最后通过各种复写传播,可以得到表 5-7 中右侧的程序。转换后的这个循环包含的四元式更少,运行也会更快。下面分步介绍这一系列的转换。

表 5-7 归纳变量优化之前和之后的循环

优 化 之 前	优 化 之 后
s = 0	s = 0
i = 0	k' = a
L_1: if i ≥ n goto L_2	b = n * 4
j = i * 4	c = a + b
k = j + a	L_1: if k' ≥ c goto L_2
x = M[k]	x = M[k']
s = s + x	s = s + x
i = i + 1	k' = k' + 4
goto L_1	goto L_1
L_2	L_2

像表 5-7 左侧程序中 i 这样的变量称为基本归纳变量(basic induction variable),j 和 k 是和 i 同族的导出归纳变量(derived induction variable)。在原始循环中,j 被定值后,有

$$j = a_j + i * b_j$$

其中,$a_j = 0$,$b_j = 4$。完全可以用 (i, a, b) 来刻画 j 在它的定值点的值,其中 i 是基本归纳变量,a 和 b 是循环不变表达式。

如果有另一个导出归纳变量 k,具有定值 $k = j + c_k$(其中 c_k 是循环不变量),则 k 也和 i 同族。可以用三元组 (i, c_k, b_j) 来刻画 k,即

$$k = c_k + i * b_j$$

也可以以同样的方式用三元组 $(i, 0, 1)$ 刻画基本归纳变量 i,这意味着 $i = 0 + i \cdot 1$。这样,每个归纳变量就都可以用这种三元组来刻画了。

如果一个归纳变量在循环的每次迭代中都改变相同的量(常数或循环不变量),就称它为线性归纳变量(linear induction variable)。在表 5-8 中,左侧的程序中归纳变量 i 不是线性的:在某些迭代中,它递增 b,在其他迭代中,它递增 1。此外,在一些迭代中 $j = i \cdot 4$,而

在另外一些迭代中,导出归纳变量 j 并不随 i 的递增而增加。

表 5-8　非线性归纳变量优化之前和之后的循环

优 化 之 前	优 化 之 后
s = 0 L₁ : if s ≥ 0 goto L₂ 　　i = i + b 　　j = i * 4 　　x = M[j] 　　s = s - x 　　goto　L₁ L₂ :　i = i + 1 　　s = s + j 　　if i < n goto L₁	s = 0 j' = i * 4 b' = b * 4 n' = n * 4 L₁ :　if s ≥ 0 goto L₂ 　　j' = j' + b' 　　j = j' 　　x = M[j] 　　s = s - x 　　goto　L₁ L₂ :　　j' = j' + 4 　　s = s + j 　　if j' < n' goto L₁

1. 发现归纳变量

如果在以 h 为头节点的循环 L 中,变量 i 只有一个形如 i＝i+c 或者 i＝i－c 的定值,其中 c 是循环不变量,那么 i 就是循环 L 的一个基本归纳变量。

如果变量 k 满足下列条件,那么 k 是循环 L 中的导出归纳变量。

(1) L 中 K 只有一个形如 k＝j * c 或者 k＝j+d 的定值,其中 j 是一个归纳变量,c 和 d 是循环不变量;

(2) 并且当 j 是和 i 同族的导出归纳变量时,有

① 到达 k 的 j 的唯一定值是 j 在循环中的那个定值;

② 并且在 j 的定值到 k 的定值之间的任何路径上都没有 i 的定值。

假设 j 是用(i,a,b)来刻画的,则根据 k 的定值是 j・c 还是 j+d,可以用(i,a * c,b * c)或者(i,a+d,b) 来描述 k。

为了进行归纳变量分析,形如 k＝j－c 的语句可以作为 k＝j+(−c) 来对待,除非−c 是不可表示的,在 2 的补码算术中有时可能会发生这种情况。

形如 k＝j/c 的语句可以重写为 k＝j * (1/c),因此 k 可以看成是一个归纳变量。这样的重写只适合于浮点计算,因为如果这是一个整数除法,就不能表示为 1/c。

2. 强度削弱

在许多机器上,乘法比加法的代价高得多,因此希望找出定值形式为 j＝i * c 的导出归纳变量,并用一个加法来替代它。

强度削弱需要对三元组为(i,a,b)的每一个导出归纳变量 j,构造一个新的变量 j'(尽管具有相同三元组的不同导出归纳变量可以共享同一个 j')。在每个赋值 i＝i+c 之后,构造一个赋值 j'＝j'+c * b,其中 c * b 是可以在循环前置节点计算的循环不变量表达式。如果 c 和 b 都是常数,则乘法 c * b 可以在编译时完成计算。用 j＝j' 替换循环中这个对 j 的唯一

赋值。最后,需要在循环前置节点的末尾用 $j'=a+i*b$ 初始化 j'。

对于 i 族的两个归纳变量 x 和 y,在循环的执行期间,除了在语句序列 $z_i=z_i+c_i$ 中(c_i 是循环不变量)之外,如果每次都有

$$\frac{x-a_x}{b_x}=\frac{y-a_y}{b_y}$$

就说 x 和 y 是协调的(coordinated)。

显然,i 族中由强度削弱引入的所有新变量都是相互协调的,也都和 i 协调。

当一个归纳变量 j 的定值 $j=\cdots$ 被替换为 $j=j'$ 时,就知道 j' 是协调的,但是 j 可能不是协调的。不过,只要期间没有插入对 j' 的定值,标准的复写传播算法就可以用 j' 的使用替换 j 的使用。因此,可以不使用流分析去了解 j 是否协调,只要复写传播认为使用 j' 是合法的就可以了。

在强度削弱后,程序中仍然有乘法,但乘法已经在循环之外了。如果循环执行多个迭代,则在许多机器上使用加法的循环应该比使用乘法的运行速度快得多。但是,在能够通过指令调度而隐藏乘法延迟的处理器上,强度削弱的效果有可能会令人失望。

对表 5-7 中左侧的程序执行强度削弱,发现 j 是三元组为 $(i,0,4)$ 的一个导出归纳变量,k 的三元组为 $(i,a,4)$。对 j 和 k 执行强度削弱后,有:

```
        s = 0
        i = 0
        j' = 0
        k' = a
L₁ : if i ⩾ n goto L₂
        j = j'
        k = k'
        x = M[k]
        s = s + x
        i = i + 1
        j' = j' + 4
        k' = k' + 4
        goto L₁
L₂ :
```

可以执行死代码删除来删除语句 $j=j'$,还希望删除无用变量 j' 的所有定值,但是从技术上讲 j' 并不是死的,循环的每个迭代中都使用它。

3. 删除

强度削弱后,一些归纳变量在循环中根本不被使用,另一些也只是用于和循环不变量做比较,这些归纳变量都可以删除。如果一个变量在循环 L 的所有出口都是死的,并且它只用于对自身的定值,那么在循环 L 中这个变量是无用的(useless),无用变量的所有定值都可以被删除。

在上述例子中,删除 j 后,变量 j' 就成了无用变量,可以删除 $j'=j'+4$。如此一来,在前置节点中,j' 的定值也能够通过死代码删除来移除。

4. 重写比较

如果变量 k 只是用于与循环不变量进行比较,或者只是用于自身的定值,并且在同一

族归纳变量中,还存在着另外某个不是无用的归纳变量,那么 k 就是一个几乎无用的变量。通过修改循环不变量与这个几乎无用的变量的比较,使之与相关的归纳变量进行比较,可以使一个几乎无用的变量变成 一个无用变量。

如果有一个比较 k<n,并且 j 和 k 是 i 族中的协调归纳变量,n 是循环不变量,则有

$$\frac{j - a_j}{b_j} = \frac{k - a_k}{b_k}$$

因此,比较 k<n 可以写成:

$$a_k + \frac{b_k}{b_j}(j - a_j) < n$$

现在,可以将两边都减去 a_k,然后都乘以 b_j/b_k。如果 b_j/b_k 是正的,则这个比较变为:

$$j - a_j < \frac{b_j}{b_k}(n - a_k)$$

如果 b_j/b_k 是负的,这个比较则变为:

$$j - a_j > \frac{b_j}{b_k}(n - a_k)$$

最后,在两边都加上 a_j(这里只给出 b_j/b_k 为正的情况):

$$j < \frac{b_j}{b_k}(n - a_k) + a_j$$

这个比较的整个右部是一个循环不变量,可以外提到循环前置节点中并只计算一次。

这里存在几条重要的限制:

(1) 如果 $b_j(n - a_k)$ 不能被 b_k 整除,则不能使用上面的转换,因为不能在整数变量中保存一个小数值。

(2) 如果 b_j 或者 b_k 不是常数,而是一个不能确定其正负值的循环不变量,则也不能使用上述转换,因为不知道应该使用哪种比较(小于还是大于)。

在前面的例子中,比较 i<n 可以用 k'<a+4*n 来替换。当然 a+4*n 是一个循环不变量,应该外提。于是 i 将成为一个无用变量,并可以被删除。转换后的程序变为:

```
    s = 0
    k' = a
    b = n * 4
    c = a + b
L₁: if k' < c goto L₂
    k = k'
    x = M [k]
    s = s + x
    k' = k' + 4
    goto L₁
L₂:
```

最后,复写传播可以删除 k=k',最终得到了表 5-7 中左侧的程序。

5.5.3　数组边界检查

安全的程序设计语言要求对每个数组下标操作进行数组边界检查,这会降低程序的执行性能。为了让安全的语言能够获得与不安全语言一样的执行效率,编译器可以尝试移除能够证明是冗余的边界检查。

静态移除所有可能冗余的边界检查是不可计算问题,但许多数组下标的访问都具有 a[i] 的语法形式,其中 i 是归纳变量,编译器可以对这种形式的下标进行有效的优化。

数组的边界通常具有形式 $0 \leqslant i \wedge i < N$,其中 N 是数组的大小,因此 N 总是非负的,可以将上述检查变形为 $i \leqslant_M N$,其中 $\leqslant_M$ 是一个无符号比较操作符。

1. 删除数组边界检查的条件

尽管直观地来看,一个归纳变量似乎一定会位于某个范围内,并且应该能知道这个范围是否超出了数组的边界,但实际上从循环 L 中删除一个边界检查的判别标准相当复杂。

(1) 有一个语句 s_1,它含有一个归纳变量 j 和一个循环不变量 u,且该语句具有下列形式之一:

```
if j < u goto L₁ else goto L₂
if j ≥ u goto L₁ else goto L₁
if j > u goto L₁ else goto L₂
if j ≤ u goto L₁ else goto L₁
```

其中,L_2 在循环之外。

(2) 有一个具有如下形式的语句 s_2:

```
if k <ᵤ n   goto L₃   else goto   L₄
```

其中,k 是和 j 协调的归纳变量,n 是循环不变量,s_1 是 s_2 的必经节点。

(3) L 中不存在包含 k 的定值的嵌套循环。

(4) 当 j 增加时,k 也增加,即 $b_j/b_k > 0$。

n 常常是数组长度。在有静态数组的语言中,数组长度 n 是常数。在许多具有动态数组的语言中,数组长度是循环不变量。在 Java 和 ML 中,数组一旦被分配,就不能动态地修改其长度。典型情况下,数组长度 n 可以通过读取某个数组指针 v 的 length 域来获得。为了便于阐述,假设 length 域位于数组对象中偏移为 0 的位置。为了避免进行复杂的别名分析,编译器的语义分析阶段需要将表达式 M[v] 标记为不变的,这意味着不会有其他存储指令能够修改数组 v 的 length 域的内容。如果 v 是循环不变量,则 n 也是循环不变量。即使 n 不是数组长度,而是其他某个循环不变量,也仍然能够优化比较 $k <_u n$。

要在循环前置节点中放一个测试,该测试要表达的意思是:每次迭代都有 $k \geqslant 0 \wedge k < n$。令 k_0 是前置节点末尾处 k 的值,令 $\Delta k_1, \Delta k_2, \cdots, \Delta k_m$ 是在循环内给 k 增加的所有的循环不变量值。于是,通过在前置节点的末尾进行如下测试来确保 $k \geqslant 0$:

$$k \geqslant 0 \wedge \Delta k_1 \geqslant 0 \wedge \cdots \wedge \Delta k_m \geqslant 0$$

令 $\Delta k_1, \Delta k_2, \cdots, \Delta k_p$ 是在 s_1 和 s_2 之间不再经过 s_1 的任意路径上给 k 增加的所有的循环不

变量值的集合。于是,只要保证在 s_1 处有

$$k < n - (\Delta k_1 + \Delta k_2 + \cdots + \Delta k_p)$$

就足以确保在 s_2 处有 $k<n$。由于知道 $(j-a_j)/b_j = (k-a_k)/b_k$,所以这个测试变为:

$$j < \frac{b_j}{b_k}(n - (\Delta k_1 + \Delta k_2 + \cdots + \Delta k_p) - a_k) + a_j$$

因为测试 $j<u$ 是测试 $k<n$ 的必经节点,所以当下面的测试成立时,上面这个测试将总是为真:

$$u < \frac{b_j}{b_k}(n - (\Delta k_1 + \Delta k_2 + \cdots + \Delta k_p) - a_k) + a_j$$

由于比较的两边都是循环不变量,所以可以按下面的方法将它移到前置节点中。首先,要确保所有循环不变量的定值都已提升到了循环之外。然后,按如下方法重写循环 L:复制 L 中的所有语句,由此创建一个头为 L'_h 的新循环 L'。在 L' 中,将语句

```
if  k < n  goto  L'₃  else  goto  L'₄
```

替换为

```
goto L'₃
```

在 L 的前置节点的末尾,加入与下列语句等价的语句:

```
if k ≥ 0 ∧ k₁ ≥ 0 ∧ … ∧ kₘ ≥ 0 ∧ u < bⱼ/bₖ(n-(Δk₁+Δk₂+…+Δkₚ)-aₖ)+aⱼ
    goto L'ₕ
else goto L'ₕ
```

这个条件对 goto 语句测试 k 是否总在 0 和 n 之间。

有时已知的信息足以在编译时便计算出这一复杂的条件。至少在下面两种情况下可以做到这一点:

(1) 测试中出现的所有循环不变量都是常数;

(2) n 和 u 是同一个临时变量, $a_k = a_j$, $b_k = b_j$,并且在 s_1 和 s_2 之间没有给 k 增加 Δk。在类似 Java 这样的语言中,如果程序员编写的是如下程序,则可能会出现这种情况:

```
n = A.length
i = 0
while i < n do
    sum = sum + A[i]
    i = i + 1
```

假设数组 A 的长度是从相对此数组指针偏移为 0 的域中读取的,length(A) 对应的四元式就将包括 $n = M[A]$。同时,$A[i]$ 的四元式为了用 n 进行边界检查,也会包括 $n = M[A]$。假设已标记表达式 $M[A]$ 为不变的,那么就不会有其他的存储指令修改存储单元 $M[A]$ 的内容,因此,现在对 u 和 n 定值的这两个表达式都是公共子表达式。

如果能够在编译时计算出前面那个复杂的比较,就能够无条件地使用循环 L 或循环

L′,并且删除没有使用的另一个循环。

2. 清理

优化后,程序中可能会遗留一些没有解决的小问题:标号 L′ 后面的语句可能是不可到达的;在循环 L′ 中可能有 n 和 k 的若干无用计算。前者可以通过不可到达代码删除来清理,后者可以通过死代码删除来清理。

3. 拓广

为了使这个算法在实际中有用,还需要从几个方面进行拓广。

(1) 循环出口比较可以是下列形式之一:

```
if   j ≤ u'   goto   L₁   else goto   L₂
if   j > u'   goto   L₂   else goto   L₁
if   u' ≥ j   goto   L₁   else goto   L₂
if   u' < j   goto   L₂   else goto   L₁
```

其中,比较 $j \leq u'$ 替换了 $j < u$。

(2) 循环出口可以发生在循环体的底部,而不是数组边界检查之前。可以将这种情况描述如下:存在着一个测试

```
s2 : if   j ≤ u   goto   L₁   else goto   L₂
```

其中 L_2 在循环之外,并且 s_2 是所有循环回边的必经节点。则感兴趣的 Δk_i 位于 s_2 和任意回边之间,以及循环头和 s_1 之间。

(3) 应该处理 $b_j/b_k < 0$ 的情况。

(4) 应该处理 j 的计数向下减少而不是向上增加的情况,此时循环出口测试类似 $j \geq l$,l 是循环不变量的下界。

(5) 归纳变量的递增可能是"不规则的",例如:

```
while i < n − 1 do
    if sum < 0
        then i = i + 1;sum = sum + i;i = i + 1;
    else i = i + 2;
    sum = sum + a[i];
```

这里,有 3 个 Δi(分别是 1、1 和 2)。这三个增加可能全都起作用,也可能只有某一个起作用,还可能全都不起作用。但显然在这里的两条路径上都有 i = i + 2,这种情况下,将 i 的递增提到 if 之前(并合并它们)的分析对此会有益处。

5.5.4   循环展开

有些循环的循环体较小,循环大部分的执行时间用在了递增循环计数变量和测试循环退出条件上。编译器尝试展开这些循环,将循环体连续地复制两次或多次,可以使这些循环更加高效,这类优化称为循环展开(loop unrolling)。

给定一个头节点为 h,回边为 $s_i \rightarrow h$ 的循环 L,可以按以下方式展开:

(1) 复制节点,构建一个头节点为 h',回边为 $s' \rightarrow h'$ 的循环 L';

(2) 将循环 L 中所有从 $s_i \rightarrow h$ 的回边改为 $s_i \rightarrow h'$;

(3) 将循环 L' 中所有从 $s' \rightarrow h'$ 的回边改为 $s'_i \rightarrow h$。

例如,表 5-9 中左侧的程序展开后得到表 5-9 中右侧的程序。但是这并没有完成什么有用的优化,每个"原始"迭代仍然有一个递增分支和一个条件分支。

表 5-9　无用的循环展开

循环展开前	循环展开后
```L₁: x = M[i] s = s + x' i = i + 4 if i < n goto L₁ else L₂ L₂:```	```L₁: x = M[i] s = s + x i = i + 4 if i < n goto L'₁ else L₂ L'₁: x = M[i] s = s + x i = i + 4 if i < n goto L₁ else goto L₂ L₂:```

利用归纳变量的有关信息可以做得更好,需要一个归纳变量 i,i 的每次递增 $i = i + \Delta$ 是循环的每条回边的必经节点。于是每次迭代对 i 的递增恰好是所有 Δ 的和,因此可以将所有的递增和循环出口测试积累到一起,得到表 5-10 中左侧的程序。但是这样的循环展开仅在原始循环迭代次数为偶数时才正确。为解决这个问题,可以在展开的循环之后再增加一个结语(epilogue)来执行"奇数"迭代,如表 5-10 中右侧的程序所示,这样就可以在原始循环迭代次数任意的情况下工作。

这里仅给出了展开因子为 2 的展开情况。当使用展开因子 K 进行展开时,循环的结尾是一个 K−1 次迭代的循环(和原始循环类似)。

表 5-10　有用的循环展开

脆　弱　的	健　壮　的
```L₁: x = M[i] s = s + x x = M[i + 4] s = s + x i = i + 8 if i < n goto L₁ else L₂ L₂:```	``` if i < n − 8 goto L₁ else L₂ L₁: x = M[i] s = s + x x = M[i + 4] s = s + x i = i + 8 if i < n − 8 goto L₁ else L₂ L₂: x = M[i] s = s + x i = i + 4 if i < n goto L₂ else L₃ L₃:```

5.5.5　毕昇编译器的其他循环优化

一段时期以来,处理器速度的增速要远高于内存速度,如果程序中的所有访存操作以内存的速度执行,程序性能将受到极大的影响。人们为此设计了高速缓存用于缓解二者不匹配导致的性能问题。然而高速缓存的有效性极大地依赖于程序暴露出的数据局部性。

局部性原则是计算机体系结构设计过程中一个重要的观察和指导,即程序倾向于使用近期被使用过的数据和指令,局部性分为时间局部性和空间局部性。时间局部性指最近被访问过的内容近期内很可能被再次访问。空间局部性表示地址相近的内容往往在相近的时间内都被使用。当程序中的循环存在局部性时,晚一些的迭代可以复用在前面迭代中被加载到高速缓存中的数据,而不需要再去相对低速的内存中获取数据。为了充分发挥鲲鹏体系结构的优势,毕昇编译器实现了一系列特性的循环优化,下面将介绍几类重要的循环变换并从局部性的视角对这些变换展开分析。

1. 基础概念

循环的优化过程大致可以分为 3 个阶段:相关性/依赖分析、收益分析和循环变换,首先分别对这 3 个阶段涉及的一些重点概念进行介绍。

相关性/依赖分析是准确地识别出程序中存在的依赖关系(dependence)的过程。若依赖关系在变换前后被破坏,程序的正确性将无法得到保证。假设 Si 与 Sj 分别为程序中的两条访存指令,且 Si 在 Sj 之前执行。通过对两个访存操作可能的类型(写或读)进行排列组合,可以将依赖的类型分为以下 4 种。

(1) 流依赖(flow/true dependence):Sj 读取 Si 输出的值,即 Read After Write (RAW)。

(2) 反依赖(anti dependence):Si 重写 Sj 输出的值,即 Write After Read(WAR)。

(3) 输出依赖(output dependence):Si 输出的值将被 Sj 重写,即 Write After Write (WAW)。

(4) 输入依赖(input dependence):Sj 和 Si 读取同一个值,即 Read After Read(RAR)。

其中反依赖和输出依赖又被称为资源依赖,程序员可以通过消除代码中存储单元的复用来消除它们,典型的优化手段有寄存器重命名。输入依赖与其他三者不同,并不会阻碍 Si 与 Sj 的并行执行,因此通常所提的数据依赖并不将其包含在内。

从循环的角度入手,还可以进一步将依赖关系进行划分。

(1) 循环间依赖(loop-carried dependence):当更晚的迭代中的数据访问依赖于更早的迭代中产生的数据时,称该依赖为循环间依赖。

(2) 循环无关依赖(loop-independent dependence):与循环间迭代相对应,当依赖以静态的形式存在于迭代内部时,称该依赖为循环无关依赖。

如果循环中不存在循环间依赖,那么该循环的各个迭代可以并行地执行。

收益分析,即判断程序在经过一系列的变换后是否会在实际运行时获得性能等收益的过程,决定了一个变换最终是否应该被执行。本节将重点从数据局部性的角度分析一个变换是否会带来收益,数据复用(data reuse)是局部性分析中的重要概念,当同一个数据在循环的多个迭代中被使用时,称该数据被复用(reused)。

从上述定义可知,当程序存在数据依赖时,与之对应的数据显然被复用了。但反之并不成立,因为数据依赖必须伴有写操作的发生,而复用则没有该要求。

复用是循环本身的内在属性,其存在并不意味着程序在真实的执行过程中体现了局部性。例如,当对相同数据的两次使用之间跨越了过多的迭代时,由于实际机器的高速缓存大小是有限的,在更早的迭代中被加载到高速缓存中的数据,在第二次使用时可能已经被其他数据换出,因此晚些的使用仍需要重新从更低层次的存储结构中加载数据。本节也将介绍一些能够将复用机会转换为程序局部性的循环变换。

数据复用还可以进一步划分如下。

(1) 自时间复用(self-temporal reuse):当循环内的一个数据引用在不同的迭代中访问了相同的数据,称该引用存在自时间复用。

(2) 自空间复用(self-spatial reuse):当循环中的一个数据引用在不同的迭代中访问了相同高速缓存行上的数据,称该引用存在自空间复用。

(3) 集合时间复用(group-temporal reuse):当循环中的一些数据引用在不同迭代中访问了相同的数据,称该引用集合存在集合时间复用。

(4) 集合空间复用(group-spatial reuse):当循环中的一些数据引用在不同迭代中访问了相同高速缓存行上的数据,称该引用集合存在集合空间复用。

可以看出,时间复用是空间复用的子集,因为相同的数据必然位于同一条高速缓存行上。下面以表 5-11 中的简单循环为例帮助读者理解各种类型的复用。

表 5-11　示例代码

包含多种类型复用的双重循环
| ```
for (int i = 0; i < n; i++) {
    for (int j = 0; j < n; j++) {
        f (A[i], A[j]);
    }
}
``` |

A[i]在最内层循环中存在自时间复用,因为在最内层循环(i 不变,j 从 0 到 n−1)的迭代中,A[i]始终访问相同的数组元素;同理 A[j]在最外层循环中(j 不变,i 从 0 到 n−1)存在自时间复用。此外,A[j]在最内层循环中还存在自空间复用,且一共被复用了 n 次;同理 A[i]在最外层循环中也存在自空间复用。循环中的复用可以分为 3 类:跨嵌套复用(across loop nests reuse),嵌套内复用(loop nest reuse)以及最内层嵌套复用(innermost loop reuse)。

在识别到循环迭代空间中存在不同的复用机会后,可以采用恰当的变换改变循环对数据的处理顺序,从而利用局部性来减少对内存的访问次数,这样可以提高性能。下面是一些与循环变换相关的概念。
```

（1）完美嵌套循环（perfectly-nested loop）：所有操作指令都在最内层循环中的嵌套循环。

（2）距离向量（distance vector）：k 层嵌套循环的距离向量是一个 k 维整数向量 $\vec{d}=<d1,d2,\cdots,dk>$，对每一个索引向量 i，索引向量 $\vec{i+d}=(i1+d1,\cdots,ik+dk)$ 对应的迭代依赖于索引向量 i 对应的迭代。

（3）字典序为正（lexicographically positive）：如果一个距离向量至少有一个非零元素，且第一个非零元素为正，那么称该距离向量的字典序为正。

（4）幺模矩阵（unimodular matrix）：行列式为－1 或 1 的整型方阵。

（5）幺模变换（unimodular transformation）：作用于嵌套循环的迭代空间，可用幺模矩阵表示的线性变换。

由于并不是所有嵌套循环的依赖关系都能用有限的距离向量集合表示，为简化起见，本节把讨论限制在循环依赖关系都能用距离向量表示的场景。

引入幺模变换的重要意义在于，幺模变换的效果可以形式化地用幺模矩阵和距离向量的乘积表示。当幺模变换作用于嵌套循环后，若产生的新循环能够按新的迭代次序正确执行，则称该幺模变换是合法（legal）的。可以证明，对于一个可用词典序为正的距离向量表示其依赖关系的嵌套循环，一个幺模变换是合法的当且仅当其距离向量经过该幺模变换后生成的向量仍是正词典序的。

因为幺模矩阵的乘积同样是幺模矩阵，所以一系列的幺模变换可以用一系列幺模矩阵相乘最终得到的矩阵来表示，这样可以快速判断一个或一系列幺模变换的正确性，并且一系列变换也可以用一次变换来完成，大大地简化了合法性检查和变换所需的工作。循环优化问题也被抽象表示为在一系列限制条件下，找到能最大化目标函数的幺模矩阵的过程。

幺模变换也有其局限性，其中最重要的是其只能对完美嵌套循环进行变换。多面体变换（polyhedral transformation）是一个针对非完美嵌套循环的研究方向，其能够很好地处理非完美嵌套循环，目前开源 LLVM 项目中也包含了多面体优化框架 Polly。由于大部分程序的循环为完美嵌套循环，或者可以通过循环外提等其他编译器变换转换为完美嵌套循环。

2. 循环反转

循环反转（loop reversal）是一种逆转循环迭代的执行顺序的幺模变换，其幺模矩阵是将一个单位矩阵部分对角线上的 1 用－1 替换后得到的矩阵。如 $\begin{bmatrix} -1 & 0 \\ 0 & 1 \end{bmatrix}$ 对应表 5-12 中将一个双层嵌套循环的外层循环迭代方向逆转的操作。

原循环的距离向量为 $[1,0]$，将幺模矩阵与距离向量相乘得到新的迭代空间内的距离向量，$\begin{bmatrix} -1 & 0 \\ 0 & 1 \end{bmatrix}\begin{bmatrix} 1 \\ 0 \end{bmatrix}=\begin{bmatrix} -1 \\ 0 \end{bmatrix}$，新的距离向量字典序不为正，可知该变换是不合法的，读者也可以通过简单的程序分析确认。

表 5-12　循环反转优化

优 化 前	优 化 后

``
for (i = 0; i < n; i++) {
    for (j = 0; j < n; j++) {
        a[i, j] = a[i-1, j];
    }
}
``
	``
	for (i = n-1; i >= 0; i--) {
	    for (j = 0; j < n; j++) {
	        a[i, j] = a[i-1, j];
	    }
	}
	``

循环反转并不能直接增强程序的局部性,更多的情况下是作为其他循环变换(如循环交换)的使能者(enabler)。

3. 循环交换

循环交换(loop interchange)是将两个相邻循环的嵌套顺序互换的幺模变换,在部分书籍或编译器实现中,对循环交换概念做了进一步的扩展,允许两个以上的非相邻循环进行交换,后者有时也称为循环置换(loop permutation),本书对二者不做区分。

继续利用幺模变换矩阵以及距离向量进行合法性推导。表 5-13 的例子中,变换前距离向量为 $\begin{bmatrix} 1 \\ 0 \end{bmatrix}$,该循环交换对应的幺模矩阵为 $\begin{bmatrix} 0 & 1 \\ 1 & 0 \end{bmatrix}$,变换后距离向量为 $\begin{bmatrix} 0 & 1 \\ 1 & 0 \end{bmatrix}\begin{bmatrix} 1 \\ 0 \end{bmatrix} = \begin{bmatrix} 0 \\ 1 \end{bmatrix}$,仍为正字典序,因此此变换合法。

表 5-13　循环交换优化

优 化 前	优 化 后

``
for (i = 0; i < n; i++) {
    for (j = 0; j < n; j++) {
        a[j, i] = a[j-1, i+1];
    }
}
``
	``
	for (j = 0; j < n; j++) {
	    for (i = 0; i < n; i++) {
	        a[j, i] = a[j-1, i+1];
	    }
	}
	``

循环交换的意义在于,可以通过减少数据复用的间隔(Stride),提高程序的局部性。

4. 循环倾斜

循环倾斜(Loop Skewing)是一种改变循环迭代空间形状的幺模变换。表 5-14 中是一个典型的循环倾斜优化用例,嵌套对应的距离向量集合为 $\left\{ \begin{bmatrix} 1 \\ 0 \end{bmatrix}, \begin{bmatrix} 0 \\ 1 \end{bmatrix} \right\}$。

表 5-14　循环倾斜优化

优 化 前	优 化 后

``
for (i = 0; i < n; i++) {
    for (j = 0; j < m; j++) {
        a[j, i] = a[j+1, i-1];
    }
}
``
	``
	for (i = 0; i < n; i++) {
	    for (j = i; j < i+m; j++) {
	        a[j-i, i] = a[j-i+1, i-1];
	    }
	}
	``

变换后,循环的迭代空间发生了如图 5-20 所示的变化。

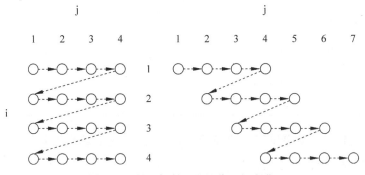

图 5-20   循环倾斜后的迭代空间变化

变化对应的幺模矩阵为 $\begin{bmatrix} 1 & 0 \\ 1 & 1 \end{bmatrix}$，通过与原距离向量集合相乘，可以得到新的距离向量集合为 $\left\{ \begin{bmatrix} 1 \\ 1 \end{bmatrix}, \begin{bmatrix} 0 \\ 1 \end{bmatrix} \right\}$，可知该变换是合法的。尽管变换后内外层循环仍存在依赖，但此时再进行循环交换，就可以将循环进一步转换，如表 5-15 所示。

表 5-15   在循环倾斜变换后再进行循环交换

优 化 前	优 化 后
| ```c
for (i = 0; i < n; i++) {
    for (j = i; j < i + m; j++) {
        a[j-i, i] = a[j-i-1, i-1];
    }
}
``` | ```c
for (j = 0; j < m + n - 1; j++) {
    for (i = max(0, j - m + 1); i < min(n, j); i++) {
        a[j-i, i] = a[j-i-1, i-1];
    }
}
``` |

这时最内层循环将可以并行。由此可见，循环倾斜与循环反转类似，其自身无法增强程序局部性从而带来性能收益，因此多被用于把嵌套循环转换为更利于其他变换发挥的结构。可以证明，循环倾斜变换始终是合法的。

5. 条带挖掘

条带挖掘(strip mining)是将一个 n 层嵌套循环的迭代空间重新划分，转换为嵌套层次在 n+1～2n 范围内的新循环的非幺模变换，如表 5-16 所示。

原一维的迭代空间被分割成了新的二维迭代空间，就像是被分割成了 floor(M/32) 条迭代次数为 32 的"迭代条带"，产生的外层循环称为控制循环(controlling loops)。由于条带挖掘只对迭代空间进行了切割，并不改变迭代的实际执行顺序，故可以证明其始终是合法的。仅靠条带挖掘并不能提高数据局部性，其往往结合循环交换一起出现，其收益将会在循环分块中做更具体的介绍。值得一提是，条带挖掘对于支持向量操作的机器而言是十分重要的一类变换。

表 5-16　条带挖掘优化

优　化　前	优　化　后
| ```
for (i = 0; i < n; i++) {
    A[i] = B[i] + 1;
    D[i] = B[i] - 1;
}
``` | ```
for (j = 0; j < n; j += 32) {
    for (i = j; i < min(M, j + 31); i++) {
        A[i] = B[i] + 1;
        D[i] = B[i] - 1;
    }
}
``` |

6. 循环分块

循环分块(loop tiling)是将条带挖掘和循环交换相结合的非幺模变换,如表 5-17 所示。

表 5-17　循环分块优化

优　化　前	条带挖掘变换后	循环交换优化后
| ```
for (i = 0; i < n; i++)
  for (i = 0; i < n; i++)
    C[i] = A[j, i];
``` | ```
for (ii = 0; ii < n; ii += 2)
  for (jj = 0; jj < n; jj += 2)
    for (i = ii; i < min(ii + 2, n); i++)
      for (j = jj; jj < min(jj + 2, n); j++)
        C[i] = A[j, i];
``` | ```
for (ii = 0; ii < n; ii += 2)
  for (jj = 0; jj < n; jj += 2)
    for (j = jj; j < min(jj + 2, n); i++)
      for (i = ii; i < min(ii + 2, n); i++)
        C[i] = A[j, i];
``` |

表 5-17 中的循环分块首先将原嵌套循环的内外层均做了条带宽度为 2 的条带挖掘变换,由外到内的前两层循环为条带变换新增的控制循环。新循环的迭代执行顺序如图 5-21 所示,像是被划分成了大小为 2×2 的方块。

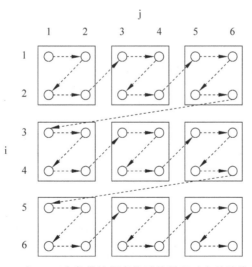

图 5-21　表 5-17 中条带挖掘变换后的循环对应的迭代空间
```

之后最内两层循环通过循环交换,得到表 5-17 中右侧的循环,假设数组 A 的元素在内存中按行优先(row-major)排布,上述变换能够有效减少数据复用之间跨越的迭代间隔,提高了程序局部性。合适的分块尺寸(tile size)需要结合机器的寄存器、高速缓存大小来进行选择。由前文可知,条带挖掘始终是合法的,因此循环分块的合法性检查与循环交换一致,在此略过。

7. 循环合并

循环合并(loop fusion)是将两个相邻且具有相同迭代空间的循环体,合并为一个循环体的非幺模变换,如表 5-18 所示。

表 5-18　循环合并优化

优　化　前	优　化　后

for (i = 0; i < n; i++)
　　A[i] = 0;
for (i = 0; i < n; i++)
　　B[i] = 0;
	for (i = 0; i < n; i++) {
	　　A[i] = 0;
	　　B[i] = 0;
	}

只有当待合并的两个循环拥有相同的迭代界限(iteration bounds),同时原来的两个循环中的指令在合并后的新循环中不存在任何形式的数据依赖时,循环合并才是合法的。其合法性检查可以抽象为:合并不能引入任何新的字典序后向数据依赖(lexically backward data dependence)。

循环合并可以带来的收益包括:

(1) 提高数据局部性。如果合并前的循环存在数据复用,合并后数据的局部性将提高。

(2) 减少循环控制流开销。两个相邻循环合并后整体迭代次数减半,控制循环执行的整体开销(overhead)也将减半。

(3) 提高计算颗粒度。循环合并将细粒度的运算合并为更大粒度的代码整体,代码间边界的消失往往会暴露出更多的优化机会,如常量传播、死代码删除等。

但在某些场景下,循环合并也可能带来性能损失,如合并后的循环中寄存器压力过大产生溢出。

8. 循环展开合并

循环展开合并(loop unroll-and-jam)是在外层循环展开的基础上,对内层循环进行合并的非幺模变换。可以将其理解为循环展开和循环合并的结合形式,并且它的合法性检查也是后两类检查的结合,在此不做重复阐述。该变换首先通过循环展开,创造出相邻循环的嵌套结构,从而暴露出循环合并机会以试图获取循环合并的一系列收益。变换后的循环往往有更好的数据局部性,更密集的数据流也给像硬件预取一类的优化提供了更大的发挥空间,如表 5-19 所示。

表 5-19　循环展开合并优化

优　化　前	优　化　后

for (i = 0; i < n; i++)
　for (j = 0; j < n; j++)
　　a[i, j] = a[i, j-2];
	for (i = 0; i < n; i+=3)
	　for (j = 0; j < n; j++) {
	　　a[i, j] = a[i, j-2];
	　　a[i+1, j] = a[i+1, j-2];
	　　a[i+2, j] = a[i+2, j-2];
	　}

从表 5-19 中例子可见,循环展开合并还可以看作是对嵌套循环的最内层做的循环分块。

9. 循环拆分

循环拆分(loop distribution/fission)是将一个循环拆分为多个循环的非幺模变换,可以理解为循环合并的逆过程。拆分后的循环与原循环拥有相同的迭代空间。循环拆分的合法性检查可以抽象为:被拆分的循环不能包含任何字典序后向的循环间数据依赖。

表 5-20 中所表示的循环拆分过程,是将一个非完美嵌套循环拆分为完美嵌套循环和由剩余部分构成的循环。新产生的完美嵌套循环可以应用一系列幺模变换如循环交换,来提高程序的局部性获得性能收益。此外,循环拆分还可以应用于将循环拆分为包含循环间依赖的循环和不包含循环间依赖的循环,后者可以并行执行,若在支持向量指令的机器上,通过自动向量化优化可以获得性能收益。

表 5-20　循环拆分优化

优　化　前	优　化　后

for (i = 0; i < n; i++) {
　for (j = 0; j < n; j++) {
　　aa[j][i] = aa[j][i] + bb[j][i] * cc[j]
[i];
　}
　a[i] = b[i] + c[i] * d[i];
}
	for (i = 0; i < n; i++)
	　for (j = 0; j < n; j++)
	　　aa[j][i] = aa[j][i] + bb[j][i] * cc[j]
	[i];
	for (i = 0; i < n; i++)
	　a[i] = b[i] + c[i] * d[i];

10. 循环剥离

循环剥离(loop peeling)是将循环的头部或尾部的几次迭代从原循环剥离,剥离出的部分与剩余循环独立执行,是一类非幺模变换。绝大部分 SIMD 处理器对 SIMD 读写操作的数据地址有着对齐上的要求,非对齐访问的效率要远低于对齐访问。以表 5-21 中的代码为例,假设数组 a[0] 元素对应的地址满足对齐要求,执行机器的每一条 SIMD 读指令可以同时读取两个数组元素大小宽度的内存上的内容。原循环的访存模式为 a[1],a[3],a[5],…,可以看到每一次访存操作均为非对齐访问。

表 5-21　循环剥离优化

优　化　前	优　化　后

for (i = 1; i < n; i++)
　　a[i] = i;
	a[1] = 1;
	for (i = 2; i < n; i++)
	　　a[i] = i;

但将首次迭代从原循环中剥离出来后,访存模式将变为 a[2],a[4],a[6],…的对齐访问形式,循环实际执行效率将显著提高。

11．循环断开

循环断开(loop unswitching)是当循环中存在条件分支且分支的控制条件是循环不变量时,在分支位置将循环断开,生成两份不包含原分支的非幺模变换。考虑表 5-22 中的程序,若编译器判断 b[j] 为循环不变量,可以把条件判断语句从循环内提取到循环外,生成的新循环中将不再包含条件分支。该变换显而易见的好处有,分支判断的执行次数从原来的 n 次减少到了 1 次,减少了实际执行指令的开销;另外鲲鹏处理器是一款支持向量指令的处理器,减少循环中的分支也可以帮助编译器更好地进行自动向量化优化,提高程序的并行效率。但循环断开和循环展开、循环拆分等优化类似,大部分情况下会增加代码规模,因此在内存尺寸敏感的场景下需要谨慎使用。

表 5-22　循环断开优化

优　化　前	优　化　后

for (int i = 0; i < n; i++) {
　　a[i] = 1;
　　if (b[j] > 10)
　　　　a[i] += 1;
}
	if (b[j] > 10)
	　　for (int i = 0; i < n; i++)
	　　　　a[i] += 1;
	else
	　　for (int i = 0; i < n; i++)
	　　　　a[i] = 1;

5.6　多级存储优化

2.3.1 节介绍了鲲鹏微架构的多级存储系统,高速缓存的访问速度比主存快得多,但是容量要小得多。为了使程序获得更好的性能,需要让尽可能多的数据访问发生在缓存中。而程序员在编写业务代码时主要针对业务逻辑抽象出对应的数据结构和算法,一般很少考虑程序底层的访存特征。因此需要编译器分析程序的访存特征,结合底层硬件的存储结构,对程序进行缓存和内存优化。常见的提升系统访存性能的优化有数据预取、数据重排。

5.6.1　数据预取

在程序运行的过程中,可以提前将所需的数据从主存读入高速缓存中,当 CPU 需要读取数据时,数据刚好已在离 CPU 最近的缓存中,这种优化技术称作数据预取(data prefetching)。

数据预取可以通过硬件、软件和软硬件协同来实现。软件预取依赖编译器分析程序的访存特征并插入和调度预取指令。预取指令的作用是告知 CPU 某些数据可能很快会被用到,期望 CPU 能将数据加载到缓存中。软件预取的优势是编译器可以利用编译时的信息,例如结构体、数组的内存布局等,从而获得较为准确的访存信息,但是软件预取指令本身会带来开销。硬件预取通过专用的硬件单元来监测程序的访存特征,自动预取数据。它的优势是没有指令开销,但是硬件预取受到如下因素的限制:硬件预取有启动延迟,需要收集一段访存模式后,才能启动预取数据;由于缺失了编译时信息,硬件预取可能不如软件预取那样准确;硬件预取所支持的访存模式比较有限,不支持不规则的内存访问。

鲲鹏微架构支持硬件和软件的协同预取,通过硬件预取支持基本的连续数据访问和规则步长数据访问,结合毕昇编译器的软件预取优化覆盖嵌套循环、间接访问等更复杂的访存场景,实现对大多数访存特征的预取支持。以下着重讨论软件预取。

有效的软件预取可以大幅度减小程序访存时延,预取的有效性需要满足下列几个条件。

(1)恰当的时间:预取指令应该能够把所需数据恰好在 CPU 所需的时刻读入缓存。如果数据太早或太晚到达,则 CPU 仍需等待数据,并且会造成缓存污染。

(2)精准的数据:预取指令请求的数据应该是程序实际所需的数据,避免缓存污染。

(3)较少的指令开销:预取指令本身是有开销的,编译器应该尽量减少冗余预取指令带来的开销。

为了满足以上条件,数据预取需要识别瓶颈访存操作(delinquent load)。研究表明,极少数的访存操作往往造成了绝大部分的缓存缺失(cache miss),成为系统的性能瓶颈。因此瓶颈访存的识别对有效的缓存优化十分重要。识别瓶颈访存可以通过编译器的静态分析(如访存模式分析和缓存行为分析)和动态信息收集(如编译器插桩和性能分析工具)获得,或通过动静相结合的方法获得。

对于瓶颈访存,编译器可以根据成本模型计算预取的提前量。考虑表 5-23 中的循环。

表 5-23　软件预取优化——简单循环

软件预取之前	软件预取之后
```for (i = 0; i < N; i++) { sum += A[i] * B[i]; }```	```for (i = 0; i < N; i++) { prefetch(&a[i + k]); prefetch(&b[i + k]); sum += A[i] * B[i]; }```

为了计算合适的提前量,编译器需要对两方面的信息进行建模,一个是系统的访存延迟(l),即从一个预取指令发出,到所需的数据被取回到缓存中所需的时间。另一个是循环体运行一次的执行时间(s)。假设 l/s=k,则循环执行 k 次迭代,预取的数据刚好到达。如果编译器希望 A[i+k] 的数据在 i+k 次迭代开始的时候刚好读入缓存,那么需要在第 i 次迭代发出对 A[i+k] 预取指令。基于这个简单的模型,循环中数据预取的提前量(k)可以用 k=l/s 计算。

插入预取指令后的循环如表 5-23 右侧的程序所示。同样的模型可以扩展到外层循环的场景,当内存循环的指令数较少,且访存瓶颈在外层循环时,可以对外层循环进行预取,如表 5-24 所示。

表 5-24　软件预取优化——外层循环

软件预取之前	软件预取之后

``
for (i = 0; i < N; i++) {
    sum += A[i] * B[i];
    for (int j = 0; j < M; j++) {
        // code for inner loop
    }
}
``
	``
	for (i = 0; i < N; i++) {
	    prefetch(&a[i+k]);
	    prefetch(&b[i+k]);
	    sum += A[i] * B[i];
	    for (int j = 0; j < M; j++) {
	        // code for inner loop
	    }
	}
	``

对于间接访存场景,目标数据的内存地址由内存中另一个数据读取而来,研究和实验表明,此时采用表 5-25 中的预取模型往往取得较好效果。

表 5-25　软件预取优化——间接访存

软件预取之前	软件预取之后

``
for (i = 0; i < N; i++) {
    TargetArr[OffsetArr[i]]++;
}
``
	``
	for (i = 0; i < N; i++) {
	    prefetch(&TargetArr[OffsetArr[[i+k]]]);
	    prefetch(&OffsetArr[i + 2 * k]);
	    TargetArr[OffsetArr[i]]++;
	}
	``

如果应用程序的访存模式复杂,例如包含复杂的图、树表等数据结构或访存行为呈现非规则形式,则传统的数据预取技术可能失效,此时可以考虑使用帮助线程(helper thread)来实现预取。帮助线程预取技术使用一个专门的预取线程提前于原有程序运行,这个预取线程会执行一个简化后的源程序,但足以覆盖源程序的热点区域和关键路径。在预取线程执行时,数据会被提前读入缓存中。

5.6.2　数据重组

缓存感知数据重组技术可以设计新的数据布局改善数据局部性,从而提升缓存的利用率。数据重组(data reorganization)可为其他编译优化提供机会,如自动向量化、使能硬件数据预取、减少缓存冲突和错误共享等。数据重组由 3 个重要部分组成：数据重组合法性分析,盈利成本分析和数据布局变换。

(1) 数据重组合法性分析涉及访存指针别名分析,数组的归类、数组维度和数据类型分析。编译器必须保证整个应用程序中的数据指针都能识别出所指向的数组。

(2) 数据重组盈利分析根据访问数据单元之间亲和性、访问的频率等,确定如何做数据重组,并评估带来的性能收益。

(3) 数据布局变换对数据布局进行变换,如数据结构体拆分、数据压缩、数据扁平化、数据填充等。

1. 结构体拆分

考虑如下的代码：

```
struct {
    double F0;
    double F1;
    double F2;
    double F3;
    double F4;
} s[N];        // N 是常量

void foo() {
    // loop1
    for (i = 0; i < N; i++) {
        … = s[i].F0 … ;
        … = s[i].F3 … ;
    }
    …
    // loop2
    for (i = 0; i < M; i++) {
        … = s[i].F2 … ;
    }
    …
    // loop3
    for (i = 0; i < K; i++) {
        … = s[i].F1 … ;
        … = s[i].F4 … ;
    }
}
```

其中 s 是一个连续的结构体数组,其内存布局如图 5-22 所示。

图 5-22　结构体数组的内存布局

对 s 的访问呈现如下特征：loop1 中结构体单元 F0 和 F3 的访问同时发生,loop2 中 F2 的访问单独发生,loop3 中 F1 和 F4 的访问同时发生。硬件架构多级存储层次间是以高速缓存行(cache line)大小为单位进行数据搬移的,鲲鹏的高速缓存行大小为 64 字节。Loop1 中每次仅访问 F0 和 F3,而 F1、F2 和 F4 并未使用,导致没有充分利用缓存,影响程序性能。为了解决这个问题,编译器可进行结构体拆分(data splitting),把常一起被访问的数据尽量放在一起,提高其空间局部性。

常一起被访问的数据具有访问亲和性(access affinity),例如 F0 和 F3,F1 和 F4。亲和性分析将结构体的字段按照访问亲和性进行聚类,得到亲和组(affinity group),然后编译器可以将每个亲和组内的字段重组为独立的数据结构,如图 5-23 所示。

F0$_0$ F3$_0$ F0$_1$ F3$_1$ F0$_2$ F3$_2$ F0$_3$ F3$_3$ F2$_0$ F2$_1$ F2$_2$ F2$_3$ F1$_0$ F4$_0$ F1$_1$ F4$_1$ F1$_2$ F4$_2$ F1$_3$ F4$_3$

图 5-23　重组后的内存布局

在拆分之后,F0 和 F3 的访问都落在一个高速缓存线内,数据有了更好的局部性,程序的访存性能得到了大幅提升。

对于动态链表,链表的每一个结构体节点可能分配在内存中不连续的空间,且可能存在节点的动态增加和删除,其内存布局如图 5-24 所示。

F0$_0$ F1$_0$ F2$_0$ F3$_0$ F4$_0$ → F0$_1$ F1$_1$ F2$_1$ F3$_1$ F4$_1$ → F0$_2$ F1$_2$ F2$_2$ F3$_2$ F4$_2$ →

图 5-24　动态链表的内存布局

此时不能对结构体链表进行全局重排,但是仍然可以根据数据亲和性和冷热,在单个结构体节点内进行拆分。这样在分配单个节点时,可以保证冷热字段分开,避免在访问较热字段时将较冷字段读入高速缓存,提高缓存利用率,同时较热字段仍然按照亲和性排列,保证数据的空间局部性。重排后的内存布局如图 5-25 所示。

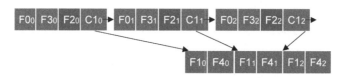

图 5-25　重排后的内存布局

2. 结构体压缩

结构体压缩是将较大类型的字段压缩为较小类型的字段。考虑表 5-26 中左侧的结构体数组。

其中字段 p 是一个指向结构体本身类型的指针,在 64 位机器上其大小为 8 字节,可以覆盖整个地址空间。假设编译器通过访存行为分析得到所有 p 值都落在结构体数组 arr 内,则 p 实际的取值仅仅落在有限的范围内,可以使用一个较小的数据类型来压缩字段 p。

压缩后的代码如表 5-26 中右侧的代码所示,原来的字段 p 通过外提的全局结构体指针 p_head 和压缩后的字段 p_offset 来访问。其中 p_head 为所有可能 p 值的最小值,即 arr[0] 的地址,p_offset 为相对 p_head 的偏移。此时对原有数组的字段 p 的访问 arr[i].p 可以等价变换为 p_head＋arr[i].p_offset。原有的结构体的指针成员被压缩为较小的数据类型,每个结构体的内存占用减小,从而提高了缓存利用率,提高了程序性能。

表 5-26　结构体压缩优化

结构体压缩前	结构体压缩后
struct S { 　　double F0; 　　S * p; 　　double F1; } arr[3];	struct S_compressed { 　　double F0; 　　unsigned int p_offset; 　　double F1; } arr[3]; S_compressed * p_head;

3. 数组扁平化

数组扁平化是指将动态分配在非连续空间的多维数组降维排布为连续的一维数组。扁平化可以提高数据的局部性,将间接内存访问简化为直接访问,提高程序的访存性能。考虑表 5-27 中左侧的代码。

表 5-27　数组扁平化优化

数组扁平化前	数组扁平化后

float ** A = (float **)malloc(N * sizeof (float *));
for (i = 0; i < N; i++)
　　A[i] = (float *)malloc(N * sizeof (float));
	float * A = (float *)malloc(N * N * sizeof (float));
	A[i * N + j] = … // 对应原来的 A[i][j]

这是一种常见的动态二维数组初始化的写法,其结果是数组 A 的第一维存储了一个一维数组的指针,每个一维数组指针指向一行连续的数据,但行与行之间的数据在内存中随机分布,如图 5-26 所示。

这样的内存布局会导致对 A 进行访问时局部性较差,跨行访问时尤其如此。同时访问 A 的一个元素需要进行两次访存,一次获得行首地址,一次获得实际数据,造成了额外的访存开销。对 A 进行扁平化后可以解决这两个问题,因为整个 A 数组都分配在一个连续的内存空间,其内存布局如图 5-27 所示。

图 5-26　扁平化前的内存分布　　　　　图 5-27　扁平化后的内存分布

相应地,编译器要对源码中的数组初始化和访问部分进行变换,原有的 A[i][j]可以等价变换为 A[i * N+j],如表 5-27 中右侧的代码所示。

4. 数组重排

与结构体重排类似,数组的内存布局也可以重排,称为数组重排(Data Regrouping)。借鉴基于访问亲和性的分析,可以把常一起被访问的数组元素排列在一起。考虑表 5-28 中左侧的代码。

表 5-28　数组重排优化

数组重排前	数组重排后
```for (int i = 200; i < 2000; i = i + 10) { B[i] = A[i] + A[i − 200] + A[i + 200]; B[i + 1] = A[i + 1] + A[i − 109] + A[i + 251]; B[i + 2] = A[i + 2] + A[i − 158] + A[i + 232]; … B[i + 9] = A[i + 9] + A[i − 111] + A[i + 509]; }```	```#define N X/10 for (int i = 20; i < 200; i = i + 1) { B[10 * i] = A[i] + A[i − 20] + A[i + 20]; B[10 * i + 1] = A[i + N] + A[i − 11 + N] + A[i + 25 + N]; B[10 * i + 2] = A[i + 2 * N] + A[i − 16 + 2 * N] + A[i + 23 + 2 * N]; … B[10 * i + 9] = A[i + 9 * N] + A[i − 12 + 9 * N] + A[i + 50 + 9 * N]; }```

在这段代码中循环体的每一行需要访问三个 A 的元素,这三个访问看起来完全随机,空间局部性很差。但是经过分析可以发现,每行中三个访问的下标(设为 x)都满足 x mod 10 等于相同的数(设为 k),即满足 x mod 10=k 的元素具有更高的访问亲和性。在此前提下,编译器可以把数组的内容重新排列,让 A[x],A[x+10],A[x+20]等在内存中相邻排布。假设数组的大小为 X,则原始代码可以转换为表 5-28 中右侧的形式。

经过重排变换,循环中第一行的内存访问从 A[i],A[i−200],A[i+200]变为 A[i],A[i−20],A[i+20],循环的迭代步长从 10 变为 1,数组访问的空间局部性得到了极大改善。假设系统的高速缓存线大小为 64 字节,A 的每个元素大小为 4 字节,则一个 A[i]的访问会将后续的 16 个元素都读入缓存,故重排之后 16 次迭代中 A[i]对应的数据都已经在缓存中。而在数组重排之前,由于每次循环步长为 10,两次迭代以后的数据就会产生缓存缺失。

5. 数组填充

数组填充(data padding)可以用于处理伪共享问题或提升基于 SIMD 的向量化效果。考虑如下例子:

```
int A[2];
int read() {
    return A[0];
}
void write(int x) {
```

```
    A[1] = x;
}
```

在这个例子中,数组 A 的两个元素位于同一个高速缓存线内,如果有两个线程同时执行 read 和 write 函数,由于 write 函数会改写 A[1] 的值,导致 read 函数每次执行时需要重新加载整个高速缓存线(即便 A[0] 的值没有变化),这造成了巨大的访问开销,这种现象称作伪共享。为了消除伪共享,可以在数组 A 中填充额外数据,将原有的 A[0] 和 A[1] 分隔于两个不同的高速缓存线。

数组填充还可以帮助获得更好的向量化效果。当数组的长度不是 SIMD 向量槽(vector lane)数量的整数倍时,向量化往往会产生需要单步执行的剩余循环(remainder loop),此时可以填充数组使得数组大小与向量槽数量对齐,从而移除剩余循环。

5.7 反馈式优化

传统的编译优化技术主要基于源代码的静态程序分析,在不实际执行程序的情况下,实现程序性能改进和优化。但在很多场景下,编译器往往会使用一些启发式的优化算法,对代码执行做出一些最大可能性的猜测。比如循环展开优化(loop unroll),编译器需要考虑循环执行的次数,循环内指令的数量;函数内联优化(inlining),编译器需要根据函数的代码体积大小决定是否对函数进行内联。同时为了使程序获得更好的性能,程序员必须具备一些编译器和与系统设计相关的知识,以便可以向编译器提供特定的提示(hints)或注释(annotations),但是这些优化手段并非总能奏效。本节将介绍一种现代编译器常用的、具有更好优化效果的性能优化技术——反馈式优化(Profile-Guided Optimizations,PGO)。

PGO 是一个动态的优化过程,编译器通过使用程序运行时生成的反馈数据(profile data),编译生成更优的代码。这些数据直接来自实际运行的程序,所以编译器可以利用这些数据进行更为精确的优化。现代编译技术已经可将反馈数据作用于编译过程的各个阶段,比如静态编译时、链接时、链接后/运行时等,如图 5-28 所示。

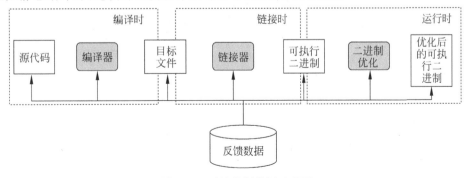

图 5-28 反馈数据作用示意图

典型的 PGO 优化分 3 个步骤完成。第一步是插桩编译。插桩编译会生成一个包含插桩信息的可执行程序,该程序在编译文件的每个基本块中都插入了探针(probes)。每个探针会统计当前基本块运行的次数。如果基本块产生了分支跳转,探针则会记录该分支跳转的方向。编译器一般会提供插桩编译选项,比如毕昇编译器插桩编译的命令如下:

```
clang++ -O2 -fprofile-instr-generate code.cc -o code
```

第二步是运行插桩可执行程序。在运行过程中,插桩程序会生成一个数据文件,包含了程序具体运行过程中的执行计数。

第三步是反馈优化。编译器读取来自第二步的反馈数据文件,从数据文件中解析出程序分析执行的详细信息,该信息用于更好地评估程序的控制流轨迹,从而指导编译器开展一系列的反馈优化,如基本块重排优化、函数内联等,并最终生成优化后的可执行文件。编译器一般会提供反馈优化选项,比如毕昇编译器反馈优化的命令如下:

```
clang++ -O2 -fprofile-instr-use=code.profdata code.cc -o code
```

反馈式优化会尽可能地对程序中最频繁运行的代码部分进行优化。如果每次程序运行过程中输入数据集基本一致,且执行路径及程序行为相近,PGO 的优化效果往往就是最好的。那反馈式优化提供了哪些具体的优化手段呢?

5.7.1　基本块重排优化

基本块重排优化(basic block reordering)会根据 PGO 的反馈信息,尝试找到代码中执行次数最频繁的路径,并将这些路径上的基本块在物理位置上排布得更为紧密。同时将一些在运行过程中未被执行到的代码块移动到代码段的最底部(远离热点代码块)。这会帮助优化指令缓存的局部性和提升分支预测概率。考虑图 5-29 的代码场景。

如果不考虑分支的实际执行情况,通过编译器静态分析优化,可以得到如图 5-30 所示的初始函数基本块及调用关系图。

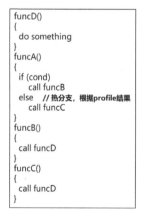

图 5-29　初始函数文件示意图

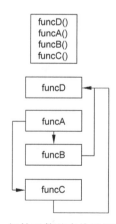

图 5-30　初始函数基本块及调用关系图

编译器从 PGO 反馈信息中识别到分支条件的执行概率（比如图 5-29 中 cond 值总是为 false，即 funcA→funcC→funcD 调用链为热分支），以此为基础进行基本块重排，将 funcA、funcC 和 funcD 排列在一起。完成重排优化后的基本块及函数调用关系图如图 5-31 所示。

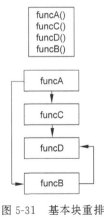

图 5-31　基本块重排后函数调用关系图

5.7.2　函数内联优化

函数内联优化（function inlining）是过程间优化最常使用的一种技术，主要的目的是将一些高频访问的函数内联到调用函数中，以减少函数调用开销。通常场景下，内联决策是一个非常复杂的过程，如 5.4.2 节的决策过程中所描述，编译器会在每个调用位置根据多条准则来决定是否做内联优化，比如根据代码块大小等做出决定。但遗憾的是，受限于编译器静态分析能力，并非所有的内联优化都具有正向的收益，有些反而可能导致性能下降。比如内联后导致函数体过大，寄存器溢出，或者在一些冷分支上做了大量非必要的内联操作，影响了指令访存。

```
funcA()
{
  if (!cond)
    do something  //funcC和funcD被内联
  else
    call funcB
}
funcB()
{
  do something
}
```

图 5-32　内联优化及基本块重排后函数示意图

如果有了反馈数据，编译器就可以获取函数在每次程序运行过程中的调用频次，从而可以做出更准确的内联决策。经过内联决策分析和基本块重排后，图 5-29 的函数调用关系会变成如图 5-32 所示（热点路径上的 funcC 及 funcD 调用会被内联）。

5.7.3　寄存器溢出策略

关于寄存器溢出的细节，可以参考 6.8.5 节。寄存器溢出策略（register spill placement）是一种非常精细的溢出策略，是指编译器（或者运行时系统）在程序运行过程中动态收集程序的动态运行概要信息（data profiling），并根据变量的访问信息（如访问次数）来决定溢出哪个变量。除此之外，还可以根据反馈信息中的冷热分支及基本块的信息，决定不同路径上寄存器的优先级（通常会将寄存器溢出在冷分支上，以减少对程序性能的影响）。

5.8　小结

编译器基于程序的中间表示对程序进行优化。程序优化主要分成两个步骤进行：程序分析和程序变换。在程序分析阶段，编译器分析并得到关于程序的运行时（保守）信息；程序优化依赖这些信息对程序进行变换，以改进程序的性能。本章讨论了程序分析和优化的主要技术，包括控制流分析、数据流分析及基于数据流的程序优化、别名分析、过程间分析和优化、循环优化、内存优化等。

5.9　深入阅读

Lengauer 和 Tarjan 对计算必经节点的方法进行了研究；Tarjan 对其所使用的路径压缩算法进行了更完整的研究并给出了查找强连通分量的算法。

Knuth 对 FORTRAN 程序中的可归约性进行了研究。Allen 和 Cocke 对极大区间进行了定义。Aho、Sethi 和 Ullman 使用了该定义并给出了归约流图到极大区间的算法。

Sharir 最早将结构分析进行公式化。Rosen 给出了基于语法树的数据流分析方法。

Ershov 开发了值编号算法。Allen 和 Cocke 设计了第一个全局数据流分析算法。Kildall 最早提出了数据流分析的不动点迭代方法。Landi 和 Ryder 给出了一个过程间别名分析的算法。

Richardson 和 Ganapathi 对过程间优化效果进行了研究。Callahan 指出过程间优化可能更有助于并行编译器。

Weihl 证明了构造含过程变量的递归程序的调用图是 PSPACE-困难的。系统 ParaFrase 提及了其他一些相关问题。

Cooper 和 Kennedy 对计算流不敏感副作用的方法进行了论述，但 Cooper 等也指出了这种方法的明显的缺点，即它声称可以独立地解全局变量和形式参数子问题，同时 Cooper 解释了解形式参数问题必须先于非局部变量的处理。Myers 也对计算流敏感副作用的方法进行了介绍。

Callahan、Cooper、Kennedy 和 Torczon 论述了执行过程间常数传播的方法。Grove 和 Torczon 讨论了转移函数和返回转移函数、它们的计算代价以及所提供的信息。

Cooper 和 Kennedy 介绍了过程间别名分析的方法，Deutsch 介绍了一种更有效的方法。

5.10　习题

1. 为图 5-33 构造其深度优先表示、宽度优先表示、前序次序和后序次序。

2. 给出到达表达式的数据流方程。要特别注意被定值的临时变量同时也出现在四元式右边时的情况，例如四元式 t←t⊕b 或 t←M[t]。和到达定值一样，gen 和 kill 集合的元素可以是定值 ID。

3. 画出下面程序的基本块（基本块可能包含多条语句）的控制流图，给出每个基本块关于到达定值的 gen 和 kill 集合。

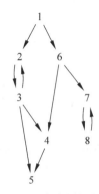

图 5-33　一个有根的有向图

```
1.      a = 5
2.      c = 1
3. L₁ : if c > a goto L₂
4.      c = c + c
5.      goto L₁
6. L₂ : a = c - a
7.      c = 0
```

4. 考虑下面程序的到达定值计算:

```
x = 1;
y = 1;
if z != 0
    then x = 2;
else y = 2;
    w = x + y;
```

(1) 画出该程序的控制流图。

(2) 给出对该程序运行算法 21 得到的 sorted 数组。

(3) 计算到达定值,给出每次迭代的结果。总共需要多少次迭代?

5. 考虑以下代码片段。其中给出了一个过程 fee,还有两个调用了 fee 的调用位置。

```
static int A[1000,1000], B[1000];
        ...
x = A[i,j] + y;
call fee(i,j,1000);
        ...
call fee(1,1,0);
        ...
fee(int row; int col; int ub) {
    int i, sum;
    sum = A[row.col];
    for(i = 0; i < ub; i++) {
        sum = sum + B[i];
    }
}
```

(1) 将 fee 内联到各个调用位置,预期会有何种优化收益?请估算在内联和后续的优化之后,fee 中代码保留下来的比例。

(2) 概略描述一个较高层次的算法,用于估算内联某个具体调用位置带来的收益。应该考虑到调用位置和被调用者。

6. 对于过程置放算法,在处理边(p,q)时总是将 p 放置在 q 之前。

(1) 阐述该算法的一种变体,将边的目标置于源之前。

(2) 构造一个例子,使得这种算法在处理该例子时,能够将两个过程放置得比原来的算法更接近。假定所有过程的代码都具有同样的长度。

7. G 是一个控制流图,h 是 G 中的一个节点,A 是以 h 为头节点的一个循环的节点集合，B 是以 h 为头节点的另一个循环的节点集合。证明其节点属于 A ∪ B 的子图也是一个循环。

8. 当流图中包含不可到达的节点时，直接必经节点定理将不再正确。

(1) 画出一个包含节点 d、e 和 n 的图，使得 d 是 n 的必经节点，e 是 n 的必经节点，但是 d 不是 e 的必经节点，e 也不是 d 的必经节点。

(2) 指出这个定理的证明中哪一步对包含不可到达节点的流图是无效的。

(3) 用 3 个左右的词，命名一个有助于寻找不可到达节点的算法。

9. 若为了某些目的，需要每个循环头节点恰好只有两个前驱，一个在循环外，一个在循环内。我们可以通过插入一个循环前置节点确保循环头只有一个循环外的前驱节点。解释如何插入一个循环体后置节点，以确保循环头只有一个循环内的前驱节点。

10. 假设任何算术溢出或除以零都会引发运行时的异常。如果我们将 $t \leftarrow a \oplus b$ 提到循环外，而这个循环原来不会执行这条语句，那么在原始程序不产生异常的情况下，转换后的程序则有可能产生异常。修改循环不变量外提的标准，加入对上述问题的考虑。

11. 本章描述了将 while 循环转换为 repeat 循环的方法。说明如何（使用必经节点）刻画基本块控制流图中的 while 循环，以便优化器能够识别它。这种循环的循环体可能包含显式退出循环的 break 语句。

第 6 章

后端与优化

编译器后端接受程序的中间表示,并生成特定目标机器上的指令。编译器后端一般由几个既相互独立又紧密联系的阶段组成:指令选择、寄存器分配和指令调度,同时编译器后端还可能对程序进行特定优化。指令选择读入程序的中间表示,并为中间表示的语法结构选择合适的目标机器指令;寄存器分配把程序中使用的虚拟寄存器分配到物理寄存器中;指令调度负责对机器指令进行合理的排序,以充分利用目标机器的计算资源和能力。本章对编译器后端的这几个重要阶段及相关优化进行讨论。

6.1 指令选择

指令选择接受程序的中间表示,并将其翻译成目标机器上恰当的指令序列。指令选择有多种实现算法,本节首先给出树模式的概念,然后讨论实现指令选择的最大吞进算法和动态规划算法,最后讨论算法的执行效率。这两类算法在实际的编译器中都有着广泛应用。

6.1.1 瓦片覆盖

程序的中间表示可以采用语法树、线性表示或控制流图等结构,在这些表示上,一般每一个节点只表示一种操作,如从存储器读取或存储、算术运算加或减以及条件转移等。真实的目标机器常常能用一条指令完成若干个基本操作。例如,在鲲鹏上,一条加载指令 ldr rd,[rs,c] 能够同时完成二元运算、内存读和寄存器赋值操作,可表示成如图 6-1 所示的片段。

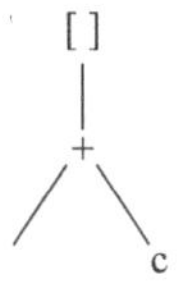

可以将一条机器指令表示成中间表示树的一个片段 (fragment),称之为树型(tree pattern)。于是指令选择就变成用最小集合的树型来覆盖(tiling)一棵中间表示树的问题,这个树型的集合可称为瓦片(tile)。为了说明这个方法,本节讨论鲲鹏指令集体系结构上的典型机器指令及其树型。表 6-1 给出了鲲鹏指令集体系结构上典型的算术指令和存储指令。

图 6-1　加载指令的树型

表 6-1 中前 8 条鲲鹏指令都生成一个结果存放于寄存器(虚拟或物理)中。最上面的第一项并不是一条真正的鲲鹏指令,它只是表示节点是作为寄存器来实现的,这种节点不需执行任何指令就能生成一个存放在寄存器中的结果。最后一条指令不生成存放在寄存器中的结果,它的执行只产生副作用,即改变存储中的值。

表 6-1　算术和存储器存储指令及树型

指　　令	树　　型
r_i	x
add　r_i,　r_j,　r_k	+
mul　r_i,　r_j,　r_k	*
sub　r_i,　r_j,　r_k	−
div　r_i,　r_j,　r_k	/
addi　r_i,　r_j,　c	+（右子为 c）　　+（左子为 c）　　c
subi　r_i,　r_j,　c	−（右子为 c）　　−（左子为 c）
ldr　r_i,　[r_j,　c]	[ ]-+（右子 c）　　[ ]-+（左子 c）　　[ ]-c　　[ ]
str　[r_j,　c],　r_i	str-[ ]-+（右子 c）　　str-[ ]-+（左子 c）　　str-[ ]-c　　str-[ ]

　　表 6-1 还给出了每条指令所实现的树型。有些指令可能存在多种不同的语法形式,因此会对应多种树型。例如,鲲鹏的内存加载指令 ldr,根据要加载的数据的来源,存在以下不同的可能形式:

```
ldr rd, [rs]
ldr rd, [rs, c]
ldr rd, [r1, r2]
ldr rd, [r1, r2, lsl, c]
```

每一种指令形式都对应一个树型。

　　基于语法树的中间表示来实现指令选择的核心思想是:用一组树型来"覆盖"(tiling)中间表示树,并且要求树型是不重叠的。例如,考虑中间表示上的表达式 a[i]＝b,其中 i 是一个寄存器变量,a 和 b 是存放在栈帧中的变量,可以采用不同形式的树型来覆盖该表达式对应的中间表示树。

图 6-2 给出了它的覆盖，a 实际上是一个指向数组
的指针的栈帧位移。在这种覆盖中，瓦片 1、3 和 7 并不
对应任何机器指令，因为它们是已经含有正确值的寄存
器。由这种覆盖得到的指令序列如下（假设寄存器 r_0
总是包含 0）：

```
ldr r1, [fp, a]
addi r2, r0, 4
mul r2, ri, r2
add r1, r1, r2
ldr r2, [fp, b]
str  [r1, 0], r2
```

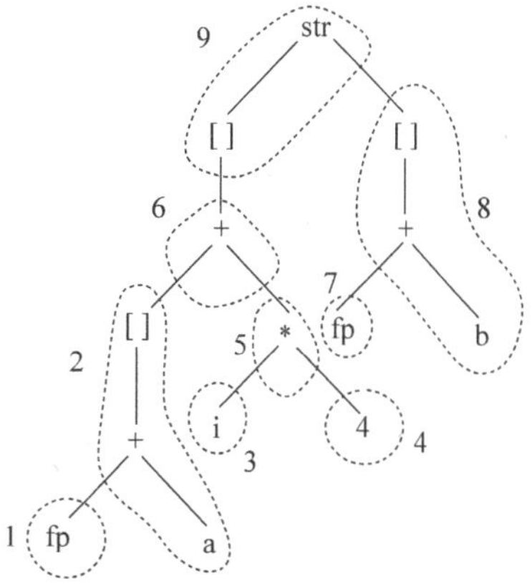

最后需要指出的是，只要给定的树型集合合理，那
么用这组树型最终总是能成功得到一个覆盖。在上面
的例子中，总是用小树型去尝试进行覆盖，得到的最终结果将是：

图 6-2　用瓦片覆盖一棵树

```
addi r₁, r₀, a
add   r₁, fp, r₁
ldr   r₁, [r₁, 0]
addi r₂, r₀, 4
mul  r₂, rᵢ, r₂
add   r₁, r₁, r₂
addi r₂, r₀, b
add   r₂, fp, r₂
ldr   r₂, [r₂, 0]
str   [r₁, 0], r₂
```

当然，得到的指令序列要比前面的序列更长。

由于对同一棵中间表示树可能有不同的覆盖方式，因此可以给出不同的量化代价指
标来评估不同覆盖方式的优劣。例如，可以采用指令序列的长度（即指令条数或字节数）
作为代价指标；或者当指令的执行时间各不相同时，可以采用指令总执行时间作为代价
指标。

假设给定了每种指令树型的一个代价指标，则可以给出最优覆盖（optimum tiling）的定
义：其覆盖的代价之和最小。例如，如果采用指令的总执行周期作为代价指标，则最优覆盖
意味着得到的指令序列的总执行时间最短。而最佳覆盖（optimal tiling）是指其中不存在两
个相邻的树型能合并成一个代价更小的树型。如果存在某个树型，它能进一步分割成几个
具有较小组合代价的树型，则在开始之前就应当将该树型从清单中移除。

最优覆盖是一个全局指标，而最佳覆盖是一个局部指标，因此，每一个最优覆盖同
时也一定是最佳的，但反之则不然。和鲲鹏类似，现代大多数计算机是精简指令集计
算机（RISC），即每一条 RISC 指令只完成少量操作，因此它们对应的树型很小且代价一
致，通常在最优与最佳覆盖之间几乎不存在差别，因此，采用较简单的覆盖算法就足
够了。

6.1.2   最大吞进

最大吞进(maximal munch)算法是一种最佳覆盖算法,它的基本思想比较简单:从中间表示语法树的根节点开始,寻找适合它的最大树型,用这个树型覆盖根节点,同时也可能会覆盖根节点附近的其他几个节点。最大吞进算法完成对语法树根节点的覆盖后,会留下若干子树,然后对每一棵子树递归调用相同的算法。

用树型覆盖语法树的同时,也生成了与树型对应的指令。最大吞进算法按逆序生成指令,即根节点首先被遍历,但只有当子树被覆盖完毕,并且指令的结果已经在寄存器中形成了操作数之后,才能生成与根节点对应的指令。

最大瓦片是覆盖语法树节点个数最多的瓦片。例如,加法操作 add 对应的瓦片只有一个节点,立即数减操作 subi 对应的瓦片有两个节点,写内存指令 str 对应的瓦片可以有三个节点。当两个大小相等的瓦片都可以覆盖根节点时,可随意选择其中之一。

最大吞进算法很容易用递归函数来实现,以 C 语言的实现为例,可以实现两个递归函数:

```
void munchStm(Stm s);
void munchExp(Exp e);
```

函数 munchStm 用来为中间表示的语句 s 选择指令,而函数 munchExp 用来为中间表示的表达式 e 选择指令。函数 munchExp 中的每一种情形的从句都将匹配一个瓦片,这些从句按瓦片的优先级从高到低排列。

首先给出最大吞进语句 s 的函数 munchStm 的核心伪代码,它扫描中间表示的语法树中的语句,生成鲲鹏的机器指令。程序代码会给出典型的语句的指令选择方案,例如,对于内存赋值语句

```
[e1 + c] = e2
```

程序会通过调用函数 munchExp() 来递归地给子表达式 e1 和 e2 选择指令,指令选择的结果是两个虚拟寄存器 t1 和 t2,并为整个语句生成一条存储指令

```
str [t1, c],t2
```

然后程序会以类似的过程为其他中间表示语法结构选择指令。需要注意,在指令选择阶段,可以根据需要生成并使用任意虚拟寄存器,编译器后端依赖寄存器分配将这些虚拟寄存器分配到机器的物理寄存器中。

```
1.  void munchStm(Stm s){
2.    switch(s){
3.      case '[e1 + c] = e2':{
4.        t1 = munchExp(e1);
5.        t2 = munchExp(e2);
6.        emit("str [t1, c],t2 ");
7.        break;
```

```
8.        }
9.        case '[c + e1] = e2':{
10.              t1 = munchExp(e1);
11.              t2 = munchExp(e2);
12.              emit("str [t1, c],t2 ");
13.              break;
14.        }
15.        case '[e1] = e2':{
16.              t1 = munchExp(e1);
17.              t2 = munchExp(e2);
18.              emit("str [t1],t2");
19.              break;
20.        }
21.        case 'e1 = [e2 + c]':{
22.              t1 = munchExp(e1);
23.              t2 = munchExp(e2);
24.              emit("ldr t1, [t1, c]");
25.              break;
26.        }
27.        case 'jump': ...
28.        case 'call': ...
29.        }
30. }
```

下面给出的函数 munchExp 为中间表示的表达式 e 选择鲲鹏指令,它的实现同样基于对表达式 e 语法形式的分类讨论,但该函数会返回为表达式 e 生成的虚拟寄存器,用类型 VirtualRegister 来标记该函数的返回值,实际的编译器可以使用任意合适的方式来具体实现该类型。

```
1. VirtualRegister munchExp(Exp e){
2.   switch(e){
3.     case '[e1 + c]':{
4.        t1 = munchExp(e1);
5.        emit("ldr t2, [t1, c]");
6.        return t2;
7.     }
8.     case '[c + e1]':{
9.        t1 = munchExp(e1);
10.       emit("ldr t2, [t1, c]");
11.       return t2;
12.     }
13.     case '[c]':{
14.       emit("ldr t1, 0");
15.       emit("ldr t2, [t1, c]");
16.       return t2;
17.     }
18.     case '[e1]':{
19.       t1 = munchExp(e1);
20.       emit("ldr t2, [t1]");
21.       return t2;
```

```
22.        }
23.        case 'e1 + c':{
24.          t1 = munchExp(e1);
25.          emit("add t2, t1, c");
26.          return t2;
27.        }
28.        case 'c + e1':{
29.          t1 = munchExp(e1);
30.          emit("add t2, t1, c");
31.          return t2;
32.        }
33.        case 'c':{
34.          emit("addi t1, t0, c");
35.          return t1;
36.        }
37.        case 'e1 + e2':{
38.          t1 = munchExp(e1);
39.          t2 = munchExp(e2);
40.          emit("add t3, t1, t2");
41.          return t3;
42.        }
43.        case 'x':
44.          return x;
45.        }
46.      }
```

例如，对于第一种情形表达式 e 是内存加载

[e1 + c]

则该函数将递归调用函数 munchExp 为子表达式 e1 选择指令，然后生成一条鲲鹏指令

ldr t2, [t1, c]

整个表达式 e 的值将存储在虚拟寄存器 t2 中，并作为函数 munchExp 的返回值返回给调用者。其他表达式的实现方式类似。

6.1.3 动态规划

最大吞进算法一般可以得到最佳覆盖，但不一定能得到最优覆盖。要得到最优覆盖，可以使用动态规划（dynamic programming）算法。一般地，动态规划是一种从每个子问题的最优解中找到整个问题的最优解的算法策略。对于指令选择问题来说，子问题就是对每棵子树的覆盖。

动态规划算法给树中每个节点 n 指定一个代价，这个代价等于可以覆盖以节点 n 为根的子树的最优指令序列的指令代价之和。

与自顶向下的最大吞进算法相反，动态规划算法是自底向上执行的。首先，它递归地求出节点 n 以及 n 的所有层级的子树的代价，然后将每一种树型与节点 n 进行匹配。每个

瓦片会有 0 个或多个叶子节点,而瓦片的这些叶子节点便是可以连接子树的位置。

　　对每一个与节点 n 匹配的瓦片 t(假设瓦片 t 的代价是 c),存在着 0 个或多个与该瓦片的叶节点对应的子树 s_i,而且每一个子树 s_i 对应的代价 c_i 都已经计算完毕(因为该算法是自底向上执行的)。因此,用瓦片 t 去覆盖根节点 n 的总代价就是

$$c + \sum_i c_i$$

图 6-3　树

　　在所有与根节点 n 相匹配的瓦片 t 中,选择代价最小的那个瓦片,则节点 n 的最小代价是

$$\min_c \left(c + \sum_i c_i\right)$$

　　例如,考虑如图 6-3 所示的这棵树。

　　唯一与立即数 c_1 匹配的瓦片是代价为 1 的 addi 指令。类似地,与立即数 c_2 匹配的瓦片代价也为 1。如表 6-2 所示,有若干瓦片可与节点“＋”匹配。

表 6-2　可与节点“＋”匹配的瓦片

瓦片	指令	瓦片代价	叶子节点代价	总代价
＋	add	1	1＋1	3
＋ c	addi	1	1	2
＋ c	addi	1	1	2

　　其中,add 瓦片有两个叶节点,而 addi 瓦片只有一个叶节点。在匹配第一种 addi 树型时,虽然已算出了立即数 2 的覆盖代价,但并不使用这个信息。因为如果选择使用第一种 addi 树型,立即数 2 便不会是任何瓦片的根,它的代价就会被忽略。在这种情况下,两个 addi 瓦片都能使节点“＋”的代价最小,因此可以选择任意一个 addi 瓦片,节点“＋”计算出来的代价是 2。

　　现在,有若干瓦片可与节点“[ ]”匹配,如表 6-3 所示。最后两种匹配都是最优的。

表 6-3　可与节点“[ ]”匹配的瓦片

瓦片	指令	瓦片代价	叶子节点代价	总代价
[ ]	ldr	1	2	3
[ ] ＋ c	ldr	1	1	2
[ ] ＋ c	ldr	1	1	2

算法一旦求出了根节点的代价（也就是整棵树的代价），便开始进入指令发射（instruction emission）阶段。指令发射的算法由算法 26 给出。

算法 26　基于动态规划的指令发射算法

输入：以 n 为根节点的程序（已经基于动态规划完成代价计算）
输出：生成的指令序列
1. procedure InstrEmit(n)
2. 　　for 覆盖根节点 n 的瓦片所产生的每一个叶节点 n_i do
3. 　　　　InstrEmit(n_i)
4. 　　Emit(n)

首先，函数 InstrEmit 对覆盖根节点 n 的瓦片所产生的每一个叶节点 n_i，递归调用执行 InstrEmit 函数发射指令；然后发射与节点 n 匹配的指令。

需要注意的是，一般地，函数 InstrEmit(n) 并不是对节点 n 的子节点进行递归调用，而是对匹配节点 n 的瓦片的子节点进行递归调用。例如，利用动态规划算法找到上面的简单树的最优代价以后，指令发射阶段将发射指令：

```
addi  r₁, r₀, c₁
ldr   r₂, [r₁, c₂]
```

但是对于任何以中间这个节点"＋"为根的瓦片，并没有指令发射，因为这个节点"＋"不是与根节点匹配的瓦片的叶节点。

6.1.4　执行效率

本节讨论指令选择的两种算法，即最大吞进算法和动态规划算法的执行效率。

假设存在 T 种不同的瓦片，平均每个匹配的瓦片有 K 个非叶子（带标号的）节点。令 K' 表示在给定的子树中为确定应匹配哪个瓦片而需要检查的最大节点个数，该值近似于最大瓦片的大小。并且假定平均而言，每一个树节点都可以与 T' 个树型（瓦片）相匹配。对于像鲲鹏这样典型的 RISC 机器，可以给出预估值 T＝50、K＝2、K'＝4、T'＝5。

假设在输入树中存在 N 个节点，则最大吞进算法只需考虑在 N/K 个节点上的匹配，因为一旦"吃掉"了根节点，这个瓦片的非叶子节点就不再需要进行树型匹配了。为了能找到与某个节点相匹配的所有瓦片，必须检查的树节点至多为 K' 个。但如果使用更为复杂的判定树算法（其中的每一个节点都只检查一次），则需要比较每一个成功的匹配，以查看它的代价是否为最小，因此每一个节点的匹配代价是 $K'+T'$，总的代价则与 $(K'+T')N/K$ 成正比。

动态规划算法必须找出每一个节点的所有匹配，因此它的代价与 $(K'+T')N$ 成正比。但是动态规划算法的比例常数比最大吞进算法的比例常数要大，因为它需要对树进行两次遍历，而最大吞进算法只需遍历一次。

由于 K、K' 和 T' 都是常数，因此这些算法的运行时间都是线性的，即和程序的节点数目

N 成正比。实际的测量表明,与一个真实编译器所执行的其他阶段相比,指令选择算法都运行得非常快。即使是词法分析阶段,其执行时间也可能比指令选择阶段要长。

6.2 指令调度

现代计算机都提供了不同形式的指令级并行执行的能力,可以在同一个时钟周期内发射多条指令执行,因此,指令的排列顺序对于充分利用计算机的并行执行能力来说非常重要,编译器需要根据目标机器的具体特征,将机器指令合理地进行排序,以充分利用机器的计算资源和能力,这个任务被称为指令调度(instruction scheduling)。指令调度器的输入是由目标机器汇编语言指令组成的一个列表,其输出是同一组指令的重新排序的版本,如图 6-4 所示。

指令调度前的指令 → 指令调度 → 指令调度完成的指令

图 6-4　指令调度

本节讨论编译器后端的指令调度模块。首先,以鲲鹏为例,简要讨论现代计算机提供的指令级并行执行的能力,以及对编译器指令调度提出的要求;其次,讨论依赖图,它是编译器为进行指令调度构建的核心数据结构;再次,讨论针对基本块的局部表调度算法及其若干重要改进;接下来,讨论针对整个程序的全局调度算法;最后,讨论针对循环的软流水技术。

6.2.1 指令级并行

现代计算机提供了很多指令级并行执行的能力,这对于实现有效的指令调度非常重要。本节讨论现代计算机的几个重要的并行执行能力:流水线、指令多发射和乱序执行。

1. 流水线

现代计算机都采用了指令流水线(instruction pipeline)的执行方式,在这种执行方式中,每条指令的执行过程被分成若干个阶段,在前一条指令开始执行但未完成所有阶段的同时,后一条指令就可以开始执行。

表 6-4 给出了一个典型的具有 5 阶段流水的指令执行过程:取指(Instruction Fetching,IF)、译码(Instruction Decoding,ID)、执行(Execution,EX)、访存(Memory,MEM)和写回(Write Back,WB)。表的每行代表一条正在执行的指令,每列代表一个时钟周期。可以看到,在每个时钟周期内,处理器都可以开始执行一条新指令。例如,在第 1 个时钟周期,指令 i1 开始执行;在第 2 个时钟周期,指令 i2 开始执行(指令 i1 执行尚未结束),其他阶段类似,最多有 5 条指令可以同时并行执行。

表 6-4 具有 5 阶段流水的指令执行过程

指令	1	2	3	4	5	6	7	8	9	10
i1	IF	ID	EX	MEM	WB					
i2		IF	ID	EX	MEM	WB				
i3			IF	ID	EX	MEM	WB			
i4				IF	ID	EX	MEM	WB		
i5					IF	ID	EX	MEM	WB	
i6						IF	ID	EX	MEM	WB

对分支指令的处理更加复杂,由于处理器一般无法预先判断分支是否会跳转,因此无法判断该取哪条指令执行。许多处理器采用投机执行(speculative execution)的技术:假设分支不会跳转,从而直接预取分支后的指令;如果分支指令执行时发生了跳转,则把预取的指令清空,并重新从跳转地址处取指。

每条指令需要的执行时间并不相同。一条整型算术指令仅需几个时钟周期就能完成,而一条浮点运算指令可能需要几个或数十个时钟周期,而数据加载指令更加复杂,按照源操作数的来源(从寄存器、缓存或主存等),该指令可能需要几个、几十个甚至几百个时钟周期才能完成。如果存在连续的两条指令,第二条指令的操作数值依赖于第一条的结果,则两条指令并不能完全以流水线的形式并行执行,例如,对于如下程序:

```
x = ...
... = x
```

假设第 1 条指令执行需要 3 个时钟周期,则第 2 条指令需要等到第 4 个时钟周期(而不是第 2 个)才能开始执行。不同的处理器实现这个问题的方式并不一样,有的处理器实现了同步机制,可以自动停顿(stall)第二条指令的执行,直到其所需要的操作数可用为止,这类处理器机制被称为动态调度(dynamically scheduled);而有的处理器(尤其是嵌入式场景中使用的处理器)则依赖软件进行分析并插入显式的空指令,以确保指令执行时其所需的操作数已经计算完毕,这类机制被称为静态调度(statically scheduled)。对于上面的程序,静态调度的结果可能是:

```
x = ...
nop
nop
... = x
```

两个空操作 nop 可以保证第 4 条指令将从第 4 个时钟周期开始执行,而此时变量 x 的值已经可用。

2. 指令多发射

表 6-4 给出的流水线,每个时钟周期处理器都发射一条指令,而在更复杂的处理器中,在一个时钟周期内,处理器可以同时发射多条指令,这进一步增大了系统的并行度。

表 6-5 给出了一个 3 发射流水线执行的示例,可以有共计 15 条指令并行执行。

表 6-5 具有 5 阶段流水 3 发射的指令执行过程

指令	1	2	3	4	5	6	7	8	9	10
i1	IF	ID	EX	MEM	WB					
i2	IF	ID	EX	MEM	WB					
i3	IF	ID	EX	MEM	WB					
i4		IF	ID	EX	MEM	WB				
i5		IF	ID	EX	MEM	WB				
i6		IF	ID	EX	MEM	WB				
i7			IF	ID	EX	MEM	WB			
i8			IF	ID	EX	MEM	WB			
i9			IF	ID	EX	MEM	WB			
i10				IF	ID	EX	MEM	WB		
i11				IF	ID	EX	MEM	WB		
i12				IF	ID	EX	MEM	WB		
i13					IF	ID	EX	MEM	WB	
i14					IF	ID	EX	MEM	WB	
i15					IF	ID	EX	MEM	WB	
i16						IF	ID	EX	MEM	WB
i17						IF	ID	EX	MEM	WB
i18						IF	ID	EX	MEM	WB

和流水线类似,多发射同样可以由软件或者硬件来保证。超长指令字(Very-Long-Instruction-Word,VLIW)处理器主要依赖软件来实现多发射,而超标量(Super Scalar)处理器主要依赖硬件来实现多发射。超长指令字处理器的指令比一般处理器要长,可以编码可同时发射的指令的信息,编译器来决定哪些指令可以在同一个时钟周期内并行发射,并把这些指令显式编码为超长指令字。而超标量机器的指令集和普通的指令集相同,但它可以自动判断哪些指令能在一个时钟周期内并行发射。

3. 乱序执行

一般地,处理器按照取指的先后顺序执行指令,在指令的操作数不可用时,后续的指令需要进行等待。而有的现代处理器引入了乱序执行(Out-of-Order,OOO)技术,即处理器在运行时对指令进行动态调度,互不相关的指令可以并行执行。

编译器进行的静态调度和处理器的动态调度可以相互促进。一方面,编译器的静态调度从程序全局出发,可以发现基本块或全程序级别的指令并行机会;而处理器的动态调度受限于指令缓存等硬件条件,一般只能发现有限程序片段的并行性。另一方面,处理器的动态调度由于拥有更详细的程序运行时信息,因此可以构建更加细致的指令并行信息,而编译器的静态调度,由于缺乏运行时信息,往往只能进行保守估计。

6.2.2 依赖图

对指令进行调度的核心思想是考虑指令间的依赖关系。重新考虑图 6-5 中给出的指令调度示例(参见第 1 章),通过把 mult 指令重排到 load 指令之后,指令执行可以充分利用

load 指令的执行延迟,从而总执行周期数减小了 2。需要注意的是,这里的讨论先假定目标处理器是单发射,后续再讨论多发射的情况。

开始	结束	指令
1	3	loadi r_0,23
2	4	load r_1,@z
5	6	mult r_0,r_1,r_0
6	8	load r_2,@y
9	9	add r_0,r_2, r_0
10	12	store r_0, @x

(a) 初始代码

开始	结束	指令
1	3	loadi r_0,23
2	4	load r_1,@z
3	5	load r_2,@y
5	6	mult r_0, r_1, r_0
7	7	add r_0, r_2, r_0
8	10	store r_0, @x

(b) 调度后的代码

图 6-5　指令调度示例

直观上,以上指令调度能够进行是因为 load 指令不需要 mult 指令的执行结果,即 load 指令不依赖于 mult 指令;相反地,初始代码中的 add 指令不能调整到 load 指令之前,是因为 add 指令需要 load 指令加载的寄存器 r_2 的值。

1. 依赖图构建算法

定义 6.1(依赖图)　依赖图(dependency graph)$G=(V,E)$ 是一个有向图,图的顶点 V 由程序的每条指令构成,而对于两条指令 V_i 和 V_j,有 $(V_i,V_j)\in E$ 当且仅当指令 V_j 的执行依赖于指令 V_i 的执行结果。

基于指令间的依赖关系,可以基于程序变量的定义-使用给出依赖图的构建算法。算法 27 接受程序的一个基本块 B 作为输入,构建并返回其依赖图。算法首先创建一个空的依赖图 G,然后从后向前依次扫描基本块 B 中的每条指令 i,把 i 作为节点加入图 G 中;假设指令 i 定义的变量集合为 V,则算法扫描指令 i 后的每条指令 j,如果 V 中的变量被指令 j 使用,则意味着 j 依赖于 i,因此,需要添加一条有向边(i,j)到图 G 中。

算法 27　依赖图构建算法

输入:程序基本块 B
输出:B 的依赖图

```
1. procedure BuildDependencyGraph(B)
2.     G = Graph()
3.     for 基本块 B 中的每条指令 i,顺序为从后向前 do
4.         把 i 作为节点加入图 G 中
5.         V = definedVars(i)
6.         for 指令 i 后的每条指令 j do
7.             if  V ∩ usedVars(j) = φ then
8.                 添加一条有向边 (i, j) 到图 G 中
9.     return G
```

对于图 6-5 中的示例,在图 6-6 中为每条指令编号,并基于该编号给出了程序依赖图。依赖图 G 中的每个节点 n 都具有一些属性,最重要的是如下两个。

(1) type(n):指令 n 的类型,该属性将帮助处理器把该指令发射到合适的处理单元。

(2) delay(n):指令 n 所需的执行周期,它将用于整个程序执行周期的计算。

入度为 0 的节点称为叶子节点(leaves),而出度为 0 的节点称为根节点(Roots)。但要特别注意,依赖图是由有向无环图构成的森林,而不是树。

编号	指令
a	loadi r_0, 23
b	load r_1, @z
c	mult r_0,r_1,r_0
d	load r_2, @y
e	add r_0,r_2,r_0
f	store r_0,@x

(a) 初始代码

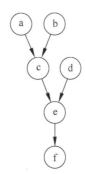

(b) 程序的依赖图

图 6-6   指令序列的依赖图

2. 依赖图与指令调度

对于基本块 B 及其依赖图 G=(V,E),B 中的每条指令在 G 中对应于一个节点。对于两个节点 n_1 和 n_2,如果 n_2 使用了 n_1 的结果,那么 G 中有一条边(n_1,n_2)从 n_1 指向 n_2。在 G 中没有前驱的那些节点(如图 6-6(b)中的 a、b 和 d)称为该图的叶节点。由于叶节点的执行不依赖于任何其他操作,所以它们可以被尽早调度执行。G 中没有后继节点的节点(如图 6-6(b)中的 f)称为该图的根节点。根节点是图中最受限制的节点,因为直至其所有祖先都已经执行完毕之后,根节点才能执行。

基于一个代码片段的依赖关系图 G=(V,E),给出调度的定义。

定义 6.2(调度)   调度 S 是一个映射

$$S:V \to i$$

将图 G 中每个节点 $n \in V$ 映射到一个非负整数 i,表示指令 n 应该在第 i 个时钟周期发射。以下总是假定第一个操作在周期 1 发射。

由于调度可以把多个不同的指令映射到同一个时钟周期 i,因此我们记第 i 个时钟周期可以发射的指令集合为

$$T(i) = \{n \mid S(n) = i\}$$

调度 S 必须满足 3 个约束:

(1) 对于每条指令 $n \in V$,都有 $S(n) \geqslant 1$。即所有指令都只能在执行开始之后发射。

（2）如果$(n_1,n_2)\in E$，那么 $S(n_1)+\text{delay}(n_1)\leqslant S(n_2)$。这个约束保证执行的正确性，在一个操作的操作数都定义完成之前，该操作是无法发射的。违反该规则的调度，可能改变代码的执行结果。

（3）第 i 个时钟周期包括的指令数目 T(i)不能超过目标处理器在单个周期的指令发射能力。这个约束保证了可行性，违反该约束的调度可能会包含一些目标处理器没有能力发射的指令。

对于一个良构、正确、可行的调度，该调度的总执行周期是最后一个操作完成的周期编号，假定第一条指令在周期 1 发射，则调度 S 总执行周期数 L(S)可以如下计算：

$$L(S) = \max_{n\in V}(S(n)+\text{delay}(n))$$

对于给定的调度 S_i，如果对包含同一组指令的所有其他调度 S_j，都有

$$L(S_i)\leqslant L(S_j)$$

那么调度 S_i 被称为时间最优调度（time-optimal schedule）。

指令调度器的重要设计目标是为程序生成时间最优调度，为此，需要给定一个量化指标，指导指令的调度。一个常用的量化指标是累计延迟（accumulative latency），它刻画了每条指令执行的累计延迟时间。

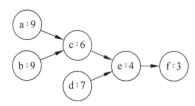

图 6-7　标注了累计延迟的依赖图

以图 6-6 中的依赖图为例，从根节点出发，逆序遍历所有节点并标注累计延迟。例如，节点 f 的延迟为 3，则节点 e 的延迟为 4，最终可得到如图 6-7 所示的依赖图。

调度器以累计延迟为量化指标，指导指令的调度。例如，算法开始执行时，由于节点 a、b、d 的入度为 0，因此都是调度的候选者；由于节点 a 具有最大累计延迟，所以将其调度到第一个时钟周期中。在节点 a 调度完成后，节点中具有最大累计延迟的是 b，这表明指令 b 应该作为第二条指令进行调度。以这种方式继续下去，将产生调度 abdcef。这与图 6-5(b)给出的调度是匹配的。

3. 反依赖

仅使用程序变量的定义-使用关系来定义依赖不能完全保证正确性。考虑图 6-8 中的程序，其依赖图表明指令 d 可以先于指令 c 调度执行，但仔细分析发现，这种调度将产生错误结果：指令 d 定义了 r_1，而指令 c 使用了 r_1，如果把指令 d 调度到指令 c 前，寄存器 r_1 中将包含错误的结果。这种约束通常称为反依赖（antidependence）。

读后写是造成反依赖的一种常见情况，图 6-9 给出了其他情况，变量的写后写同样存在反依赖，如果进行调度，后续指令会得到变量 x 不同的值，从而影响程序正确性。涉及内存操作指令的反依赖更加复杂，考虑图 6-9(c)中的示例，如果变量 x 和 y 指向的是相同内存地址的话，则程序存在反依赖，因而不能被调度；否则，第二条指令可以安全地调度到第一条之前。但为了判定变量 x 和 y 是否指向同一内存地址，编译器需要进行别名分析，否则只能保守地假定二者有可能是别名而放弃调度。

编号	指令
a	loadi r_0, 23
b	load r_1, @z
c	mult r_0,r_1,r_0
d	load r_1, @y
e	add r_0,r_1,r_0
f	store r_0,@x

(a) 初始代码

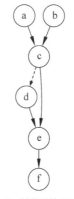

(b) 调度后的代码

图 6-8　指令序列的依赖图

```
    ... = x          x = ...          ... = [x]

    x = ...          x = ...          [y] = ...
```

(a) 读后写　　　　　　(b) 写后写　　　　　　(c) 内存加载

图 6-9　指令的反依赖

调度器至少可以用如下两种技术来确保调度生成代码的正确性。

(1) 扩展依赖图：在依赖图中加入反依赖的边。

(2) 重命名：通过重命名程序变量来消除反依赖。

在第一种技术中，如果节点 b 反依赖于节点 a，则需将有向边 a→b 加入依赖图，并在指令调度过程中遵守反依赖关系。例如，为图 6-8 中的程序加入反依赖边（虚线边）将得到如图 6-8(b)中的依赖图。需要注意，节点间可能同时存在依赖和反依赖，此时只维护一种边即可。

第二种技术尝试系统化地重命名程序块中的值，以便在调度代码之前消除反依赖。例如，将图 6-8 中编号为 d 的 load 指令的目的操作数由 r_1 重命名为 r_2 将消除反依赖，得到图 6-6 中的程序。尽管这一方法可以让调度器免于处理反依赖，但这种方法可能会导致寄存器溢出问题，并且这一技术受寄存器分配和指令调度的安排顺序影响，如果指令调度在寄存器分配完成后进行，则对寄存器的额外使用可能受限。

4. 调度的复杂度

指令调度是一个复杂问题，理论结果表明，除了最简单的体系结构以外，所有其他体系结构上的局部指令调度复杂度都是 NP 完全的。因此，编译器会使用贪心的启发式算法对调度问题生成近似解，并且几乎所有实际编译器中使用的所有调度算法都是基于一类启发式技术，称为表调度(list scheduling)。下一节将详细描述表调度；后续各节将说明如何将该算法进一步推广到更大的程序范围。

6.2.3　局部表调度

本节首先介绍编译器中用于基本块指令调度的主导技术——贪心表调度（greedy list scheduling），然后讨论这一技术的几种重要变种。表调度有几个显著特征：首先，表调度是一个局部算法，用于调度基本块中的各个指令；其次，表调度是非常有效的算法，它通常能够发现程序的最优（或近似最优）调度；再次，表调度非常通用，很容易被修改以适应不同的计算机体系结构；最后，表调度是一类方法，而非一个具体的算法，在其实现方式上存在大量的变种。

对于给定的基本块 B，表调度一般包含 3 个核心步骤：

（1）为基本块 B 建立依赖图 G。如果调度器不进行变量重命名，则需在图 G 中表达反依赖。

（2）为每条指令计算优先级。调度器在每个时钟周期选择可调度的指令时，可将指令的优先级作为衡量指标。调度器可以为指令选定几种不同的优先级指标，这样，当一种指标的值相等时，调度器可以根据其他指标的值进一步进行比较。在 6.2.2 节讨论的累计延迟指标就是调度器常用的一种优先级指标。

（3）遍历每一条指令并进行调度。算法从程序块的第一个时钟周期开始，在每个时钟周期发射尽可能多的指令。接下来，算法将时钟周期计数器加 1，更新已就绪的可供调度的指令集合，并开始下一个时钟周期的调度。算法将重复这一过程，直至每个操作都调度完成。

前面已经讨论过依赖图的构建和指令优先级的计算，接下来重点讨论表调度算法（算法 28）。算法接受程序的依赖图 G 作为输入，并生成调度完成后的指令序列。

算法 28　表调度算法

输入：程序依赖图 G
输出：调度完成产生的指令序列

```
 1. procedure ListSchedule(G)
 2.     cycle = 1
 3.     ready = G 中的所有叶子节点
 4.     active = ∅
 5.     while ready ∪ active ≠∅ do
 6.       for active 列表中的每条指令 i do
 7.         if S(i) + delay(i) < cycle then
 8.            将 i 从 active 列表中移除
 9.            for i 在图 G 中的每个后继 j do
10.               if j 已经就绪 then
11.                  将 j 加入 ready 列表
12.       if ready ≠∅ then
13.          从 ready 列表中取得一条指令 k
14.          S(k) = cycle
15.          将其加入活跃列表 active 中
16.       cycle += 1
```

算法使用以下两个列表来跟踪指令。

（1）就绪列表 ready：包含了当前时钟周期可供调度的所有指令。如果一个指令位于 ready 列表之中，那么其所有操作数都已经计算完成；同时，由于它们并不依赖于程序块中的其他指令，故这些节点在依赖图 G 中的入度为 0。

（2）活跃列表 active：包含了在更早的时钟周期中已经被发射但尚未完成执行的所有指令。

算法把这两个列表分别初始化为依赖图 G 中的所有叶子节点和空集 $\varnothing$。为跟踪时钟周期，算法用变量 cycle 维护了一个模拟时钟，并将 cycle 初始化为 1，且在每个时钟周期执行时对其加 1。调度算法对程序抽象模拟执行，主要考查依赖图 G 中各条边所规定的时序约束。在每个时钟周期中，算法都从 active 中删除在当前时钟 cycle 之前已经完成的指令 i，接下来检查指令 i 在依赖图 G 中的每个后继节点 j，以确定节点 j 的入度是否已经为 0，以判断是否将其移入就绪列表 ready 中。

如果就绪队列 ready 不为空，则算法从 ready 队列中取得一条指令 k，将其调度到当前时钟周期 cycle 中，并将其加入活跃列表 active 中。这里需要注意，当前算法只处理指令单发的情况，稍后再讨论多发情况。

当就绪列表 ready 和活跃列表 active 中都没有指令时，算法执行终止。如果通过 delay 指定的所有延迟时间都是精确的，那么通过算法得到的模拟运行时间应该与实际执行时间是匹配的。

算法还必须对基本块末尾处的分支或跳转指令进行特殊调度，以使程序计数器在基本块执行结束之前不发生突然变化。因此，假设指令 j 是基本块末尾的分支指令，它不可能早于时钟周期

$$L(S) + 1 - delay(j)$$

调度执行。因而，单周期分支操作必须在基本块的最后一个周期调度执行，而双周期分支指令必须不早于程序块的倒数第二个时钟周期调度执行。

该算法生成的调度的质量主要取决于从就绪列表 ready 中挑选指令的操作（第 13 行）。在最简单的场景中，就绪列表 ready 在每次迭代中至多包含一条指令。在这种特殊情形下，要么就绪列表 ready 包含一条指令，算法调度其执行；要么就绪列表 ready 为空，算法在该周期不发射执行指令，因此算法必定能生成最优调度。

而当就绪列表 ready 中包含多条指令时，选择的决策就非常关键了。这种情况下，算法可使用适当的权重来给依赖图节点排序，例如，可以使用前面讨论的累计延迟指标()，在排序相同的情况下，算法可能还需要引入第二种不同的权重策略。

1. 调度具有可变延迟的指令

内存操作通常具有不确定和可变的延迟。在具有多级高速缓存的机器上，按照被加载的操作数的实际位置，内存操作实际延迟的变动范围很大，可能是数个时钟周期，也可能高达数百甚至数千个时钟周期。如果调度器假定延迟为最坏情形，那么处理器可能会长时间空闲；而如果假定延迟为最佳情形，那么可能因缓存失效而导致处理器执行发生停顿。

　　为了更好地估算内存加载延迟,编译器可根据能与内存加载并行执行的指令的数量,为内存估算一个"最大可用延迟",这种方法称为平衡调度(balanced scheduling)。从技术上看,这种方法将局部可用的并行性均分给程序块中的各个内存加载,减轻可能发生的缓存失效的影响,而在没有缓存失效的情况下,它不会使执行减速。

　　算法 29 给出了计算一个基本块中各个内存加载操作延迟的过程。算法接受程序依赖图 G 作为输入,给每个内存操作指令 l 计算一个延迟 delay(l)。

算法 29　计算内存操作的延迟

输入:程序依赖图 G
输出:调度完成产生的指令序列
1. procedure LoadDelay(G)
2. 　　for G 中的每个内存操作指令 l do
3. 　　　　delay(l) = 1
4. 　　for G 中的每条指令 i do
5. 　　　　计算 G 中与指令 i 无关的子图 G_i
6. 　　　　for 子图 G_i 的每个连通分量 C do
7. 　　　　　　找到 C 的任一路径上内存操作指令的最大数目 N
8. 　　　　　　for C 中的每个内存操作指令 l do
9. 　　　　　　　　delay(l) = delay(l) + delay(i)/N

　　算法首先将每个内存操作指令 l 的延迟 delay(l) 都初始化为 1。接下来,算法依次考查依赖图 G 中的每条指令 i,并计算 G 中与指令 i 无关的子图 G_i,从技术上看,计算子图 G_i 是图 G 上的一个可达性问题,即通过从图 G 中删除指令 i 的每个直接或间接的前驱、后继节点以及与这些节点相关联的边,即可计算得到 G_i。

　　算法接下来考查子图 G_i 的每个连通分量 C,假设 C 的任一路径上内存操作指令的最大数目为 N,则在 C 中最多有 N 个内存访问指令可共享指令 i 的延迟 delay(i),因此算法将 delay(i)/N 加到 C 中每个内存访问指令 l 的延迟 delay(l) 上。

2. 算法的扩展

　　表调度算法 28 是一种调度策略,根据具体实现细节的不同,它可被扩展成不同的实现。本节讨论对表调度算法 28 的几种扩展:多发射、指令权重、前向和后向调度。

　　表调度算法 28 假定目标处理器每个时钟周期只能发射一条指令,而很多实际处理器可以在每个时钟周期发射多条指令。为处理这种情况,可以修改算法第 13 行的指令选取过程,从就绪队列中选择 n 条指令 $k_1, k_2, \cdots, k_n$ 并发射,其中 n 是目标处理器上一个时钟周期最多可发射的指令条数。

　　表调度算法 28 可使用累计延迟作为每个节点的权重指标,而当两个或多个节点具有相同权重时,调度器可以建立另一种权重指标,并按照某种一致的次序根据这些权重指标计算指令的调度优先级。调度器常用的权重指标包括几种。

　　(1) 节点在依赖图 G 上的直接后继数目:和对图的宽度优先遍历策略类似,这种权重策略促使调度器优先调度直接后继更多的节点,它也会在就绪列表 ready 上保留更多的指令,从而更有利于多发射的处理器。

(2)节点在依赖图 G 上的所有后代的数目:这种权重策略是前一种策略的全局形式,它更倾向于优先调度后代更多的节点。

(3)节点自身的执行延迟 delay:这种权重策略会尽早调度长延迟指令,这样可给后续指令更多的时钟周期,来覆盖此指令的延迟。

(4)节点自身最后一次使用的操作数的数目:这种权重策略会尽早缩短变量的活跃区间,从而降低寄存器压力。

这些权重策略没有绝对的优劣之分,编译器设计者要从具体实现目标以及目标处理器的特点出发,对权重策略做出选择。

表调度算法 28 按照从叶节点到根节点的顺序访问依赖图 G,并从第一个时钟周期到最后一个时钟周期来建立调度。算法也可以按相反的方向遍历依赖图 G,即从根节点到叶节点来进行调度,第一个被调度的指令最后一个发射,而最后一个被调度的指令第一个发射。算法的这个版本称为后向(backward)表调度,原版本称为前向(forward)表调度。

前向和后向调度的差别在于调度器考虑各个指令的顺序不同。因此,在具有更大延迟的指令出现的位置,会对这两种调度策略的结果产生显著的影响。例如,如果关键指令更多出现在叶节点附近,那么前向调度更可能优先调度这些指令,从而产生更优的结果;如果关键指令更多出现在根节点附近,那么后向调度可能会优先考查它们,从而产生更优的结果。

实践表明,前向调度和后向调度各有优劣,没有哪一个始终比另一个更好,因此一些编译器会同时尝试前向调度和后向调度,并保留质量更好的调度结果。另外,调度器要完成的很多操作都是通用的,如建立依赖图、计算指令权重等工作,因此,和只使用单一的调度算法相比,编译器同时使用前向调度和后向调度的代价并不会高太多。

3. 算法运行效率

算法 28 从就绪列表 ready 中选择一条指令,需要对 ready 列表进行扫描,如果使用线性表来实现 ready 列表,则创建和维护 ready 的时间复杂度接近 $O(n^2)$。而如果用优先队列来实现 ready 列表,则可以将时间复杂度降低到 $O(n\log n)$。

类似地,也可以用优先队列来实现活跃列表 active,从而降低相关操作的时间复杂度。调度器向活跃列表 active 添加一条指令 i 时,可以将指令 i 完成时的时钟周期 $S(i)+delay(i)$ 作为其优先级。

综上,依靠对数据结构的合理使用,表调度算法具有多项式量级的运行时间复杂度,由于基本块包含的指令一般不会太多,因此算法比较高效。

6.2.4 全局调度

能够对超过单个基本块的指令进行调度的技术,统称为全局调度(global scheduling)。由于全局调度可以访问更大范围的代码,因此往往可以改进编译器所生成代码的质量。已有研究提出了许多完成全局指令调度的算法,这些算法都基于前面讨论的基本的表调度算法。本节将讨论全局调度涉及的全局代码移动,并讨论几种典型的全局调度策略。

1. 全局代码移动

全局调度可能会将指令从一个基本块移动到另一个基本块中,这种跨基本块的代码移动被称为全局代码移动(global code motion)。和基本块内的代码移动相比,全局代码移动更加复杂,它不仅需要考虑数据的依赖关系,还需要考虑控制的依赖关系。

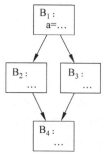

图 6-10　程序控制流图

考虑图 6-10 所示的程序控制流图,假设调度器决定将指令 a 从基本块 B_1 调度到基本块 B_2 中(这称为一个后向移动(backward motion)),则可以发现:在程序的执行流是 $B_1 \rightarrow B_3$ 的情况下,指令 a 没有执行,当指令 a 的执行包含副作用(如输出或者内存写等),或者基本块 B_3 需要用到指令 a 定义的值时,程序的语义将发生变化,导致程序在调度后得到错误的执行结果。为解决这一问题,需要在基本块 B_3(确切地说,是在 $B_1 \rightarrow B_3$ 的边上)中插入一条额外的指令 a,以保证程序语义的正确性,这个操作称为代码补偿(code compensation)。需要注意,代码补偿虽然不会增加程序的运行时间,但由于增加了额外代码而增加了程序的规模。

相反地,如果调度器决定将指令 a 从基本块 B_2 调度到基本块 B_1 中(这称为一个前向移动(forward motion)),则可以发现:在程序的执行流是 $B_1 \rightarrow B_3$ 的情况下,指令 a 额外多执行了一次,同样,如果指令 a 的执行包含副作用(如输出或者内存写等),或者基本块 B_2 需要用到指令 a 定义的值时,程序的语义将发生变化,导致程序在调度后得到错误的执行结果。为解决这一问题,需要在调度指令 a 时,附加必要的限制并对代码进行修改。

(1) 如果指令 a 没有副作用,则:

① 如果指令 a 定义的值在 $B_1 \rightarrow B_2$ 不活跃,则可将指令 a 调度到基本块 B_1 中;

② 否则,需要对指令 a 定义的变量进行重命名,以确保让基本块 B_2 读取到正确的值。

(2) 否则,指令 a 的前向调度不能超过基本块 B_2 的边界。

一般地,可以根据基本块之间的必经和后必经关系对全局指令移动进行分类。被移动指令的起始基本块和目标基本块分别记为 S 和 D,表 6-6 给出了后向移动在 S 和 D 的 4 种不同组合的情况下,是否需要代码修正以及是否需要代码补偿的分类。从表中可以看出:当源基本块 S 是目标基本块 D 的必经节点,同时目标基本块 D 也是源基本块 S 的后必经节点时,情况最简单,不需要任何代码修正或者代码补偿;而如果两个基本块既不满足必经也不满足后必经关系时,情况最复杂,调度器可能需要同时进行代码修正和代码补偿。

表 6-6　代码后向移动

组　　合	S是D的必经节点?	S是D的后必经节点?	需要代码修正?	需要代码补偿?
1	Y	Y	N	N
2	Y	N	N	Y
3	N	Y	Y	N
4	N	N	Y	Y

类似地,可以给出代码前向移动的表。基于这些表格,编译器设计者需要进行合理的关于代码移动的设计决策:对于有些程序,前向代码移动可能更有收益;而对于其他程序,可能后向代码移动的结果更优。

调度器可以采取适当措施缓解补偿代码的影响。例如,对于前向代码移动,它可以通过使用变量活跃信息来避免前向移动带来的代码补偿,即如果被移动指令的结果在路径外程序块的入口处是不活跃的,那么无须为该程序块添加补偿代码。

2. 扩展基本块的调度

扩展基本块(Extended Basic Block,EBB)包含一组基本块 $T=\{B_1,B_2,\cdots,B_n\}$,其中 B_1 具有多个前驱节点,而其他每个基本块 $B_i(2\leqslant i \leqslant n)$ 都刚好只有一个前驱节点 C,且该节点 $C\in T$。编译器可以通过对程序的控制流图的一趟简单处理识别扩展基本块。考虑图 6-10 所示的控制流图,其中包含一个大的扩展基本块 $\{B_1,B_2,B_3\}$ 和一个只有一个基本块的平凡扩展基本块 $\{B_4\}$。大的扩展基本块有两条执行路径 $B_1\to B_2$ 和 $B_1\to B_3$,二者以基本块 B_1 为公共前缀。

为了对更大范围的代码进行调度,编译器可以将扩展基本块中的执行路径,如 $B_1\to B_2$,看作单个基本块处理。编译器要妥善处理由于全局代码移动可能导致的副作用,并加入适当的代码补偿。例如,如果编译器把指令沿路径 $B_1\to B_2$ 向下移动,则需要在基本块 B_3 中加入代码补偿,以保证程序执行的正确性。

扩展基本块的调度机制并不复杂。为调度扩展基本块的一条执行路径,调度器对路径进行分析,并对整条路径建立依赖图(也包括每个节点的权重等指标);然后,调度器使用表调度算法对整个路径进行处理,过程和对单个基本块的处理类似。在调度器将一个指令调度到一个具体时钟周期时,可能需要插入必要的补偿代码。

在这种方案中,编译器会调度每个基本块一次。在上述例子中,调度器可能首先处理路径 $B_1\to B_2$,然后是平凡的路径 B_3。在处理基本块 B_3 时,由于基本块 B_1 的调度已经确定,此时将使用 B_1 调度的知识作为处理基本块 B_3 的初始条件,但不会改变基本块 B_1 的调度。最后,调度器对基本块 B_4 进行调度。

指令调度对路径的执行可能会产生负面的影响。例如,把某条指令 s 由基本块 B_2 调度到基本块 B_1 中时,需要在执行路径 $B_1\to B_3$ 上加入额外的补偿代码,以抵消指令 s 的影响。这也意味着指令调度在加速 $B_1\to B_2$ 执行路径的同时,降低了路径 $B_1\to B_3$ 的执行效率,仅当指令调度的收益高于补偿代码的代价时,指令调度才值得进行。因此,编译器需要在调度前,基于特定评估指标,对每条路径的整体收益进行评估,以决定对哪些路径进行调度。编译器可以使用的评估指标包括对程序静态分析得到的信息,或者基于程序运行时收集的剖面信息(profiling information)。

3. 踪迹调度

踪迹调度(trace scheduling)进一步扩展了路径调度的概念,它可以超过扩展基本块中路径的范围,尝试对控制流图中的无环路径进行调度。因为踪迹调度同样涉及补偿代码的问题,所以编译器选择被调度的踪迹时,应该确保先调度那些执行最频繁的踪迹,再考虑执行较少的踪迹。

对于图 6-11 所示的控制流图,各条边上标注了该边的执行计数。为建立一条踪迹,调度器可以使用一种贪心算法:首先,选择控制流图中执行最频繁的边作为初始(平凡)踪迹,在本例中,调度器首先选择边 $B_2 \to B_4$。接下来,调度器会考查进入踪迹第一个节点的边或离开踪迹最后一个节点的边,并选择执行计数较高的边加入踪迹。在本例中,调度器会选择 $B_1 \to B_2$,形成踪迹 $B_1 \to B_2 \to B_4$。当算法扫描完所有的边或遇到循环跳转指令时,踪迹的构造过程将停止。后一个条件主要是防止构造出将指令移出循环外的踪迹。

对于构造的踪迹,调度器可以将表调度算法应用到整个踪迹。这与扩展基本块的调度类似,踪迹的调度同样涉及补充代码的插入等步骤。为调度整个程序,踪迹调度器需要构造一个踪迹并对其进行调度;接下来,调度器将踪迹中的程序块移除,并选择下一个执行最频繁的踪迹进行调度,在调度这个踪迹时,必须遵守此前已经调度完成的代码的约束。这个处理过程重复进行,直至所有程序块都调度完毕为止。

4. 基本块复制

程序控制流图中的汇合点限制了基于路径或踪迹调度的有效性。为改进调度效果,编译器可以通过基本块复制(block clone),创造出更长且没有汇合点的基本块序列。对于扩展基本块调度,基本块复制会增加扩展基本块的大小以及穿越扩展基本块的路径的长度;对于踪迹调度,它避免了踪迹中存在中间出入口点所导致的复杂性。

考虑图 6-10 所示的控制流图,对基本块 B_4 进行复制后,得到图 6-12 所示的控制流图。基本块 B_2 和 B_3 现在分别指向基本块 B_4 和 B_4',基本块复制消除了该控制流图中所有的汇合点。

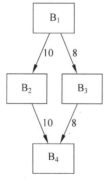

图 6-11　跟踪调度

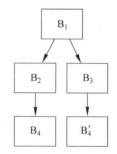

图 6-12　基本块复制后得到的控制流图

在复制之后,整个控制流图形成了一个扩展基本块。如果编译器判断 $B_1 \to B_2 \to B_4$ 是执行比较频繁的路径,它将首先调度 $B_1 \to B_2 \to B_4$;接下来,再调度 $B_3 \to B_4'$,并使用已调度过的 B_1 作为前缀。

和扩展基本块中的路径调度以及一般的踪迹调度相比,基本块复制后的调度能够拥有更大的程序上下文,因此一般可以产生更好的结果。例如,在扩展基本块的调度中,基本块

B_4 只能单独调度,无法和基本块 B_2 或 B_3 一起调度;在踪迹调度中,基本块 B_4 最多只能和基本块 B_2 或 B_3 中的一个一起调度;而在基本块复制后,基本块 B_4、B_4' 可以分别和基本块 B_2 或 B_3 一起调度。另一方面,基本块复制由于包含重复代码副本,程序的规模会变大。

6.2.5 软件流水

循环占据了程序执行的大部分时间,对循环性能的改进是程序优化的重要目标。本节讨论针对循环的一种重要优化算法——软件流水(software pipeline)。该算法通过调度循环体代码,将本属于不同循环迭代轮次的程序代码调度到同一个循环迭代轮次中交叉执行,以充分利用现代处理器提供的指令级并行性能,提高循环的执行效率。

1. 软件流水的基本概念

考虑循环结构示例:

```
for ...
    S1; S2; S3
```

如果将循环体中的三条语句 S1、S2 和 S3 作为一个整体,看成一个具有 3 阶段流水的"大"指令,则循环体迭代执行的过程可写作(以 5 次迭代执行为例):

```
S1 S2 S3
    S1 S2 S3
        S1 S2 S3
            S1 S2 S3
                S1 S2 S3
```

从中可看出,该循环可写成如下的伪代码:

```
S1; S2; S1;
for ...
    S3; S2; S1;
S3; S2; S3;
```

一般地,如果语句按 S3、S2 和 S1 的顺序执行,比初始的 S1、S2 和 S3 的执行顺序效率更高的话,则变换后的循环具有更高的性能。

由于对循环体的调度和硬件流水线之间具有一定的相似性,故这种调度被称为软件流水线,其中调度后得到的新的循环体称为循环核(loop kernel),而循环启动前和结束后执行的代码分别称为前言(prologue)和结语(epilogue)。关于软件流水,有两个关键点要特别注意:第一,循环核中的代码不是简单地对原来循环体中代码的重排,而是包含了来自循环不同迭代次数的代码。例如,在上面的示例中,循环核中分别包括了来自第一轮迭代中的语句 S3、第二轮迭代中的 S2 和第三轮迭代中的 S1。第二,由于软件流水引入了前言和结语代码,调度后生成的循环代码一般要比调度前的循环代码大,对于较小的循环,代码规模甚至会翻倍。

为理解软件流水对提高循环执行效率的作用,考虑一个具体示例。对于如下循环:

```
for(i = 0; i < 100; i++)
    a[i] = b[i] + 5;
```

编译器为其生成的初始代码如下(为清晰起见,用更易读的类高层指令代替了汇编指令):

```
      i = 0
   L:
1  3  s = b[i]
4  4  t = s + 5
5  7  a[i] = t
6  6  i = i + 1
7  7  cmp i, 100
8  8  jl L
```

在每条指令前标记了该指令开始和结束执行的时钟周期,这里假定访存指令的时钟周期是 3,其他指令的时钟周期是 1。该循环共计需要 8 个时钟周期完成一轮迭代。

对这个循环应用软件流水,可能得到如下调度后的程序:

```
      // prologue
      i = 0
      s = b[0]
      t = s + 5
      i = i + 1
   L:
1  3  a[i-1] = t
2  4  s = b[i]
3  3  i = i + 1
4  4  cmp i, 100
5  5  t = s + 5
6  6  jl L
      // epilogue
      a[99] = t
```

调度把前一轮次(第 i−1 轮)循环中对数组元素 a[i−1]的赋值和下一轮次(第 i 轮)循环中对数组元素 b[i]的读取融合到了一个循环核中,循环核的总执行时钟周期为 6。调度后的循环只执行 99 次,前言和结语代码分别包含 4 条和 1 条指令。

进一步假设目标处理器上有多个执行单元,则处理器可通过把目标指令调度到不同的执行单元上,而对程序进一步加速。例如,对于有两个执行单元的程序,一种可能的调度结果如图 6-13 所示,该循环核的执行只需要 4 个时钟周期。

2. 软件流水算法

为实现软件流水,调度器可采用如下步骤:首先,调度器估算循环核执行所需要的时钟周期数,该数目称为启动区间(initiation interval);接着,调度器尝试对代码进行调度,生成时钟周期长度恰好为启动区间的循环核,如果该步骤失败,则调度器对启动区间自增 1,重新尝试生成循环核(注意,因为自增的过程最多进行到启动区间长度和循环体原本的长度一致,因此,这个过程肯定能够终止并成功);最后,调度器根据产生的循环核,生成对应的

```
            // Unit 0     // Unit 1
            s = b[0]      i = 0
            t = s + 5     i = i + 1
        L:
1   3   a[i-1] = t    s = b[i]
2   2   i = i + 1     cmp i, 100
3   3   nop           nop
4   4   t = s + 5     jl L
            // epilogue
            a[99] = t
```

图 6-13　循环在有两个执行单元的处理器上的调度结果

前言和结语代码。

3. 循环核的规模

调度器可以根据以下两方面的约束来计算循环核的初始大小。

(1) 资源约束(Resource Constraint,RC)：循环核执行周期必须足够长,以便每条指令能发射到合适的执行部件。假设共计有 u 类执行部件,则循环体执行需要的时钟周期

$$RC = \max_{1 \leqslant i \leqslant u}(\lceil I_i / N_i \rceil)$$

其中 I_i 是第 i 类指令的条数,N_i 是第 i 类执行部件的个数。

(2) 依赖约束(Dependency Constraint,DC)：循环核执行周期必须足够长,使得跨循环迭代的依赖都能满足。假设共有 v 个跨循环迭代的依赖,则

$$DC = \max_{1 \leqslant i \leqslant v}(\lceil D_i / K_i \rceil)$$

其中,D_i 是第 i 个跨循环迭代数据依赖的累计延迟,K_i 是该依赖所跨的循环迭代的数量。调度器可使用

$$\mathcal{L} = \max(RC, DC)$$

作为启动区间的初始值。

考虑上面给定的两个执行单元的循环的例子,计算可得 $RC = \max(\lceil 7/2 \rceil) = 4$。而跨循环迭代依赖发生在变量 r_a、r_b 上,其累计延迟为 1、跨循环迭代次数为 1,所以有 $DC = \max(\lceil 1/1 \rceil) = 1$；最终有

$$\mathcal{L} = \max(RC, DC) = \max(4, 1) = 4$$

```
    L:
a:  s = [b]
b:  b = b + 4
c:  t = s + 5
d:  [a] = t
e:  a = a + 4
f:  cmp b, 400
g:  jl L
```

对应的依赖图如图 6-14 所示。

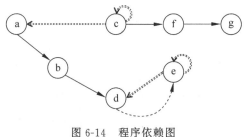

图 6-14　程序依赖图

4. 模调度算法

在软件流水中,调度器使用一个新的策略对指令进行调度,该策略采用一个长度初始值为$\mathcal{L}$的时钟周期,为此,需要让基本的表调度算法 28 中的时钟数 cycle 对$\mathcal{L}$取模,因此,这里研究的新的调度算法被称为模调度(modulo scheduling)。

以上面的代码为例,调度器尝试为循环体中的指令生成一个针对两执行单元的 4 时钟周期的调度。当 cycle=1 时,就绪列表中的指令是{a},则调度器将指令 a 调度到执行单元 0 上;在第 2 个时钟周期,就绪列表中的指令是{b},调度器将该指令发射到执行单元 0 上;在第 3 个时钟周期,就绪列表中的指令是{f},调度器将其发射到执行单元 0;在第 4 个时钟周期,就绪列表中的指令是{c,g},调度器将指令 c 发射到执行单元 0,将指令 g 发射到执行单元 1;在第 5 个时钟周期,就绪列表中的指令是{d,e},则调度器将这两条指令分别发射到执行单元 0 和 1。最终形成的代码布局如下所示:

```
    // Unit 0           // Unit 1
  L:
1.    s = [b]           [a] = t
2.    b = b + 4         a = a +4
3.    cmp b, 400        nop
4.    t = s + 5                   jl L
```

如果调度失败,则调度器对启动区间$\mathcal{L}$的值自增 1,并尝试重新进行调度。

5. 生成前言和结语

生成循环核后,编译器可以根据依赖图生成前言和结语代码。对于前言,编译器首先分析循环体,得到所有的向上暴露了使用的变量,对这些变量,编译器沿着依赖图的边逆向生成前言的指令。例如,对图 6-6 中的循环核,编译器分析得到的向上暴露的使用变量是{t},并且语句 c 依赖的语句是 a,则生成的前言代码是:

```
s = [b];
t = s + 5;
nop;
nop;
```

最后的两条 nop 指令,用于抵消内存加载操作的延迟;不同于循环体,由于循环前言只执行一次,增加的指令不会显著增加循环的时间开销。

对于结语,编译器分析循环体得到所有向下暴露的使用变量。对这些变量,编译器按照依赖图的前向边生成必要的结语。

6.3　寄存器分配

寄存器分配是编译器后端的重要阶段,它负责把程序中使用的变量分配到机器的物理寄存器中,对于无法放到物理寄存器中的变量,则放到内存中。本节讨论后端寄存器分配中的相关问题,步骤如下:

- 讨论程序的干涉图;
- 讨论基于干涉图着色进行寄存器分配的基本思想;
- 给出基本的 Kempe 算法,该算法是后续算法的重要基础;
- 对于无法分配到寄存器中的变量,溢出阶段将把这些变量存放到寄存器中;
- 接合阶段则尝试把移动指令相关的变量尽量分配到同一个物理寄存器中,从而该移动指令可以被移除;
- 讨论寄存器分配问题的算法复杂度并讨论干涉的保守性。

6.3.1　干涉图

第 5 章讨论了变量的活跃分析,该分析确定在给定的程序点哪些变量是活跃的,这些变量是必须要占用计算资源的。

在一个给定的程序点上,如果有 n 个变量同时活跃,则意味着该程序点对物理寄存器的需求数量至少为 n,这个值 n 称为该程序点的寄存器压力(register pressure)。一个程序中所有程序点的寄存器压力的最大值,称为该程序的寄存器压力。程序寄存器压力是一个近似指标,刻画了对一个程序进行寄存器分配的难度。

直观上,在任何一个程序点上,在同一个活跃集合中的 n 个变量相互干涉,即它们不能存储在同一个寄存器或者同一个内存地址中。严格来讲,给定语句 s 以及它的活跃变量集合 liveOut(s),集合 def(s) 和集合 liveOut(s) 中的不相同的变量相互干涉。

根据干涉关系,可以给程序构造一个干涉图(Interference Graph,IG)数据结构,干涉图 G＝(V,E) 是一个无向图,图中的节点 x∈V 是程序变量,如果两个程序变量 x,y∈V 相互干涉,则在两个变量 x 和 y 对应的两个节点间连一条无向边(x,y)∈E。构造干涉图的算法 buildIG() 如算法 30 所示。

算法首先调用 liveness() 函数对给定的程序 p 进行活跃分析,然后构造一个干涉图 ig,并将程序 p 中的所有程序变量 x 都作为节点插入干涉图 ig 中,这样就得到了一个只包含孤立节点的平凡的图。接下来,算法依次扫描程序 p 中的语句 s,并将语句 s 活跃集合 liveOut(s) 中的每个变量 u 和定义集合 def(s) 中的变量 v 组成的边(u,v)加入干涉图 ig 中(算法第 11～13 行)。这里还有一个技术细节:如果语句 s 是一个数据移动指令 y＝x,则变量 y 和变量 x 并不干涉,因此,不能将它们作为边加入干涉图。

算法 30 干涉图构造

输入: 程序 p
输出: 程序 p 的干涉图

```
1. procedure buildIG(program p)
2.      liveness(p)
3.      ig = newGraph()
4.      for 程序 p 中的每个变量 x do
5.          addVertex(ig, x)
6.      for 程序 p 中的每个语句 s do
7.          if 语句 s 是一个数据移动指令 "y = x" then
8.              for liveOut(s) 中的每个变量 u,u ≠ x do
9.                  addEdge(ig, y, u)
10.         else
11.             for liveOut(s) 中的每个变量 u do
12.                 for def(s) 中的每个变量 v do
13.                     addEdge(ig, u, v)
```

对图 6-15 给定的求和示例程序的控制流程,使用算法 buildIG() 进行干涉图的构造,得到的结果干涉图如图 6-16 所示。这是一个三阶完全图 K^3,即三个变量 i、n 和 s 之间相互两两干涉。

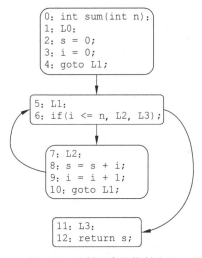

图 6-15 示例程序的控制流程

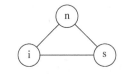

图 6-16 程序的干涉图

6.3.2 图着色

假设目标机器上一共有 K 个物理寄存器,则寄存器分配问题可描述成:把这 K 个寄存器分配到干涉图 G 中的每个节点 x 上,使得有边相连的节点(x,y)所分配的寄存器不能相同。假想每个寄存器都有一个互不相同的颜色,则这个问题可等价地描述成:给定 K 种颜色,用它们给干涉图 G 的每个节点着色,使得相邻的节点不同色。这样,寄存器分配问题就转换成了对无向图的图着色问题(Graph Coloring,GC),后者是图论中的一个经典问题。

考虑干涉图 6-16,不难验证:若能成功对该图进行着色,所需的颜色数量 K≥3。为了证明寄存器分配问题和图着色问题是等价问题,还需要证明如下结论:即每个无向图 G=(V,E) 的着色问题都可以转换为对某个程序 P 的寄存器分配问题。为此,证明如下的定理。

定理 6.1(Chaitin)　对于任意给定的无向图 G=(V,E)都存在一个程序 P,使得对 P 进行活性分析并构造对应的干涉图后,该干涉图正好是图 G。

证明:基于构造法。对图 G=(V,E)中的任意一条无向边(x,y)∈E,可以构造如下程序片段:

```
1. x = 0;
2. y = 1;
3. t = x + y;
4. goto L;
```

其中变量 t 是一个在 P 中未出现过的新变量,L 是一个公用标号,其对应的代码如下:

```
1. L:
2.     return t;
```

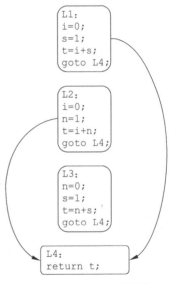

图 6-17　对示例无向图构
造的满足该图的程序

则不难验证,对程序 P 进行活跃分析后构建的干涉图正好是图 G(除了单独的节点 t 之外)。

证毕。

考虑干涉图 6-16,按照上述定理,为其构造的程序 P 如图 6-17 所示。为了验证上述过程,请读者根据图 6-17,自行画出该程序对应的干涉图。注意,根据给定的干涉图构造的程序不是唯一的。

图论中的经典结果表明:对一般的无向图 G=(V,E)进行着色,其难度是 NP 完全的。由上述定理,按照图着色思想进行寄存器分配,其难度也是 NP完全的。一般地,回答如下这些问题的难度也都是 NP 完全的:

(1) 给定一个无向图 G=(V,E),对图 G 进行着色需要的最少的颜色个数 K 是多少?

(2) 给定一个无向图 G=(V,E),是否能够用 K 种不同的颜色对图 G 完成着色?

尽管基于图着色的寄存器分配是一个 NP 完全的困难问题,但是,采用合适的启发式策略,并结合精细的数据结构选择和工程实现,可以在合理的时间内得到足够好的近似最优解,这正是本节要讨论的主要内容。

6.3.3　Kempe 算法

给定无向图 G=(V,E)和 K 种可用的颜色,如果图 G 中的某个节点 x∈V 的度

$$\text{degree}(x) < K$$

则称节点 x 为小度节点(insignificant node),否则称节点 x 为大度节点(significant node)。如果能够用 K 种不同的颜色给图 G 完成着色,则称图 G 是 K 可着色的(K-colorable)。

1. Kempe 定理及应用

对给定的无向图 G=(V, E)进行着色,可用到如下的定理。

定理 6.2(Kempe) 如果图 G=(V,E)中存在某个小度节点 p∈V,把节点 p 及其关联的边都从图 G 中移除后,得到的图记为 G′;如果图 G′是 K 可着色的,则原来的图 G 同样是 K 可着色的。

证明:图 G′是 K 可着色,把节点 p 及其关联的边重新加回 G′,由于节点 p 是小度节点,因此其在图 G′中的邻接点不超过 K−1 个,因此至少可以给节点 p 分配一种颜色,从而证明图 G 同样是 K 可着色的。证毕。

基于 Kempe 定理,可给出如下的贪心算法 kempe(),该算法在移除图 G 中某个小度节点 n 的同时,对节点 n 完成着色。

算法 31　Kempe 算法

输入:干涉图 G 和可用的颜色数 K
输出:对图 G 中的节点完成着色

```
1. procedure assign_color( int K, node n)
2.        colors = {}
3.        for 节点 n 的所有邻接点 x do
4.             colors += color_of(x) // 颜色集合
5.        color c = select(K, colors)
6.        n. color = c
7.
8. procedure kempe(graph G, int K)
9.        for 图 G 中的每个小度节点 n do
10.            assign_color(K, n)
11.            remove(n, G) // 将节点 n 从图中移除
```

该算法接受无向图 G 和可用的颜色数目 K 为参数,首先每次从图 G 中选择一个小度节点 n 调用 assign_color()函数对节点 n 着色,然后,调用 remove()函数将节点 n 及节点 n 相关的边从图 G 中移除。循环继续进行,对剩余的图重复上述过程。函数 assign_color()从 K 种候选颜色中,给节点 n 选择一种颜色,它首先将节点 n 所有邻接点的颜色记录在集合 colors 中,然后从 K 种颜色中选取不在 colors 中出现的某种颜色 c,并将颜色 c 赋给节点 n。

对算法 kempe(),还有两个关键点需要注意:

第一,在算法的第 6 行,总假定有剩余的颜色可选,即|colors|<K,而在算法的第 11 行,总假定图 G 中始终有小度节点 n,即 degree(n)<K,直到图 G 为空;如果两个条件不满足,则着色过程失败,算法需要进一步进行处理,6.3.4 节将讨论这种情况。

第二,算法第 11 行会从图 G 中移除节点 n,这个操作会产生一个"级联"效应,即会使

得 n 的邻接点的度减少 1,从而使得第 9 行的循环判断更倾向于成功,从这个角度看,这个操作降低了对图 G 着色的难度。

考虑图 6-18 中给定的干涉图,且假定可用的颜色数 K＝3(编号分别为 1、2 和 3)。

首先,算法给节点 n 分配颜色 1(用记号 n;1 表示将节点 n 涂成颜色 1,下同),并将节点 n 从图中移除,得到如图 6-19 所示的子图。

注意到节点 i 和 s 的度都已经减少为 1。接下来,继续对节点 s 着色(分配了颜色 2),并将其从图中移除,得到如图 6-20 所示的子图。

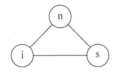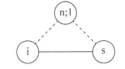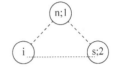

图 6-18　待着色的干涉图　　　图 6-19　给节点 n 分配颜色 1　　　图 6-20　给节点 s 分配颜色 2

最后,算法给节点 i 着色,结果如图 6-21 所示,此时只有唯一的一种颜色可选了。最终算法用 3 种颜色成功地对图完成了着色,上面证明过该图的最小着色数为 3,读者可自行尝试颜色数量为 2 时的情况。

2. 乐观着色

Kempe 算法的着色过程发生在某个节点 n 移除之前,可称这个着色策略为悲观着色(pessimistic coloring)或急切着色(eager coloring),尽管这种着色策略实现起来比较直接,但它要求图中必须始终存在小度节点,在实际情况中,这个要求可能过于严格,导致算法对有些原本 K 可着色图着色失败。

例如,考虑图 6-22 中左侧的干涉图,在给定两种颜色 K＝2 的前提下,不难验证该图是 2 可着色的,一种可能的着色方案见图中右侧着色结果。

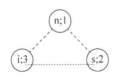

图 6-21　给节点 i 分配颜色 3　　　图 6-22　Kempe 算法着色失败的干涉图

但由于左侧干涉图中不存在度小于 2 的小度节点,因此 Kempe 算法无法完成对该图的着色。为了解决这个问题,可以把 Kempe 算法的“节点着色”和“节点移除”两个操作的顺序进行交换,即先逐个移除图 G 的节点,直到图 G 为空;然后,再逐个把节点加回图中,并同时尝试给该节点着色。同时,在这个过程中,引入乐观策略(optimistic heuristic),即当图中所有节点都是大度节点时,仍然从中选择一个大度节点,并移除该节点(6.3.4 节将讨论大度节点的移除策略),并且乐观地期待该节点在重新加回图中时,仍能分配到合适的颜色。

引入上述乐观着色策略后,Kempe 算法可改造如下。

算法 32 乐观 Kempe 算法

输入：干涉图 G 和可用的颜色数 K
输出：对干涉图 G 的着色

```
 1. // 用一个栈临时保存被移除的所有节点
 2. stack stk = [];
 3.
 4. procedure assign_color(int K, node n)
 5.     colors = {};
 6.     for n 的每个邻接点 x do
 7.         colors += color_of(x);    // 颜色集合
 8.     color c = select(K, colors);
 9.     n.color = c;
10.
11. procedure kempe_opt(graph G, int K)
12.     // 从图中移除所有节点
13.     while G 不为空 do
14.         node n = remove(G);
15.         push(stk, n);
16.     // 将所有节点重新加回图中
17.     while stk 不为空 do
18.         node n = pop(stk);
19.         assign_color(n);
```

算法 kempe_opt() 接受待着色的图 G 和可用的颜色数 K 作为参数对图 G 进行着色。算法引入了一个栈 stk，用来临时保存从图 G 中移除的所有节点。算法的主体包括两个循环，第一个循环（第 12~15 行）从图 G 中逐个移除每个节点 n，并把它们压入栈 stk 中，需要注意的是在这个步骤中使用了乐观策略，即没有考虑节点是大度节点还是小度节点。

算法的第二个循环（第 16~19 行）从栈 stk 中依次弹出每个节点 n，并添加回图 G，在添加节点的过程中，同时调用函数 assign_color()，尝试给该节点着色；着色函数 assign_color() 的代码和 kempe() 算法中的一样。

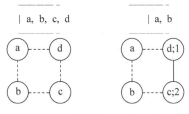

图 6-23 算法执行的示意图

以图 6-22 中的干涉图为例，第一个阶段的循环将所有节点从图 G 中移除，图 G 和栈 stk 的最终状态如图 6-23 左侧所示，节点的移除顺序为 a、b、c 和 d。

第二阶段的循环将栈 stk 中的节点弹出，并重新加回图中；在将节点 d 和 c 从栈 stk 中弹出并重新加回图 G 中后，栈 stk 和图 G 的状态如图 6-23 右侧所示，可以看到节点 d 和 c 分别被着色 1 和 2。剩余的步骤作为练习留给读者。

6.3.4 溢出

上节讨论的 kempe_opt() 算法尽管实现起来比较简单，但并不一定总能成功。在给节点 n 选择颜色的 select() 函数中,如果节点 n 的所有邻接点已经占用了所有 K 种颜色,则对节点 n 的着色将会失败。

例如,重新考查前面讨论过的 3 阶完全图(图 6-24)。

如果只有两种颜色(K＝2)的话,无法完成对该图的着色。请读者自行证明更一般的结论:对于 n 阶完全图 K^n,无法用少于 n 种颜色对 K^n 完成着色。在这种情况下,必须把节点 n 对应的变量存放到内存中(一般是函数的栈帧中),这个过程称为溢出(Spilling)。

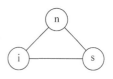

图 6-24　3 阶完全图

假定寄存器分配完成后,变量 x 发生了溢出,并且 x 被保存在函数栈帧 l_x 的偏移处,称 l_x 为变量 x 的溢出地址。对程序中变量 x 的定义和使用如下:

```
1.   x = …; // def
2.   …; // "x" is live here
3.   … = x; // use
```

必须重写代码以反映变量 x 被溢出到内存的事实,这个过程称为程序重写。对变量 x 的定义被重写成对 x 溢出地址 l_x 的写操作;对变量 x 的使用被重写成对 x 溢出地址 l_x 的读操作。因此,上述代码会被重写成:

```
1.   x1 = …;
2.   [l_x] = x1;
3.   …; // neither x1 nor x2 is live here
4.   x2 = [l_x];
5.   … = x2;
```

注意到对于变量 x 的定义和使用,分别引入了两个新的变量 x_1 和 x_2,并插入了对 x 溢出地址 l_x 的存储和读取操作。

关于变量溢出,还有两个关键点要特别注意。第一个关键点,为重写读写操作引入的新变量 x_1 和 x_2 都不能再次溢出(unspillable),即它们必须被分配到物理寄存器里。这有两个具体原因:一是从概念上看,变量 x_1 和 x_2 分别代表访存操作的源操作数和目的操作数,它们都是虚拟寄存器;二是从技术层面看,即便再次溢出变量 x_1 或 x_2,也不会带来实际的收益。不妨以继续溢出变量 x_1 为例(假设变量 x_1 的溢出地址是 l_x_1),则上述代码被重写为:

```
1.   x3 = …;
2.   [l_x1] = x3;
3.   x4 = [l_x1];
4.   [l_x] = x4;
5.   …;
6.   x2 = [l_x];
7.   … = x2;
```

可以看到,新引入的变量 x_3 和 x_4 的活跃区间长度都是 1,和变量 x_1 的活跃区间长度相同。

第二个关键点,需要注意溢出的本质作用是减小变量的活跃区间,而不是减少变量的个数。以上述示例程序为例,在将变量 x 溢出后,引入了新的变量 x_1 和 x_2,变量的个数增加了 1。尽管如此,两个新引入的变量 x_1 和 x_2 活跃的范围都更小了,例如,它们都不在第 3 行代码处活跃,亦即两个变量 x_1 和 x_2 都具有更精细的活跃区间。

1. 溢出着色

引入溢出后,整个寄存器分配算法将进行迭代,其结构如图 6-25 所示。

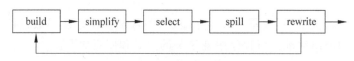

图 6-25　寄存器分配算法的结构

其中的每个阶段完成的工作如下所述。

(1) build:构造程序 P 的干涉图 G;

(2) simplify:基于 Kempe 定理,移除干涉图 G 中的每个节点 n,并压入栈 stk;

(3) select:从栈 stk 中弹出节点 n,重新加回图 G,并同时尝试为节点 n 着色;

(4) spill:若上一步对节点 n 着色失败,则将该变量 n 标记为溢出;

(5) rewrite:根据标记的溢出变量 n,对程序 P 进行重写,得到程序 P',算法跳回到第 (1)步;

(6) build:为重写完的程序 P' 构造新的干涉图 G',并重复执行上述步骤;算法反复迭代,一直到着色成功为止。

根据该结构,可给出算法 color() 的伪代码如下:

算法 33　着色

```
1. // 保存所有被移除的节点
2. stack stk = [];
3.
4. // 为节点 n 着色,
5. // 有效颜色的范围是[0, K-1], 因为一共有 K 种颜色,
6. // 着色成功返回颜色"c",
7. // 着色失败返回 -1.
8. procedure assign_color(int K, node n)
9.     colors = {};
10.    for n 的每个邻接点 x do
11.        colors += color_of(x); // 颜色集合
12.    color c = select(K, colors);
13.    if c 有效 then
14.        n.color = c;
15.        return c
16.    return -1
```

算法 34　程序改写

```
1. procedure rewrite_program(program p, node n)
2.     location l_n = generate_location();
3.     for 程序 p 中每个定义 " n = ..." do
4.         n1 = gen_fresh_var();
5.         p = rewrite as"n1 = ...; [l_n] = n1;";
6.     for 程序 p 中每个使用 "... = n" do
7.         n2 = gen_fresh_var();
8.         p = rewrite as"n2 = [l_n]; ... = n2;";
9.     return p
```

算法 35　支持溢出的着色算法

输入: 程序 p 和可用的颜色数 K
输出: 对程序 p 完成寄存器分配的结果

```
1. procedure color(program p, int K)
2.     START:
3.     // Step #1: 构造程序的干涉图 "G"
4.     graph G = buildIG(p);
5.     // Step #2: simplify 干涉图 "G"
6.     while G 不为空 do
7.         node n = remove(G);
8.         push(stk, n);
9.     // Step #3: select color
10.    while stk 不为空 do
11.        node n = pop(stk);
12.        c = assign_color(K,n);
13.        if c == -1 then
14.            // 对 n 着色失败
15.            mark_spill(n); // Step #4: spill
16.    if 有溢出变量 then
17.        // Step #5: rewrite
18.        for 每个溢出节点 n do
19.            p = rewrite_program(p, n);
20.        // 算法重新回到第一步
21.        goto START;
```

算法 color() 接受待进行寄存器分配的程序 p 和可用的寄存器数量 K 作为输入参数，并依次执行上述讨论的五个步骤，完成对程序 p 的寄存器分配。

需要注意的是该算法的第 3 个步骤，如果对节点 n 的着色过程失败，则算法标记变量 n 是一个需要被溢出的节点。接着，算法在第 16 行判断是否有变量发生了溢出，如果没有，则成功完成对程序的寄存器分配，算法运行结束；否则，算法继续执行第 5 个步骤，即对每个溢出变量 n，重写其定义和使用，并跳转回 START 点，重新迭代执行该算法，直到着色成功为止。

对于图 6-16 中给定的干涉图，假设有两个颜色 K＝2，分别对应物理寄存器 r_1 和 r_2。

在上述算法 color() 第一遍执行时,着色过程失败,并且编译器决定溢出变量 i(这里对溢出变量的选取是随意的,也可以选择变量 s 或 n,不影响正确性,在 6.3.4 节将讨论溢出策略),其溢出地址是 l_i,则编译器将程序改写成如图 6-26 所示。

编译器对图 6-26 中重写过后的程序,重新构造干涉图,并重新进入图着色算法迭代执行,这里把构造新的干涉图的过程以及算法剩余的执行过程作为练习留给读者。(这里再次强调下:图 6-26 中新引入的变量 i1、i2、i3、i4 和 i5 是不可溢出的)

细心的读者可能已经注意到:编译器选择溢出变量 i 未必是最优方案,直观上,变量 i 的定义和使用点比较多,因此,编译器溢出变量 i 也生成了较多新的临时变量(5 个),并插入了较多(5 条),数据加载和存储的访存指令。作为对比,假设编译器决定溢出变量 n,而不是 i,则重写后的程序如图 6-27 所示。

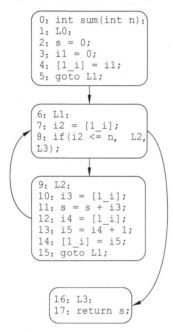

图 6-26   溢出变量 i 并进行重写后的程序

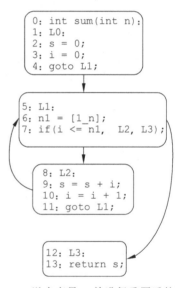

图 6-27   溢出变量 n 并进行重写后的程序

编译器仅引入了 1 个新的变量 n1,且仅添加了一条数据加载指令。类似地,也可以考虑溢出变量 s 的情况,把这个情况作为练习留给读者。

这个示例表明,编译器对变量溢出的决策,会影响最终生成代码的形状,进而影响程序的运行效率,因此,编译器必须精心选择要溢出的候选变量,我们将继续深入讨论这个课题。

2. 溢出策略

在溢出阶段,如果有多个变量都可作为溢出的候选,编译器就要决定溢出哪个(或哪些)变量。直观上,因为溢出变量被保存在内存中,对其进行访问涉及访存操作,时间开销比访问寄存器更高,因此,编译器应该选择溢出"更少使用"的变量以便降低访存开销。如果变量的使用情况都相同,则编译器要溢出在干涉图中度更大的变量,以便降低更多邻接点的度。编译器做这个决策的依据称为溢出策略(spill heuristic)。

显然,一种非常精细的溢出策略是编译器(或者运行时系统)在程序运行过程中动态收集程序的动态运行概要信息(data profiling),并根据变量的访问信息(如访问次数)决定溢出哪个变量。这种动态信息比较精确,要求编译器具有动态信息收集的机制,因此这种动态策略更多地用在即时编译(Just-In Time compilation,JIT)等场景中。

静态编译器若没有动态运行数据收集支持的话,可以使用静态代码分析技术,对变量使用情况做一个近似估计,给每个变量溢出的效果做一个代价评价,该评价用于指导变量溢出的决策。

对于给定的程序变量 x,引入如下代价函数:

$$\text{cost}(x) = \frac{\sum_n (\text{def}_n(x) + \text{use}_n(x)) * 10^n}{\text{degree}(x)} \tag{6.1}$$

该函数对变量 x 的溢出代价 cost(x)的计算分两步:第一步,给程序代码的每层循环由外向内按嵌套层级进行标号,最外层标记为 0,向内嵌套的一层标记为 1 等。记变量 x 在第 n 层嵌套循环中出现的定义和使用的次数分别为 $\text{def}_n(x)$ 和 $\text{use}_n(x)$,则对所有循环层次 n 的累加值

$$\sum_n (\text{def}_n(x) + \text{use}_n(x)) * 10^n \tag{6.2}$$

计算了每个变量 x 的累计权重,注意到权重系数 10^n 反映了内层循环权重更高的事实。

第二步,用变量 x 的累计权重式(6.2),除以该变量对应节点的度 degree(x),得到变量 x 的溢出代价 cost(x)。

根据式(6.1),显然变量 x 的代价值 cost(x)越小,变量 x 溢出的优先级越高。考虑图 6-15 中给出的求和函数的例子,对变量溢出代价的计算如表 6-7 所示。

表 6-7　变量的溢出代价计算

变量 x	权　　重	度 degree(x)	代价 cost(x)
n	$1+1*10^1=11$	2	5.5
s	$1+1+2*10^1=22$	2	11
i	$1+3*10^1=31$	2	15.5

比较溢出代价 cost(x)可知,应该优先选择溢出变量 n,请读者自行分析并给出选择溢出变量 n 后图着色和程序重写的结果。

6.3.5　接合

考虑图 6-28 中的示例程序,图中变量 b 和 d 互相不干涉,如果编译器恰好把变量 b 和 d 分配到同一个物理寄存器中(假设该寄存器是 r),则上述代码第 7 行的语句会重写成:

```
1. r = r;
```

则上述分配后得到的语句实际上是一条无用赋值语句,可被后续的窥孔优化移除,从而减少一次无用的同一寄存器间的数据移动。

一般地,如果一条数据移动指令 y＝x 的目标变量 y 和源变量 x 互不干涉,则编译器可将其分配到同一个物理寄存器 r 中,这个优化过程称为接合(coalescing)。

为了在干涉图中表示接合,用虚线边连接数据移动语句中互不干涉的源和目的变量,并称这种边为移动边(move-related edges)。例如,对于图 6-28 的示例程序,其干涉图如图 6-29 所示。

```
1.  a = 0;
2.  b = 1;
3.  b = b + a;
4.  c = 2;
5.  c = c + a;
6.  b = b + c;
7.  d = b;
8.  print(d);
```

图 6-28　可以进行接合的示例程序　　　　图 6-29　干涉图

其中 (b,d) 就是一条移动边,这样就可以基于干涉图这个统一框架,同时研究着色、溢出和接合了。

接合作为寄存器分配器引入的一种优化,其带来的代码优化效果包括(但不限于):

(1) 减少数据移动;

(2) 降低溢出的可能。

其中第一点已经讨论过了。对于第二点,考虑图 6-30 左侧的干涉图,假定可用颜色数 K＝2,则在这种着色策略下,节点 x 由于没有颜色可供分配而发生溢出(符号 x:? 表示节点 x 没有分配颜色);而对于右侧的干涉图,接合把节点 y 和 z 染成了相同颜色,故变量 x 不会溢出。

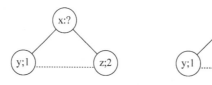

图 6-30　接合减小溢出

编译器实现接合也要基于一定的启发式策略,按照这些策略对节点接合标准及接合发生的时机进行分类,接合可分成如下几类。

(1) 激进接合:编译器在构造干涉图 ig 后,就立即将所有的移动边进行接合。

(2) 保守接合:编译器按照一定的保守策略,只对部分移动边进行接合。

(3) 迭代接合:编译器仍然进行保守接合,但接合和寄存器分配的图化简等其他阶段,交替迭代进行。

下面将深入讨论这些不同的接合策略。

1. 激进接合

在激进接合(Aggressive Coalescing)策略中,编译器构造程序的干涉图后,先通过合并所有移动边涉及的节点,从图中移除所有移动边,算法的整个流程如图 6-31 所示。

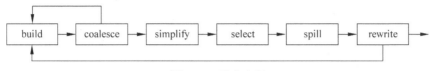

图 6-31　算法流程

上述六个阶段中的构建干涉图 build、干涉图 simplify、着色 select、溢出 spill、程序重写 rewrite 这五个阶段已经在 6.3.4 节讨论过,接下来重点讨论新增加的接合阶段 coalesce。

接合步骤上方的箭头意味着如果发生了接合,程序会被重写,之后会重新构建干涉图。其中接合的算法如下。

算法 36　接合

输入: 程序 p 及其干涉图 ig
输出: 对 p 接合后的结果
1. // 合并两个变量 x 和 y
2. //返回移除后的新程序
3. procedure merge(program p, node x, node y)
4. 　　node x&y = fresh_node();
5. 　　for 程序 p 中的每个变量 x do
6. 　　　　p = replace(p, x, x&y);
7. 　　for 程序 p 中的每个变量 y do
8. 　　　　p = replace(p, y, x&y);
9. 　　p = delete_statement(p,"x = y");
10. 　　return p
11.
12. // 接合移动边,
13. // 返回重写后的新程序
14. procedure coalesce(program p, graph ig)
15. 　　for 程序 p 中的每条移动语句 "y = x" do
16. 　　　　if 图 ig 中没有边 edge (x, y) then
17. 　　　　　　p = merge(p, x, y);
18. 　　return p

接合算法 coalesce()接受程序 p 及 p 的干涉图 ig 作为输入,算法依次扫描程序 p 中的每条移动语句 y＝x,如果语句中的两个变量 x 和 y 互相不干涉的话,则算法调用 merge()函数将变量 x 和 y 合并。

合并函数 merge()接受程序 p 和待合并的变量 x 和 y 作为参数,它首先生成一个新的变量 x&y。注意,在典型的高级语言中,x&y 一般不是合法的变量名,但这里讨论的是编译器中间表示,变量名命名不受高级语言规则的限制;并且,该变量名比较直观地编码了合并前变量的名字。然后用两个循环依次把程序中出现的变量名 x 和变量名 y,都替换成新变量 x&y。

替换完成后,算法将程序 p 中原本的移动语句 y＝x 移除,并返回移除后的新程序。

对于图 6-28 给出的示例程序,对变量 b 和 d 进行接合后,得到结果程序如图 6-32 所示,该程序对应的干涉图如图 6-33 所示,该干涉图的构建过程作为练习,留给读者。

```
1.  a = 0;
2.  b&d = 1;
3.  b&d = b&d + a;
4.  c = 2;
5.  c = c + a;
6.  b&d = b&d + c;
7.  print(b&d);
```

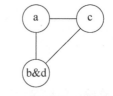

图 6-32 对变量 b 和 d 进行接合后得到的程序   图 6-33 进行接合后程序的干涉图

接合完成后,干涉图不再含有移动边,编译器可以继续进行后续的化简、选择、溢出等步骤,最终完成寄存器分配。

对于激进接合,还有两个关键点需要注意:第一,上述算法进行接合时,首先重写程序代码,然后对重写后的程序重新构建干涉图。也可以采用另外一种策略,即在重写程序的同时,同步对干涉图进行调整,这样就避免了重复构造干涉图的过程,因而可能更加高效。对这个过程的具体算法实现作为练习留给读者完成。

第二,接合的本质是干涉图节点的合并过程,由于合并可能会增大节点的度,因此会让干涉图变得更难以着色,这是接合带来的一个副作用。下一节将继续深入讨论这个问题。

2. 保守接合

激进接合尝试在干涉图化简前就移除所有的移动边,这可能产生负面的结果,即会使得原本能够 K 着色的干涉图,变得不能 K 着色。考虑图 6-34 左侧的干涉图。

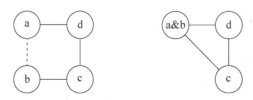

图 6-34 原始干涉图和接合后的干涉图

不难验证该图是 2 可着色的,但如果把移动边(a,b)关联的节点 a 和 b 进行接合,得到的右侧的干涉图不再是 2 可着色的。

从执行效率角度考虑,如果编译器没能移除干涉图中的某条移动边,则最终生成的代码中会有寄存器之间的数据移动;而如果编译器进行激进接合,可能会降低干涉图的着色性,从而可能产生溢出,则最终生成的代码会包括访存操作。一般地,寄存器间的数据移动执行效率比访存要高,因此,编译器需要在二者中进行权衡,必要时要选择保留部分移动边。

为了在接合的同时不降低干涉图的可着色性(从而导致溢出),编译器需要引入一些启发式策略来指导接合,这类接合方式统称为保守接合(conservative coalesce)。需要注意的是,保守接合都是静态的,即编译器只完成它能静态证明为安全的接合,接合肯定不会降低干涉图的可着色性。在某些情况下,如果一些实际运行时为安全的接合无法被静态证明,则编译器会放弃这些接合的机会。

一种常用的保守接合策略基于如下的定理。

定理 6.3(Briggs) 给定干涉图 G=(V,E) 和 K 种颜色,对于图 G 中的一条移动边 (a,b),将节点 a 和 b 进行接合后,记得到的新节点为 a&b,如果节点 a&b 的邻接点中大度节点的总数小于 K,则将节点 a 和 b 接合,不降低图 G 的可着色性。

证明:如图 6-35 所示,将图 G 中的节点 a 和 b 接合后,首先对图 G 进行化简得到图 G′,由于节点 a&b 的大度邻接点的个数小于 K,则可将节点 a&b 从图 G′ 中移除,得到了原图的一个子图 G″,由于原图是 K 可着色的,故子图 G″ 仍然是 K 可着色的,即接合没有降低图的可着色性。证毕。

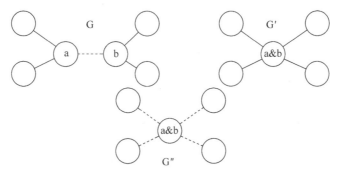

图 6-35 接合前与接合后

基于上述讨论的 Briggs 保守接合策略,可给出如下的接合算法。

算法 coalesce_briggs() 接受程序 p 及其干涉图 ig 作为输入,尝试对每个移动边 y=x 进行接合。算法大部分代码和激进接合中的对应代码类似,主要的区别在于 merge() 函数对节点 x 和 y 进行合并时,需采用 Briggs 策略进行判断:首先将节点 x 和 y 合并成新节点 x&y(第 7 行);接着,算法对节点 x&y 的大度邻接点的总数计数(第 8～11 行),如果该数值 count≥K,则无法利用 Briggs 策略进行接合,算法会将节点 x&y 恢复后返回(第 12～14 行);否则,算法从第 16 行开始真正进行接合,并返回接合后的程序 p。

需要特别注意的是,在 Briggs 接合策略中,编译器只有将移动边相关的节点 a 和 b 接合后,才能判断新节点 a&b 的邻接点情况,这和直接判断节点 a 和 b 的邻接点是不同的。考虑图 6-36 左侧给出的干涉图。

在接合前,节点 a 和 b 各有一个度为 2 的邻接点 c;而在接合后,节点 a&b 只有一个度为 1 的邻接点。

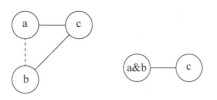

图 6-36 Briggs 接合策略的执行时机

从实现的角度看这个事实也说明,编译器要先完成接合再进行 Briggs 条件判断,如果判断失败的话,就要对干涉图进行复原操作。这也意味着 Briggs 策略是个比较昂贵的接合策略。

算法 37   基于 Briggs 策略的保守接合

输入：程序 p 及其干涉图 ig
输出：寄存器着色后的结果

```
 1.  // 合并变量 "x" 和 "y"
 2.  // 基于 Briggs 策略
 3.  // 返回结果程序
 4.  procedure merge(program p, graph ig, node x, node y)
 5.      node x&y = fresh_node()
 6.      // Briggs 策略
 7.      merge_node(ig, x, y, x&y)
 8.      count = 0;
 9.      for x&y 在图 ig 中的每个邻接点 n do
10.          if degree(n) >= K then
11.              count++;
12.      if count >= K then
13.              // 没有机会接合
14.              undo_merge(ig, x&y)
15.              return p
16.      // 接合
17.      for 程序 p 中的每个变量 "x" do
18.          p = replace(p, x, x&y)
19.      for 程序 p 中的每个变量 "y" do
20.          p = replace(p, y, x&y)
21.      p = delete_statement(p, "x = y")
22.      return p
23.
24.  // 接合移动边,
25.  // 返回重写后的新程序
26.  procedure coalesce_briggs(program p, graph ig)
27.      for 程序 p 中的每条移动语句 "y = x" do
28.          if 图 ig 中没有边 edge (x, y) then
29.              p = merge(p, ig, x, y);
30.      return p
```

一个更加高效的接合策略基于如下的定理。

定理 6.4（George）   对于给定的干涉图 $G=(V,E)$ 和 K 种颜色，考虑图 G 中的一条移动边 (a,b)，如果节点 a 的每一个邻接点 c，都满足：

（1）c 和 b 干涉；

（2）或者 degree(c)<K，即节点 c 是个小度节点。

则将节点 a 和 b 接合，不降低图 G 的可着色性。

证明：如图 6-37 所示，记节点 a 的所有小度邻接点的集合为 S，则编译器对图 G 进行化简，会将集合 S 中所有节点都移除，得到图 G_1，此时节点 a 在 G_1 中的邻接点都与节点 b 相邻，且都是大度节点。重新考虑图 G，编译器将节点 a 和 b 接合后得到图 G_2，在图 G_2 中，集合 S 中的节点仍然都是小度节点，因此 S 中的节点可以被移除得到图 G_3，不难证明图 G_3 是图 G_1 的子图，因此，图 G_3 不会比图 G_1 更难着色。证毕。

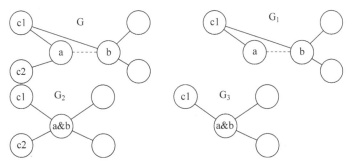

图 6-37 接合前与接合后

基于上述讨论的 George 保守接合策略,可给出如下的接合算法 coalesce_george()。

算法 38 基于 George 策略的接合

输入: 程序 p 及其干涉图 ig
输出: 着色后的结果
 1. // 合并两个变量 "x" 和 "y"
 2. // 基于 George 策略
 3. // 返回结果程序
 4. procedure merge(program p, graph ig, node x, node y)
 5.   // George 策略
 6.   coalesceable = true;
 7.   for x 在图 ig 中的每个邻接点 n do
 8.   if degree(n) < K || edge (n, y) in ig then
 9.   continue;
10.   coalesceable = false;
11.   break;
12.   if !coalesceable then
13.   // 没有机会接合
14.   return p
15.   // 接合
16.   for 程序 p 中的每个变量 "x" do
17.   p = replace(p, x, x&y);
18.   for 程序 p 中的每个变量 "y" do
19.   p = replace(p, y, x&y);
20.   p = delete_statement(p, "x = y");
21.   return p
22.
23. // 接合移动边,
24. // 返回重写后的新程序
25. procedure coalesce_george(program p, graph ig)
26.   for 程序 p 中的每条移动语句 "y = x" do
27.   if 边(x, y)不在图 ig 中 then
28.   p = merge(p, ig, x, y);
29.   return p

对这个算法的详细分析作为练习留给读者完成。

从实现角度看,和 Briggs 策略相比,George 策略只需考查待接合节点 x 的所有邻接点 n 即可,因此更容易实现且运行效率更高。

3. 迭代接合

不管是 Briggs 策略还是 George 策略,都要求待接合节点 x 存在小度邻接点 n,但由于

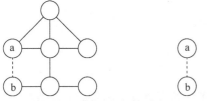

图 6-38　无法应用 Briggs 或 George 策略的干涉图

接合发生在化简之前,所以会出现待接合的节点 x 的邻接点 n 都是大度节点,因而接合无法进行的情况。

考虑图 6-38 左侧给出的干涉图 G,且假设 K=3。

可以验证,编译器无法应用 Briggs 策略或 George 策略对图 G 中的移动边(a,b)进行接合(请读者自行验证该结论)。

但从图中可看到,由于图 G 中存在小度节点,因此编译器可以先对图 G 进行化简,则图 G 可简化成图 6-38 中右侧的图 G′,显然编译器可以使用 Briggs 策略或者 George 策略对图 G′进行保守接合。

这个例子说明:化简可能会降低节点的度,因此能够带来更多的接合机会;同样,接合也可能降低节点的度,带来更多的化简机会。因此,编译器可将接合步骤放在化简步骤之后,并且将接合和化简反复迭代进行,则可能实现更好的接合效果,这种策略称为迭代接合(iterated coalesce)。

引入迭代接合策略后,寄存器分配算法的主体结构如图 6-39 所示,其中主要的步骤如下。

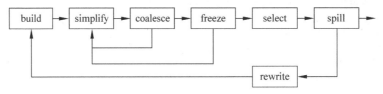

图 6-39　引入迭代接合策略后寄存器分配算法的主体结构

(1) build:编译器构造程序 P 的干涉图 G。

(2) simplify:编译器通过移除干涉图 G 中的小度节点,对干涉图 G 进行化简。

(3) coalesce:编译器对化简过后的干涉图 G,按照 Briggs 策略或 George 策略,进行保守接合。接合可能会减小图 G 中某些节点的度,因此在接合完成后,算法重写跳回到 simplify 步骤,对干涉图再次进行化简,这个过程一直在化简和接合两个阶段迭代,直到干涉图 G 不能继续化简和接合为止。

(4) freeze:对于不能继续化简和接合的干涉图 G,如果图 G 中还存在移动边(x,y),则编译器考查该边关联的节点 x 和 y,如果节点 x 或 y 是小度节点的话,则编译器将该移动边从图 G 中移除(这意味着编译器放弃了接合边(x,y)的尝试),这个操作称为冰冻(freeze)。冰冻引入了小度节点,因此算法重新跳回到 simplify 阶段,进行化简、接合的新一轮迭代。

(5) select:编译器把节点 x 从栈 stk 中弹出,并重新放回干涉图 G 中,同时对节点 x 着色。

（6）spill：若编译器对节点 x 的着色失败，则编译器将该节点 x 溢出，重写程序 P，算法跳转回起点，重新构建新的干涉图，并再次执行整个分配流程。

根据上述步骤，基于迭代接合的寄存器分配算法 color() 如下。

算法 39　基于迭代接合的寄存器分配算法

输入：程序 p
输出：对程序 p 着色后的结果

```
 1. // 冰冻移动边中的小度节点,
 2. //如果发生冰冻返回 true,否则返回 false
 3. procedure freeze(graph ig)
 4.     bool freezed = false;
 5.     for 图 ig 中的每个移动边 (x, y) do
 6.         if degree(x)< K || degree(y)< K then
 7.             remove_edge(ig, x, y);
 8.             freezed =   true;
 9.     return freezed
10.
11. procedure color(program p)
12.     L_BUILD:
13.     // step #1: 构造干涉图
14.     graph ig = build_interference_graph(p);
15.     L_SIMPLIFY:
16.     // step #2:化简
17.     simplify(ig);
18.     // step #3: 接合
19.     bool coalesced = coalesce(p, ig);
20.     if coalesced then
21.         goto L_SIMPLIFY;
22.     // step #4: 冰冻
23.     bool  freezed = freeze(ig);
24.     if freezed then
25.         goto L_SIMPLIFY;
26.     // step #5: 着色
27.     bool spilled = select(ig);
28.     if spilled then
29.         // step #6: 如果发生溢出,则重写程序
30.         rewrite(p);
31.         goto L_BUILD;
```

算法中涉及的大部分函数已经在前面讨论过，对该算法的进一步分析作为练习留给读者。

考虑图 6-40 中给出的干涉图，假定颜色数 K=4。

编译器首先对该干涉图执行 simplify 化简，由于干涉图中没有小度节点，因此无法从该干涉图中移除节点。编译器接着执行 coalesce 接合，可以验证，移动边(f,g)满足 Briggs 接合策略（但不满足 George 接合策略，请读者自行验证），对节点 f 和 g 进行接合后得到的干涉图，如图 6-41 所示。

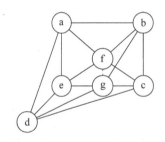

图 6-40　使用迭代接合的示例程序

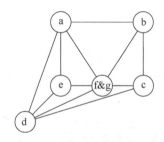

图 6-41　对节点 f 和 g 进行接合后的干涉图

完成接合后,算法重新跳转回化简 simplify,移除干涉图中的小度节点,得到的节点栈 stk 的内容如图 6-42 所示。化简和接合完成后,编译器开始尝试着色 select,对干涉图的着色结果如图 6-43 所示。

没有变量溢出,并且成功实现了接合,寄存器分配结束。

注意到,在上述分配过程中,编译器进行完(保守)接合后,得到的干涉图完全满足 Kempe 条件,因此不会发生溢出。相反,如果编译器没有包括接合阶段,直接尝试对干涉图着色,可能的一种着色结果如图 6-44 所示。

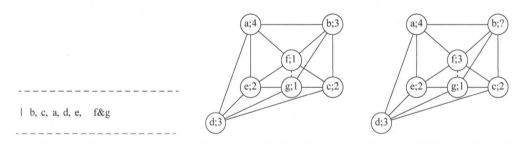

```
------------------------
| b, c, a, d, e,  f&g
------------------------
```

图 6-42　栈 stk 的内容　　　图 6-43　对干涉图的着色结果　　　图 6-44　可能的一种着色结果

由图可见,编译器没有可用的颜色对节点 b 进行着色,只能将其溢出。保守接合(不管是否为迭代版本)不会引入新的溢出,在有些情况下还可能减少溢出的发生,这再次印证了本节开头给出的结论。

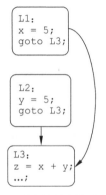

图 6-45　干涉的保守性示例程序

6.3.6　干涉的保守性

严格讲,对程序 P 中的两个变量 x 和 y,编译器必须给它们分配不同的寄存器 r_1 和 r_2,当且仅当如下两个条件同时成立:

(1) 变量 x 和变量 y 互相干涉,即它们的值会在某个程序点 p 同时被使用;

(2) 变量 x 和变量 y 的值不相等,即 x≠y。

本节已经深入讨论过第一点,关于第二点,可以研究图 6-45 中给定的示例程序,变量 x 和 y 相互干涉,但注意到程序不管从哪条路径执行到基本块 L3,变量 x 和 y 的值都是 5,因此,编译器可以把这两个变量分配到同一个物理寄存器 r 中。

但计算理论的结果表明,静态分析程序变量的所有可能运行值是不可判定的,因此一般情况下,编译器只能采用上述第一点来进行寄存器分配,即变量干涉是寄存器分配的保守判定标准。

6.4　自动向量化

6.4.1　概述

早期的计算机通常有一个逻辑单元,一次只处理一对操作数,因此计算机语言和程序被设计成顺序执行。但现在的计算机都可以进行并行计算,许多优化编译器能够执行自动向量化,而自动向量化就是自动并行化的一种特殊情况,它是将原本一次只能处理一对操作数的标量操作转换为用向量实现一次处理多对操作数,即利用编译器分析串行程序中控制流和数据流的特征,识别程序中可以向量执行的部分,将标量语句自动转换为相应的向量语句。

循环向量化通过向每对操作数分配一个处理单元来改变程序循环,而程序大部分的时间消耗在这样的循环中,此时通过向量化可以显著地加速程序执行,特别是在大型数据集上。

和循环优化以及其他编译时优化一样,自动向量化也必须准确地保留程序的行为,包括以下两点。

(1) 数据依赖性。在执行过程中必须遵守所有依赖关系,以防止出现错误的结果。一般来说,循环不变量依赖和词法前向依赖可以很容易地向量化,词法后向依赖可以转化为词法前向依赖。但是,必须安全地完成这些转换,以确保所有语句之间的依赖关系与原始语句保持一致。循环依赖必须独立于向量化指令进行处理。

(2) 数据精度。在向量指令执行期间,必须保持整数精度,而且必须根据内部整数的大小和行为选择正确的向量指令。尤其是混合整数类型,必须在不损失精度的情况下对其进行处理。同时,除非关闭 IEEE-754 的合规性,否则必须保持浮点精度,在这种情况下,操作速度会更快,但结果可能会略有不同。

要将程序向量化,编译器的优化器必须首先了解语句之间的依赖关系,并在必要时重新对齐它们。一旦映射了依赖项,优化器就必须正确地安排实现指令,将适当的候选指令更改为对多个数据项进行操作的向量指令。

实现程序向量化的第一步是构建依赖关系图,确定哪些语句依赖于哪些其他语句。因此,如果向量寄存器为 128 位,数组类型为 32 位,则向量大小为 128/32=4。所有其他非循环依赖项不应使向量化失效,因为同一向量指令中不会有任何并发访问。

第二步就是优化器使用依赖关系图对强连通分量(Strongly Connected Components,SCC)进行聚集形成集群,并将可向量化语句与其他语句分开。

最后根据特定的习惯用法优化一些不明显的依赖关系。另外，标量的自相关性可以通过变量消去来向量化。

循环向量化的一般框架分为以下 4 个阶段。

（1）前言：在循环内部准备使用循环独立变量。这通常涉及将它们移动到具有特定模式的向量寄存器，这些模式将在向量指令中使用。这也是插入运行时依赖性检查的地方。如果检查确定无法进行向量化，则转到清理阶段。

（2）循环：所有向量化（或非向量化）循环，由强连接组件集群按在原始代码中出现的顺序进行分隔。

（3）结语：返回所有循环独立变量、归纳和归约。

（4）清理：对于在循环结束时不是向量大小的倍数的循环，或运行时检查到禁止进行向量处理的循环，实施普通循环，即非向量化循环。

6.4.2　毕昇编译器中的自动向量化

毕昇编译器使用自动向量化对代码进行优化。下面介绍两种向量化方式。

1. 循环向量化

以下面的代码为例：

```
void foo(int * a, int * b, int * c, int n){
    for (i = 0; i < n; i++)
        a[i] = b[i] + c[i];
}
```

首先按照向量长度进行循环展开，变成以下形式：

```
void foo(int * a, int * b, int * c, int n){
    for(i = 0; i < n/4; i += 4){
        a[i + 0] = b[i + 0] + c[i + 0];
        a[i + 1] = b[i + 1] + c[i + 1];
        a[i + 2] = b[i + 2] + c[i + 2];
        a[i + 3] = b[i + 3] + c[i + 3];
    }
}
```

随后压缩为向量代码，形成最后的形式：

```
void foo(int * a, int * b, int * c, int n){
    for (i = 0; i < n/4; i += 4)
        a[0..3] = b[0..3] + c[0..3];
}
```

2. SLP 向量化

SLP(Superword-level Parallelism)向量化通过将类似的独立指令合并为向量指令来完成向量化操作，进而优化代码执行效率。以下面的代码为例：

```
void foo( int a1, int a2, int b1, int b2, int * A)
{
    A[ 0 ] = a1 * ( a1 + b1 );
    A[ 1 ] = a2 * ( a2 + b2 );
    A[ 2 ] = a1 * ( a1 + b1 );
    A[ 3 ] = a2 * ( a2 + b2 );
}
```

foo 函数中每条指令的格式是类似的,因此可以将变量变为向量格式再进行赋值,即转换为如下所示的代码:

```
void foo( int a1, int a2, int b1, int b2){
    A[0..3] = {a1,a2,a1,a2} * ({a1,a2,a1,a2} + {b1,b2,b1,b2});
}
```

同时,毕昇编译器结合鲲鹏处理器中的 NEON/SVE 指令集,对自动向量化特性进行了改进与增强,如以下两个场景。

1)场景一

以下述代码为例:

```
int   sum = 0;      //pix1 and pix2 are unit8_t
for( int x = 0; x < 16; x++)
    sum += abs( pix1[x] - pix2[x] );
```

利用鲲鹏架构中的 udot 指令,毕昇编译器产生如下汇编代码:

```
movi v1.16b,♯1
ldr   q3,[x12,x0]
ldr   q2,[x13,x1]
uabd v2.16b,v2.16b,v3.16b
udot v0.4s,v2.16b,v1.16b
add   x8,x10,x0
add   x9,x11,x1
```

通过使用 udot 点积操作指令,能够实现如图 6-46 所示的多路 8 位操作的累加并扩展至 32 位的操作。

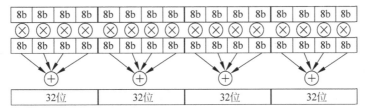

图 6-46 多路 8 位操作的累加并扩展至 32 位的操作

2)场景二

以下述代码为例:

```
for( int x = 0;x < i_width; x++)
    dst[x] = ( src1[x] + src2[x] + 1 ) >> 1;
```

在不使用自动向量化的情况下产生的汇编代码如下：

```
ldr   d0, [x2, x16]
ldr   d1, [x4, x16]
ushll v0.8h, v0.8b, #0
ushll v1.8h, v1.8b, #0
mvn   v0.16b, v0.16b
sub   v0.8h, v1.8h, v0.8h
shrn v0.8b,  v0.8h,  #1
str   d0, [x0, x16]
```

利用鲲鹏架构中的 urhadd 指令，毕昇编译器优化产生如下代码：

```
ldr   d0,  [x2, x16]
ldr   d1,  [x4,  x16]
urhadd v0.8b, v1.8b, v0.8b
str   d0, [x0, x16]
```

毕昇编译器通过 urhadd 指令来实现求和取平均的操作，从而减少循环中的运算指令，提升循环执行效率。

6.5　小结

编译器后端读入程序的中间表示，并生成目标机器上的代码。编译器后端一般包括指令选择、指令调度、寄存器分配等模块。指令选择模块选择合适的机器指令来实现中间表示上的语法结构，同时要实现代码规模或运行效率最优；指令调度模块对指令代码进行重新排序来改进程序的性能；寄存器分配模块尝试将变量尽量分配到机器的物理寄存器中，以此来提高程序的运行效率。

本章对编译器后端的指令选择、指令调度和寄存器分配等进行了全面深入的讨论，还讨论了毕昇编译器中实现的自动向量化技术，这些技术对于提高程序在鲲鹏体系结构上的运行效率具有重要作用。

6.6　深入阅读

Cattell 将机器指令表示成各种树型，发明了用于指令选择的 Maximal Munch 算法，建立了一个代码生成器的生成器，该生成器能够根据指令集的树型描述生成指令选择函数。Glanville 和 Graham 将树型表示成 LR(1) 文法中的产生式，从而使得 Maximal Munch 算法可以使用多个非终结符来表示不同类型的寄存器和不同的寻址方式。但是描述指令集文法的固有歧义性导致 LR(1) 方法存在问题。Aho 等采用动态规划方法来分析树的文法,这种做法解决了歧义性问题,同时该文也介绍了自动代码生成器的生成器 Twig。动态规划可以在构造编译器的时候完成,而不是在生成代码的时候完成;利用这种技术,BURG工具实现了一个与 Twig 相似但生成代码速度更快的接口。

20 世纪 60 年代以来,技术人员就把指令调度作为一个独立的问题进行研究。对简单情形,存在保证最优调度的算法。例如,在只有一个功能单元、各个操作延迟相等的机器上,Sethi-Ullman 标记算法能够为一个表达式树产生最优调度。可以改编该算法,使之为表达式 DAG 生成良好的代码。Fischer 和 Proebsting 基于标记算法推出了一个算法,能够对具有较小内存延迟的系统生成最优或接近最优的结果。

指令调度方面的大部分文献讨论的是表调度算法的变体。Landskov 等的论述经常被引作表调度方面的权威研究,但该算法至少可以追溯到 1961 年的 Heller。其他基于表调度的论文包含 Bernstein and Rodeh、Gibbons and Muchnick、Hennessy and Gross。Krishnamurthy 等的文章从高层次综述了流水线处理器方面的问题。Kerns、Lo 和 Eggers开发了平衡调度,利用这种方法来改编表调度使之适应不确定的内存延迟。

第一个自动化的区域调度技术是 Fisher 的跟踪调度算法,它已经用于几个商业系统和很多研究系统中。Hwu 等提出了超级块调度,作为另一种区域调度方案。在循环内部,该技术会复制程序块以避免汇合点。Click 基于全局值图(global value graph)提出了一种全局调度算法。

Rau 和 Glaeser 在 1981 年引入了软件流水线的思想。Lam 开发了软件流水线方案,其论文包含一个层次性的方案,用以处理循环内部的控制流。与 Lam 同时,Aiken 和 Nicolau也开发了被称为完美流水线(Perfect Pipelining)的类似方法。

Kempe 最早给出了图着色问题的数学描述,并给出了基于移除小度节点的图化简算法;Lavrov 在 20 世纪 60 年代就注意到了图着色和寄存器分配存在直接的密切联系;Chaitin 等在 IBM PL.8 编译器中第一次完整地实现了基于图着色的寄存器分配算法。

Chaitin 等最早采用的是激进的接合策略,在化简干涉图之前,编译器就把所有的移动边移除;Briggs 等给出了基于保守策略的接合算法;George 等研究了基于迭代的保守接合策略。

还有很多对基本图着色算法的其他改进,这些改进包括对溢出算法的改进、对简单值的重整、更精细的接合策略、对活跃区间的切分、标量替换和寄存器提升等。

6.7　习题

1. 画出下面每一个式子的树,并使用最大吞进算法生成它们对应的机器指令。圈出其中的瓦片,按照匹配的顺序对这些瓦片编号,并给出所生成的指令序列。

(1) str([](+ (+ (c1,[](x)),fp)),c2)

(2) [](* (c1,[](c2)))

2. 考虑一个具有如下指令的计算机:

```
mul const1(src1),const2(src2),dst3
r₃ ← M[r₁ + const₁] * M[r₂ + const₂]
```

这个机器中，r_0 总是 0，并且 M[1] 总是包含 1。

（1）画出与这条指令（和它的特殊情形）对应的所有树型。

（2）在上一问中选择一个较大的树型，并说明如何写一个对此树型进行匹配的 C 语言的 if 语句，使得它与某个 Tree 表达式相匹配。

3. 如果一个依赖图的主要用途是指令调度，那么对目标机器上实际延迟的准确模拟是很关键的。

（1）指令序列：

```
add r2,r10,r20
sub r10,r13,r11
```

会在将 sub 的结果写入 r10 之前，先读取 r10 的值供 add 使用。对于这样的体系结构，编译器如何在依赖图中表示反依赖？

（2）一些处理器会绕过内存访问以减少写后读延迟。在这种机器上，指令序列：

```
str [r1,16],r2
dr r3,[r1,16]
```

会将第一条指令中写入 r2 的值，直接传送到第二条指令的结果 r3 中。依赖图应该怎样反映这种特性？

4. 对于任何调度算法来说，设置初始优先级的机制都是非常重要的，并且，当在同一周期有几个相同优先级的操作就绪时，需要一种打破平局的机制。打破平局的机制有：

（1）相对于有立即数的操作，优先选择具有寄存器操作数的操作；

（2）选择操作数最近被定义过的操作；

（3）从 Ready 列表中随机操作；

（4）相对于计算操作，优先选择 ldr 操作。

对于上述打破平局机制，请给出使用每种机制的理由。

5. 软件流水线将循环中的各个迭代"重叠执行"，以产生类似于硬流水线的效果。

（1）软件流水线对寄存器需求有何影响？

（2）调度器如何使用谓词化执行来减轻软件流水线导致的代码长度增长？

6. 考虑干涉图 6-47，假定目标机只有 3 个寄存器。

（1）对该图应用本章介绍的着色算法，哪些虚拟寄存器将溢出？哪些将被着色？

（2）选择不同的溢出节点，会对程序有不同影响吗？

（3）较早期的着色分配器会逐出任何选中的受限活动范

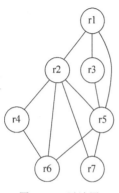

图 6-47　干涉图

围,它们使用了下述算法($n°$是 n 的度数):

```
initialize stack to empty
while(N = φ)
if ∃ n ∈ N with n° < k then
    remove n and its edges from I
    push n onto stack
else
    pick a node n from N
    mark n to be spilled
```

如果该算法将任何节点标记为待逐出,那么分配器将插入逐出代码并在修改过的程序上重复寄存器分配过程。将该算法应用到例子中的干涉图时,会发生什么? 用于选择逐出节点的机制是否会改变寄存器分配的结果?

第 7 章

毕昇编译器 AI 自动调优

优化编译器时所选择的优化算法以及这些算法的排列和组合,对最终的程序优化效果具有重要影响。本章将讨论毕昇编译器中 AI 自动调优的基本原理、实现和使用方法,通过它管理搜索空间的生成和参数操作,Autotuner 可自动驱动整个调优过程,达到较好的优化效果。

7.1 基本原理

计算机体系结构的不断发展和各种专用硬件加速器的出现,使得计算机程序越来越依赖优化编译器,以获得更高的运行性能。但这也使得编译器的优化变得越来越复杂,优化的种类也越来越多,同时,许多优化问题都是 NPC 难解问题,需要依赖复杂的策略得到实际可行解。

为了提升编译优化的效果并降低过多的算法开销,编译器需要从大量优化算法中寻找最适合当前程序的优化算法组合及其排列顺序。这是一个非常困难的问题,当前还没有一个普遍适用的有效方法得到最优解,因此编译器开发人员需要借助一些启发式方法得到这些问题的近似最优解。这些启发式方法大多使用经验公式来计算一些优化参数,并根据这些参数决定如何具体实施优化。然而,这种人工调优的方法有其局限性:

(1) 需要开发人员耗费大量的时间和精力进行手工调优,以便得到一个好的经验公式。

(2) 由于计算机程序语言和计算机体系结构的复杂性,一个经验公式可能只能提高某类程序的运行性能,而对其他程序非但不能提高性能,甚至会使性能下降。

(3) 这些固定的经验公式难以适应计算机体系结构的快速发展。

为了减少编译器开发人员的工作量和降低工作难度,自动调优应运而生。编译器自动调优尝试自动为给定的源代码选择有效的编译配置和优化选项,以便在调优预期内获得最佳的代码质量。20 世纪 80 年代以来,自动调优一直是编译器研究和实现领域的重要课题,但限于问题的挑战性和难度,其在生产中的成功应用还比较少。现在,随着计算能力的提高和人工智能、机器学习技术的进步,自动调优作为一种帮助编译器优化的机制重新引起了研究者的重视。软件和硬件的快速创新进一步推动了这种技术的广泛应用。

典型的编译器自动调优通过编译器选项的形式,利用驱动程序来搜索编译器的优化空间。驱动程序通过选择有效的配置,实现最佳性能。编译器与自动调优驱动程序之间没有直接通信。

现有的自动调优方法可以分为两类:迭代和预测。在迭代自动调优中,搜索驱动程序使用搜索方法对有效的编译配置进行迭代,测量并记录每次迭代中的代码性能。在预测性自动调优中,机器学习模型被训练成使用代码的一些静态或动态特征来预测编译器配置。

7.1.1 迭代自动调优

迭代编译(iterative compilation)技术是近年来发展起来的一项编译优化技术,这种技术自动搜索程序的转换空间,通过反复编译运行,选取性能最好的点。其中性能的评估标准根据要求可以是运行时间、目标程序大小、嵌入式程序的功耗等。图 7-1 是扩展 LLVM 4.0 和 Clang 4.0 基于代码区域的简化的迭代自动调优模型,虚线箭头在每次调优运行中出现一次,实线箭头反复出现,空心箭头是可选的。

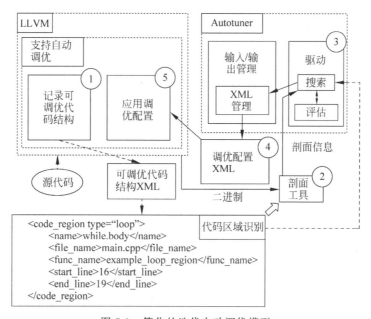

图 7-1　简化的迭代自动调优模型

通常,编译器优化由安全性分析、盈利性分析和代码转换组成。为了启用编译器优化自动调优,在安全分析之后插入代码,以记录一个可调优代码结构(其中包含代码区域的唯一标识符以及该可调优代码结构的有效配置)。此外,在转换之前,插入代码来读取自动调优驱动程序给出的配置,以查看是否有与该特定代码区域相关联的配置。如果是,则应用配置,覆盖任何现有分析。

具体调优过程如下:

(1)产生调整机会。搜索驱动程序将机会解析到优化搜索空间中。解析过程中可以通过分析二进制形式的数据来修剪搜索空间,但是这个操作是可选的。

(2)搜索驱动程序将开始遍历配置空间。

(3)生成一个 XML 文件,该文件指定了要应用于每个代码区域的优化的确切配置。

(4)LLVM 根据配置文件编译源代码。

(5)搜索驱动程序分析二进制文件,根据结果生成新的配置。

7.1.2　预测性自动调优

通过迭代进行自动调优的方法需要对每一个程序进行重新迭代,因此并未将一个程序在迭代优化过程中获得的经验运用到另一个程序的优化过程中。但相似的程序是可以使用同一类转换获得相似的性能的。

如果把机器学习运用到编译优化中,就可以利用计算机自动归类学习先前迭代优化获得的经验,从而逐步提高编译器的性能。近年来很多研究已经揭示了如何运用合适的机器学习算法来指导优化编译器的自动调优。

7.2　毕昇自动调优

自动调优是一种自动化的迭代过程,通过操作编译选项来优化给定程序,以实现最佳性能。毕昇编译器的 AI 自动调优由两个组件配合完成:毕昇编译器和 Autotuner 命令行工具。毕昇编译器是带有自动调优特性的编译器,配合 Autotuner 可以更细粒度地控制优化。Autotuner 是一个命令行工具,需要与毕昇编译器一起使用。它管理搜索空间的生成和参数操作,并驱动整个调优过程。

7.2.1　毕昇自动调优的职责和功能

自动调优作为毕昇编译器的特性之一,它可以更细粒度地控制编译器的优化。此功能不需要在源代码中注入 pragma,而是允许用户在简单的 yaml 文件中指定优化配置,该文件包含优化信息及其相应的代码结构信息,包括名称和行号。此外,它还可以记录优化结果,生成包含可调优代码结构(tuning opportunities)的列表并以 yaml 的形式导出。

1. 目的和用途

毕昇编译器自动调优的主要目的和用途包括:

(1) 使编译过程更加灵活和可控;

(2) 细粒度编译控制,提供更多优化机会。

2. 主要功能

毕昇编译器自动调优的主要功能包括:

(1) 读取与每个代码区域对应的编译配置;

(2) 输出可调优代码结构,即目标程序中哪些结构可以调优。

3. Autotuner 主要职责和功能

Autotuner 主要职责和功能包括如下几项。

(1) 与毕昇编译器进行交互:①根据编译器产生的可调优代码结构创建搜索空间(search space);②生成编译配置并调用编译器来编译源代码。

(2) 操作调优参数以及应用搜索算法:采用自带的遗传算法。

（3）获取性能数据。

4. Autotuner 调优流程

Autotuner 调优流程如图 7-2 所示。调优流程由两个阶段组成：初始编译阶段（initial compilation）和调优阶段（tuning process）。

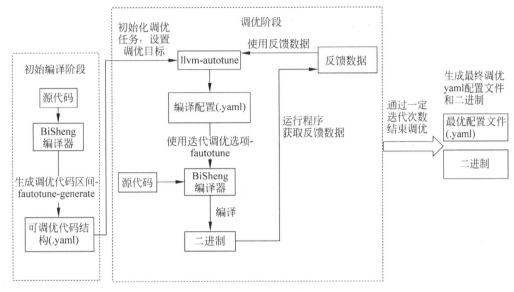

图 7-2　Autotuner 调优流程

（1）初始编译阶段：初始编译阶段发生在调优开始之前，Autotuner 首先会让编译器对目标程序代码做一次编译，在编译的过程中，毕昇编译器会生成一些包含所有可调优结构的 yaml 文件，告诉我们在这个目标程序中哪些结构可以调优，如文件（module）、函数（function）、循环（loop）等。例如，循环展开是编译器中最常见的优化方法之一，它通过多次复制循环体代码，达到增大指令调度空间、减少循环分支指令开销等优化效果。若以循环展开次数（unroll factor）为对象进行调优，编译器会在 yaml 文件中生成所有可被循环展开的循环作为可调优结构。

（2）调优阶段：可调优结构顺利生成之后，调优阶段便会开始。①Autotuner 首先读取可调优结构的 yaml 文件，从而产生对应的搜索空间，即生成针对每个可调优代码结构的具体的参数和范围；②然后根据设定的搜索算法尝试一组参数的值，生成一个 yaml 格式的编译配置文件，从而让编译器编译目标程序代码产生二进制文件；③最后 Autotuner 将编译好的文件以用户定义的方式运行并取得性能信息作为反馈；④经过一定数量的迭代之后，Autotuner 将找出最终的最优配置，生成最优编译配置文件，以 yaml 的形式储存。

7.2.2　安装 Autotuner

1. 获取 Autotuner

Autotuner 已经包括在了毕昇编译器的发布软件包里，可在以下目录找到（版本信息在

不断更新中,可到毕昇编译器官网获取最新信息):

```
bisheng - compiler - 2.3.0 - aarch64 - linux/lib/autotuner
```

2. 环境要求

必选的环境配置如下。

(1) 操作系统:CentOS 7.6,openEuler 21.03,统信桌面操作系统 V20,银河麒麟桌面操作系统 V10。

(2) 架构:AArch64。

(3) Python 3.8.5。

(4) SQLite 3.0。

可选的环境配置是 LibYAML,推荐安装,可提升 Autotuner 文件解析速度。

3. 安装 Autotuner

Autotuner 已包括在毕昇编译器的发布软件包里。若已经安装了毕昇编译器,只需配置毕昇编译器的环境变量即可直接使用。否则,请先安装毕昇编译器。

(1) 配置毕昇编译器的环境变量:

```
export PATH = /opt/compiler/bisheng - compiler - 2.3.0 - aarch64 - linux/bin: $ PATH
```

须知:以上步骤是以/opt/compiler 目录为例,若用户的安装目录不同,请以实际目录为准。

(2) 测试是否安装成功,执行如下命令:

```
llvm - autotune - h
auto - tuner - h
```

执行完毕后,界面如果显示相应的帮助信息则表示安装成功。

须知:如果运行过程中出现错误,请确保系统满足环境要求。例如:

```
bad magic number in 'autotuner': b'U\r\r\n'
```

请确保 python 3 版本为 3.8.5,安装路径存在于 PATH 中。请输入'python3 -V' 命令检查 python3 版本。请确保已安装 SQLite 3.0。

4. 运行 Autotuner

(1) 运行方式说明。Autotuner 目前主要使用命令行工具 llvm-autotune。llvm-autotune 采用让用户主导调优过程的方式,提供辅助功能与编译器合作使用。相比 auto-tuner 烦琐的配置流程,命令行工具 llvm-autotune 极大简化了配置调优的步骤,可开箱即用,因而更推荐使用。

(2) 编写 llvm-autotune 调优脚本。用户可根据自身需求,编写调优脚本。下面以 coremark 为例展示如何运行自动调优,毕昇编译器的发布包里没有自带 coremark,请从 Github 社区获取 coremark。以下是 20 次迭代调优的 coremark 脚本示例:

```
export AUTOTUNE_DATADIR = /tmp/autotuner_data/CompileCommand = "clang − Ilinux64 − I. − g −
DFLAGS_STR = \"\" − DITERATIONS = 300000
    core_list_join.c core_main.c core_matrix.c core_state.c core_util.c linux64/core_portme.c
− O2 − o coremark"

$ CompileCommand − fautotune − generate;
llvm − autotune minimize;
for i in $ (seq 20)
do
    $ CompileCommand − fautotune ;
      time =`/usr/bin/time − p ./coremark 0x0 0x0 0x66 300000 2 > &1 1 >/dev/null | grep
real | awk '{print $ 2}'`;
    echo "iteration: " $ i "cost time:" $ time;
    llvm − autotune feedback $ time;
done
llvm − autotune finalize;
```

下面分步骤进行说明。

步骤 1：配置环境变量。使用环境变量 AUTOTUNE_DATADIR 指定调优相关数据的存放位置。

```
export AUTOTUNE_DATADIR = /tmp/autotuner_data/
```

步骤 2：初始化编译步骤。添加毕昇编译器选项-fautotune-generate，编译生成可调代码结构。

```
cd examples/coremark/
clang − Ilinux64 − I. − DFLAGS_STR = \" − lrt\" − DITERATIONS = 300000 core_list_join.c
core_main.c core_matrix.c core_state.c core_util.c linux64/core_portme.c − O2 − g − o
coremark − fautotune − generate
```

须知：建议仅将此选项应用于需要重点调优的热点代码文件，因为若应用的代码文件过多（超过 500 个文件），则会生成数量庞大的可调优代码结构的文件，进而可能导致步骤 3 的初始化时间长（可长达数分钟），以及由于巨大的搜索空间导致的调优效果不显著，收敛时间长等问题。

步骤 3：初始化调优。运行 llvm-autotune 命令，初始化调优任务。生成最初的编译配置供下一次编译使用。

```
llvm − autotune minimize
```

其中，minimize 表示调优目标，旨在最小化指标（例如程序运行时间），也可使用 maximize，旨在最大化指标（例如程序吞吐量）。

步骤 4：调优编译步骤。添加毕昇编译器选项-fautotune，读取当前 AUTO-TUNE_DATADIR 配置并编译。

```
clang − Ilinux64 − I. − DFLAGS_STR = \" − lrt\" − DITERATIONS = 300000 core_list_join.c core_
main.c core_matrix.c core_state.c core_util.c linux64/core_portme.c − O2 − g − o
```

```
coremark - fautotune
```

步骤 5：性能反馈。用户运行程序，并根据自身需求获取性能数字，使用 llvm-autotune feedback 反馈。例如，如果想以 coremark 运行速度为指标进行调优，可以采用如下方式：

```
time - p ./coremark 0x0 0x0 0x66 300000 2 > &1 1 >/dev/null
llvm - autotune feedback 31.09
```

须知：建议在使用 llvm-autotune feedback 之前，先验证步骤 4 的编译是否正常，及编好的程序是否运行正确。若出现编译或者运行异常的情况，请输入相应调优目标的最差值（例如，调优目标为 minimize，可输入 llvm-autotune feedback 9999；maximize 可输入 0 或者 9999）。若输入的性能反馈不正确，可能会影响最终调优的结果。

步骤 6：调优迭代。根据用户设定的迭代次数，重复步骤 4 和步骤 5 进行调优迭代。

步骤 7：结束调优。进行多次迭代后，用户可选择终止调优，并保存最优的配置文件。配置文件会被保存在环境变量 AUTOTUNE_DATADIR 指定的目录下。

```
llvm - autotune finalize
```

步骤 8：最终编译。使用步骤 7 得到最优配置文件，进行最后编译。在环境变量未改变的情况下，可直接使用-fautotune 选项。

```
clang - Ilinux64 - I. - DFLAGS_STR = \"" - lrt"\" - DITERATIONS = 300000 core_list_join.c
core_main.c core_matrix.c core_state.c core_util.c linux64/core_portme.c - O2 - g - o
coremark - fautotune
```

或者使用-mllvm -auto-tuning-input＝直接指向配置文件。

```
clang - Ilinux64 - I. - DFLAGS_STR = \"" - lrt"\" - DITERATIONS = 300000 core_list_join.c core
_main.c core_matrix.c core_state.c core_util.c linux64/core_portme.c - O2 - g - o coremark -
mllvm - auto - tuning - input = /tmp/autotuner_data/config.yaml
```

5. 卸载 Autotuner

编辑环境变量中的"PATH"，删除新增毕昇编译器的路径"/opt/compiler/bisheng-compiler-1.3.3-aarch64-linux/ bin"。

7.3 调优方法

7.3.1 准备工作

（1）安装 Autotuner。

（2）Autotuner 必须与支持调优的编译器配套使用。在运行 Autotuner 之前，请先确认编译器的环境变量是否设置正确（或者可以尝试把环境变量放在配置文件中，7.3.2 节会做详细介绍）。

7.3.2　使用方法

（1）工具简介：Autotuner 目前有两种使用方式，并对应两种不同的命令行工具 llvm-autotune 和 auto-tuner。推荐使用 llvm-autotune。

（2）帮助信息：可通过帮助命令 llvm-autotune -h 获取帮助信息。llvm-autotune 执行格式如下。

```
llvm – autotune [ – h] minimize,maximize,feedback, dump,finalize
```

可选指令如下。

① minimize：初始化调优并生成初始的编译器配置文件，旨在最小化指标（例如运行时间）。

② maximize：初始化调优并生成初始的编译器配置文件，旨在最大限度地提高指标（例如吞吐量）。

③ feedback：反馈性能调优结果并生成新的编译器配置。

④ dump：生成当前的最优配置，而不终止调优（可继续执行 feedback）。

⑤ finalize：终止调优，并生成最佳的编译器配置（不可再执行 feedback）。

帮助信息如下。

```
-- help/ - h
  usage: llvm – autotune [ – h] minimize,maximize,feedback, dump,finalize ...

  positional arguments:
    {minimize,maximize,feedback,dump,finalize}
        minimize   Initialize tuning and generate the initial compiler configuration file,
                   aiming to minimize the metric
                   (e.g. run time)
        maximize    Initialize tuning and generate the initial compiler configuration file,
                    aiming to maximize the metric
                    (e.g. throughput)
       feedback    Feed back performance tuning result and generate a new test configuration
       dump        Dump the current best configuration with out terminating the tuning run
       finalize    Finalize tuning and generate the optimal compiler configuration
  optional arguments:
    – h, -- help    show this help message and exit
```

（3）编译器相关选项。llvm-autotune 需要与毕昇编译器选项-fautotune-generate 和-fautotune 配合使用。

① fautotune-generate：在 autotune_datadir 目录下生成可调优的代码结构列表，此默认目录可由环境变量 AUTOTUNE_DATADIR 改写；作为调优准备工作的第一步，通常需要在 llvm-autotune minimize/maximize 命令执行前使用；此选项还可以赋值来改变调优的细颗粒度（可选值为 Other、Function、Loop、MachineBasicBlock）。例如-fautotune-generate＝Function 会开启类型仅为函数的可调优代码结构，每个函数在调优过程中会被

赋予不同的参数值；而 Other 表示全局,生成的可调优代码结构对应每个编译单元(代码文件)。fautotune-generate 默认等效于-fautotune-generate＝Function,Loop。通常建议使用默认值。

② fautotune：使用 autotune_datadir 下的编译器配置进行调优编译(此默认目录可由环境变量 AUTOTUNE_DATADIR 改写)；在调优迭代过程中,通常在 llvm-autotune min-imize/maximize/feedback 命令之后使用。

7.4 小结

自动调优是一种自动化的迭代过程,通过操作编译选项来优化给定程序,以实现最佳性能。毕昇编译器的 AI 自动调优由两个组件配合完成：毕昇编译器和 Autotuner 命令行工具。本章系统讨论了毕昇编译器的自动调优特性,包括自动调优的工作原理、软件的安装使用和功能。

7.5 深入阅读

Cooper 开发了一种被称为虚拟执行的技术来减少自适应编译器执行所需的时间,且虚拟执行只需运行一次程序并保留信息,就可以准确预测不同优化序列的性能。吴永崇对基于机器学习的编译器自动调优技术进行了研究,并证明了对于同一实例,基于机器学习的编译自动调优技术比手工调优有更好的性能。

Zheng Wang 介绍了机器学习和编译器优化之间的关系,以及基于机器学习的编译方面的主要成就。Ashouri 和 Mariani 等提出了一种基于贝叶斯网络的机器学习方法,用以降低编译器自动调优阶段的成本,并加速嵌入式架构中应用程序的性能。他们还提出了一种基于静态分析和混合特征收集方法的评估方法,在 ARM 嵌入式平台和 GCC 编译器上将贝叶斯网络与几种最先进的机器学习模型做了比较。同时,Ashouri 和 Killian 等对机器学习在编译器优化领域所获得的进展进行了总结和分类,包括迄今为止所采取的方法、取得的结果、不同方法之间的细粒度分类以及该领域内有影响力的论文。

第 8 章

毕昇编译器使用

8.1　毕昇编译器介绍

毕昇编译器是华为公司推出的针对鲲鹏平台的高性能编译器。它基于开源的 LLVM 架构开发,将 Flang 作为默认的 FORTRAN 语言前端编译器,并在此基础上进行了优化和改进。毕昇编译器除了具有 LLVM 的通用功能和优化外,其工具链对中端及后端的关键技术点也进行了深度优化,同时还集成了 Autotuner 特性支持编译器自动调优。

LLVM 是一种涵盖多种编程语言和目标处理器的编译器,以 C++ 编写而成,包括前端、后端、优化器、众多的库函数以及很多模块,对开发者保持开放,并兼容已有脚本。LLVM 不是首字母缩略词,它是项目的全名,LLVM 现在被作为实现各种静态和运行时编译语言的通用基础结构。

毕昇编译器聚焦于对 C、C++、FORTRAN 语言的支持,利用 LLVM 的 Clang 作为 C 和 C++ 的编译和驱动程序,Flang 作为 FORTRAN 语言的编译和驱动程序。

Clang 作为 LLVM 项目的一个子项目,不仅是基于 LLVM 架构的 C 语言、C++、Objective-C 语言的编译器,也是一个驱动程序,会调用所有以代码生成为目标的 LLVM 优化遍,直到生成最终的二进制文件。毕昇编译器提供了端到端编译程序所需的所有工具和库。

Flang 是专为 LLVM 集成而设计的 FORTRAN 语言前端,由两个组件 Flang1 和 Flang2 组成。它也是一个驱动程序,将源代码转换为 LLVM 中间表示,前端驱动程序将中间表示传输下去进行优化和目标代码生成。

8.2　毕昇编译器安装使用

8.2.1　环境依赖

毕昇编译器对运行环境的依赖包括内存、操作系统、架构、GCC 版本、glibc 版本这几个方面。

(1) 内存:8GB 以上。

(2) 操作系统:openEuler 21.03、openEuler 20.03(LTS)、CentOS 7.6、Ubuntu 18.04、Ubuntu 20、麒麟 V10、UOS 20。

(3) 架构:AArch64。

(4) GCC 版本：4.8.5 以上。

(5) glibc 版本：2.17 以上。

8.2.2 获取毕昇编译器

在毕昇编译器产品页面单击"毕昇编译器软件包下载"获取毕昇编译器软件包的最新版本。目前最新是 2.3.0 版本，软件版本会持续更新。

软件包名称为 bisheng-compiler-2.3.0-aarch64-linux.tar.gz。

其目录结构为：

bisheng-compiler-2.3.0-aarch64-linux

- bin
- include
- lib
- libexec
- share

获取到软件包后，需要对其进行完整性校验，确保与网站上的原始软件包一致。毕昇编译器提供 sha256sum 文件用于软件包的完整性校验，用户可使用以下命令生成哈希值进行对比确认：

```
sha256sum bisheng - compiler - 2.3.0 - aarch64 - linux.tar.gz
```

8.2.3 安装毕昇编译器

本节将对毕昇编译器的安装步骤进行介绍，以下操作均使用 root 用户执行，以/opt/compiler 作为安装目录，如果安装目录不同，需以实际安装目录为准。

1. 步骤一

获取毕昇编译器软件包，校验完整性后将其上传到目标执行机。

2. 步骤二

设置安装目录。

(1) 创建毕昇编译器安装目录(这里以/opt/compiler 为例)：

```
mkdir - p /opt/compiler
```

(2) 将毕昇编译器压缩包复制到安装目录下：

```
cp - r bisheng - compiler - 2.3.0 - aarch64 - linux.tar.gz/opt/compiler
```

3. 步骤三

进入压缩包目录，执行命令解压缩软件包。解压完成后在当前目录下出现名为 bisheng-compiler-2.3.0-aarch64-linux 的目录。

```
tar – zxvf bisheng – compiler – 2.3.0 – aarch64 – linux. tar.gz
```

4. 步骤四

使用以下命令配置毕昇编译器的环境变量：

```
export PATH = /opt/compiler/bisheng – compiler – 2.3.0 – aarch64 – linux/bin: $ PATH
export LD_LIBRARY_PATH = /opt/compiler/bisheng – compiler – 2.3.0 – aarch64 – linux/lib: $ LD_
LIBRARY_PATH
```

5. 步骤五

安装完毕后执行如下命令验证毕昇编译器版本：

```
clang – v
```

若返回结果已包含 bisheng compiler 版本信息，说明安装成功。

毕昇编译器基于开源 LLVM，其命令 clang，clang ++，flang 的使用方法与开源 LLVM 相同。

8.2.4　使用毕昇编译器

1. 编译运行 C/C++ 程序

可用命令如下：

```
clang [command line flags] hello.c – o hello.o
./hello.o
clang++[command line flags] hello.cpp – o hello.o
./hello.o
```

2. 编译运行 FORTRAN 程序

可用命令如下：

```
flang [command line flags] hello.f90 – o hello.o
./hello.o
```

3. 指定链接器

毕昇编译器默认的链接器是系统 ld，若需指定 LLVM 的链接器，可以使用如下命令：

```
clang [command line flags] – fuse – ld = lld hello.c – o hello.o
./hello.o
```

8.3　毕昇编译器选项说明

8.3.1　默认选项

毕昇编译器默认支持 LLVM 的所有优化等级（O0/O1/O2/O3/Ofast），以及 Clang 的所有编译选项和 Flang 的所有编译选项，还支持 fsanitize＝address/leak/memory 选项。

8.3.2 指定数学库

毕昇编译器支持 optimized-routines 的使用，optimized-routines 是针对 ARM 体系处理器的各种库函数的优化实现，毕昇编译器将其以动态链接库的方式存放于工具链中，用以支持数学函数的标量和向量实现。另外，毕昇编译器对 math-lib 函数的支持不完全，需要增加-lm 选项链接 libm，并且 libm 的链接顺序必须在 mathlib 之后。

使用以下命令指定标量数据库：

```
clang − O3 − lmathlib − lm
```

使用以下命令指定向量数据库：

```
clang − O3 − fveclib = MATHLIB − lm
```

8.3.3 指定 jemalloc

毕昇编译器支持 jemalloc 库的使用，jemalloc 是一个通用的 malloc 实现，以动态库的方式存放于毕昇编译器工具链中，着重于减少内存碎片和提高并发性能。另外，jemalloc 的动态链接库文件存放于 bisheng-compiler-2.3.0-aarch64-linux/lib 文件中，将该目录加入 LD_LIBRARY_PATH 后才可以直接使用-ljemalloc，否则需要添加-L $(library) 指定库路径。

使能方式如下：

```
clang − O3 − ljemalloc
```

8.3.4 LTO 优化

LTO(Link Time Optimization)代表链接时优化，即链接期间的程序优化。链接器将多个中间文件组合在一起，缩减代码体积并形成一个完整的程序。链接时优化就是对整个程序的分析和跨模块的优化，鉴于某些优化需要整个程序分析，毕昇编译器支持在链接时使用-flto 选项启用链接时优化。

8.3.5 浮点运算控制选项

编译器经过系列优化后可能出现浮点运算结果不一致的情况，而造成这种结果的原因可能有多种，下面列举出其中的几种原因。

(1) 浮点精度有限；

(2) 每个编译器都有影响浮点计算结果的选项；

(3) 选项因编译器而异，并且具有不同的默认值；

(4) 某些选项可以被其他看似无关的选项显式地启用/禁用；

（5）通过启用/禁用正确的选项，编译器可以控制浮点运算结果。

毕昇编译器提供了基于 LLVM 官方文档的有关于浮点运算的控制选项。下面给出毕昇编译器关于浮点运算的默认选项（毕昇编译器将会持续进行精度调测，自研选项也会持续增加）。

（1）-Mflushz：该选项用于控制将非规范化的浮点值刷新为零，与其他不安全的浮点优化分开。开源 Clang 和 Flang 只在 x86 架构中支持该选项，毕昇编译器将 AArch64 架构加入其支持范围，使用方式与开源版本相同。

（2）-ffp-contract＝style：该选项的值可以是 off/on/fast，毕昇编译器将其值默认设为fast，使浮点数可以进行乘加操作，即将乘法和加法合并为一条乘加运算从而提升性能。

（3）-faarch64-pow-alt-precision：Flang 选项，仅对 FORTRAN 代码起效。作用是更改对于 pow 函数的优化策略，使得 pow 函数的计算结果与 x86 平台保持一致。

（4）-faarch64-minmax-alt-precision：Flang 选项，仅对 FORTRAN 代码起效。作用是更改对于 min/max 函数的优化策略，使得 min/max 函数的计算结果与 x86 平台保持一致。

（5）-mllvm -disable-sincos-opt：llvm 选项。作用是更改对于 sin、cos 函数的优化策略，使得 sin、cos 函数的计算结果与 x86 平台保持一致。

（6）-mllvm -aarch64-recip-alt-precision：llc 选项，使用软浮点补偿，使得 recip 倒数指令的计算结果与 x86 平台保持一致。

（7）-mllvm -aarch64-rsqrt-alt-precision：llc 选项，使用软浮点补偿，使得 rsqrt 倒数开方指令的计算结果与 x86 平台保持一致。

8.3.6 自定义优化选项

毕昇编译器在支持 LLVM 的所有选项的同时，也支持通过-mllvm 驱动的自定义优化选项。下面列出毕昇编译器的自定义优化选项。

（1）-mllvm -force-customized-pipeline＝［true|false］：该选项用于决定是否强制使用自定义的 pass 顺序，设置为 true 代表开启该优化，设为 false 代表关闭，默认为关闭状态。

（2）-mllvm -sad-pattern-recognition＝［true|false］：该选项用于对差值的绝对值求和运算（sum＋＝abs(a[i]-b[i])）进行优化，从而生成更简单高效的运算序列。设置为 true 代表开启该优化，设为 false 代表关闭，默认为开启状态。

（3）-mllvm -instcombine-ctz-array＝［true|false］：该选项用于实现对 De Bruijn 序列查表计算进行优化。设置为 true 代表开启该优化，设为 false 代表关闭，默认为开启状态。

（4）-mllvm -aarch64-loopcond-opt＝［true|false］：该选项用于减少某些条件下的循环条件判断中的冗余指令，生成更优的代码。设置为 true 代表开启该优化，设为 false 代表关闭，默认为开启状态。

（5）-mllvm -aarch64-hadd-generation＝［true|false］：该选项表示使用一条 ARM NEON 指令 URHADD 完成对于向量化的运算“(x[i]＋y[i]＋1)≫1”，从而生成更优的代

码。设置为 true 代表开启该优化,设为 false 代表关闭,默认为开启状态。

(6)-mllvm -enable-loop-split=[true|false]:该选项用于将符合条件的一个循环拆分成多个循环从而有助于实现冗余循环删除等优化。设置为 true 代表开启该优化,设为 false 代表关闭,默认为开启状态。

(7)-mllvm -delete-infinite-loops=[true|false]:该优化选项会使编译器用更激进的策略识别并删除冗余的循环。设置为 true 代表开启该优化,设为 false 代表关闭,默认为开启状态。

(8)-mllvm -enable-mem-chk-simplification=[true|false]:LLVM 循环向量化常常需要生成运行时检查,此优化选项用于简化运行时检查的逻辑,从而生成更优的循环向量化代码。设置为 true 代表开启该优化,设为 false 代表关闭,默认为开启状态。

(9)-mllvm -aarch64-ldp-stp-noq=[true|false]:鉴于 stp/ldp q1,q2,addr 形式的指令性能较差,因此毕昇编译器使用该优化选项禁止生成此类形式的指令。设置为 true 代表开启该优化,设为 false 代表关闭,默认为开启状态。

(10)-mllvm -enable-func-arg-analysis=[true|false]:该选项用于增强 LLVM 的值域分析能力,使 LLVM 的 function specialization 优化可以覆盖更多的函数场景。设置为 true 代表开启该优化,设为 false 代表关闭,默认为开启状态。

(11)-mllvm -ipsccp-enable-function-specialization=[true|false]:该选项用于增强 function specialization 优化,使得此优化可以对函数参数为函数指针的场景生效。设置为 true 代表开启该优化,设为 false 代表关闭,默认为开启状态。

(12)-mllvm -enable-modest-vectorization-unrolling-factors=[true|false]:使用该选项可以使得步长较小的循环更容易被向量化。设置为 true 代表开启该优化,设为 false 代表关闭,默认为开启状态。

(13)-mllvm -instcombine-shrink-vector-element=[true|false]:通过使用该选项进而提高向量化指令的并行度,消除向量化过程中生成的标量中间值,达到增强循环向量化的效果。设置为 true 代表开启该优化,设为 false 代表关闭,默认为开启状态。

(14)-mllvm -instcombine-reorder-sum-of-reduce-add=[true|false]:该选项通过更改 reduction 操作的顺序从而生成更优的 reduction 代码。设置为 true 代表开启该优化,设为 false 代表关闭,默认为开启状态。

(15)-mllvm -replace-FORTRAN-mem-alloc=[true|false]:利用该选项可以针对 FORTRAN 代码中已知大小的内存分配(如数组)进行优化,即使用栈内存代替堆内存,从而提升性能。设置为 true 代表开启该优化,设为 false 代表关闭,默认为开启状态。另外,此优化选项生效的内存大小由-mllvm-max-FORTRAN-heap-to-stack-size=[int number]指定,默认大小为 4096。

(16)-mllvm -enable-pg-math-call-simplification=[true|false]:该选项用于优化 FORTRAN 中多个数学库函数调用,提升 FORTRAN 数学函数调用的性能。设置为 true 代表开启该优化,设为 false 代表关闭,默认为开启状态。

(17) -mllvm -instcombine-gep-common＝[true|false]：该选项用于优化多维数组在复杂场景下(如嵌套多层循环)的元素地址计算，减小寄存器压力，提高程序性能。设置为 true 代表开启该优化，设为 false 代表关闭，默认为开启状态。

(18) -mllvm -disable-extra-gate-for-loop-heuristic＝[true|false]：利用该选项来添加一些条件用于确定是否需要启用循环的分支预测优化。设置为 true 代表开启该优化，设为 false 代表关闭，默认为开启状态。

(19) -mllvm -enable-sroa-after-unroll＝[true|false]：利用该选项使能循环展开后添加 SROA 的功能，减少访存操作，将变量保存在寄存器中。设置为 true 代表开启该优化，设为 false 代表关闭，默认为开启状态。

(20) -mllvm -enable-fp-aggressive-interleave＝[true|false]：该选项用于对循环中 A＝A＋B 的累加场景进行优化，根据寄存器压力选择 interleave 的值，对累加表达式做循环展开，但是开启该选项会有浮点精度损失。设置为 true 代表开启该优化，设为 false 代表关闭，默认为关闭状态。

(21) -mllvm -disable-loop-heuristic＝[true|false]：该选项用于关闭编译器的分支预测特性，设置为 true 代表开启该选项并关闭编译器的分支预测特性，默认为 false，即关闭该选项开启编译器的分支预测特性。

(22) -mllvm -disable-recursive-bonus＝[true|false]：使递归函数中的函数调用更容易被 inline，可以给调用频繁的递归函数带来更好的性能。该优化选项用于关闭此功能，即当其设为 true 时关闭该功能，默认为 false，使能 inline 操作。

(23) -mllvm -disable-recip-sqrt-opt＝[true|false]：在 fastmath 场景下，可以对 A＝(C/sqrt(Y))；B＝A * A 形式的指令进行优化，从而使用更少的指令完成运算。该选项设为 true 时代表关闭该优化，默认设置为 false，即使能该优化。

(24) -mllvm -disable-loop-aware-reassociation＝[true|false]：通过在 Reassociate Pass 中增加循环感知，可以将一些操作限制在循环边界内，从而避免因循环内部的指令数量增加导致的性能下降。该选项设为 true 时代表关闭该优化，默认设置为 false，即使能该优化。

(25) -Hx,70,0x20000000：O1/O2/O3 时毕昇编译器使能了 flang1 阶段内联 minloc 和 maxloc，内联后，函数调用成为简单的 for-loop，在 LLVM 中可以进一步优化。使用本选项可以禁用内联功能，行为与 O0 一致。

(26) -gep-common：通过删除用作索引的 add 指令，为来自同一指令的 GEP cluster 生成一个公共父代。

① -mllvm -gep-common＝<true|false>：该选项用于控制此优化，设置为 true 代表开启该优化，设为 false 代表关闭，默认为开启状态。

② -mllvm -gep-cluster-min＝<No.>：该选项用于设置 GEP cluster 的阈值，默认为 3。

③ -mllvm -gep-loop-mindepth＝<No.>：该选项用于设置循环阈值，默认为 3。

（27）-array-restructuring：数组重排优化，用于改进程序中一个或多个数组的内存访问模式，进行数组重排可以减少运行时间。

① -mllvm -enable-array-restructuring＝＜true|false＞：该选项用于控制数组重排优化，设置为 true 时代表开启优化，设为 false 代表关闭，默认为开启状态。

② -mllvm -skip-array-restructuring-codegen＝＜true|false＞：该选项用于禁用数组重排优化 pass 的指令生成部分，设置为 true 时代表禁用此选项，默认为 false。

（28）-struct-peel：结构体剥离优化，提高访问结构体数组中的结构字段时的局部缓存，从而减少运行时间。

① -mllvm -enable-struct-peel＝＜true|false＞：该选项用于控制结构体剥离优化，设置为 true 时代表开启优化，设为 false 代表关闭，默认为开启状态。

② -mllvm -struct-peel-skip-transform＝＜true|false＞：该选项用于禁用结构体剥离优化 pass 的指令生成部分，设置为 true 时代表禁用此选项，默认为 false。

③ -mllvm -struct-peel-this＝…：该选项表示在合法的前提下，强制剥离指定的结构体。

8.4 FORTRAN 语言引导语

毕昇编译器支持部分 FORTRAN 语言的引导语，用于指示编译器的优化行为。

（1）!＄mem prefetch：内存引用方面的引导语，指示编译器将特定数据从 main memory 加载到 L1/L2 cache。具体用法如下：

```
!$ mem prefetch array1, array2, array2(i + 4)
DO i = 1,100
  array1(i - 1) = array2(i - 1) + array2(i + 1)
END DO
```

（2）!dir＄ivdep：此引导语用于指示编译器忽略迭代循环的内存依赖性，并进行向量化。具体用法如下：

```
!dir$ ivdep
DO i = 1, ub
  array1(i) = array1(i) + array2(i)
END DO
```

（3）!＄omp simd：此引导语用于指示编译器将循环转换为 SIMD 形式。这是一个 OpenMP 指令，需要指定选项'-fopenmp'才能生效。另外，该引导语不支持任何子句。具体用法如下：

```
! $ omp simd
DO i = 1, ub
  array1(i) = array1(i) + array2(i)
END DO
```

（4）!dir$ vector always：此引导语通过忽略基于 cost 的依赖来强制编译器进行循环向量化，立即作用于紧随其后的循环。该引导语需要添加关键字"always"，并且不支持带关键字"never"。具体用法如下：

```
!dir$ vector always
DO i = 1, ub
  array3(i) = array1(i) - array2(i)
END DO
```

（5）!dir$ novector：此引导语用于指示编译器不要进行循环向量化操作，且与优化等级无关，立即作用于紧随其后的循环。具体用法如下：

```
!dir$ novector
DO i = 1, ub
  array3(i) = array1(i) - array2(i)
END DO
```

（6）!dir$ inline：此引导语用于指示编译器对函数进行内联操作，且与优化等级无关，立即作用于紧随其后的循环。具体用法如下：

```
!dir$ inline
real function inline_func (num)
    implicit none
  real :: num
  inline func = num + 1234
  return
end function
```

（7）!dir$ noinline：此引导语指示编译器不要对函数进行内联操作，且与优化等级无关，立即作用于紧随其后的循环。具体用法如下：

```
!dir$ noinline
subroutine noinline_func (a, b)
  integer, parameter :: m = 10
  integer :: a(m), b(m) integer :: i
  do i = 1, m
    b(i) = a(i) + 1
  end do
end subroutine noinline_subr
```

（8）!dir$ unroll：此引导语用于指示编译器进行循环展开操作，且与优化等级无关，立即作用于紧随其后的循环。共有以下 3 种用法。

```
!dir$ unroll -- 全展开
DO i = 1, ub
  array3(i) = array1(i) - array2(i)
END DO
!dir$ unroll (4) -- 展开 4 次
DO i = 1, ub
```

```
    array3(i) = array1(i) - array2(i)
  END DO
  !dir$ unroll = 2 -- 展开 2 次
  DO i = 1, ub
    array3(i) = array1(i) - array2(i)
  END DO
```

（9）!dir$ nounroll：此引导语指示编译器组织循环展开操作，立即作用于紧随其后的循环，用法如下。

```
  !dir$ nounroll
  DO i = 1, 100
    array1(i) = 5
  END DO
```

8.5　GDB 调试

8.5.1　约定

使用 GDB 调试毕昇编译器编译程序所生成的可执行文件时，存在部分功能不支持的情况，该类问题与 GDB 本身能力有关，毕昇编译器不做保证。推荐使用 GDB 10.1 版本调试毕昇 Clang/Flang 生成的二进制可执行文件，此版本的用户体验较好。

8.5.2　不支持场景

1. FORTRAN 函数入参调试信息丢失

使用 GDB 调试毕昇编译器编译 FORTRAN 代码所产生的可执行程序时，存在函数参数的调试信息丢失的问题，导致无法用 p 命令查看参数内容。预期输出如图 8-1 所示，而实际输出可能如图 8-2 所示，即存在函数内部无法打印入参 alat 数组内容的情况。

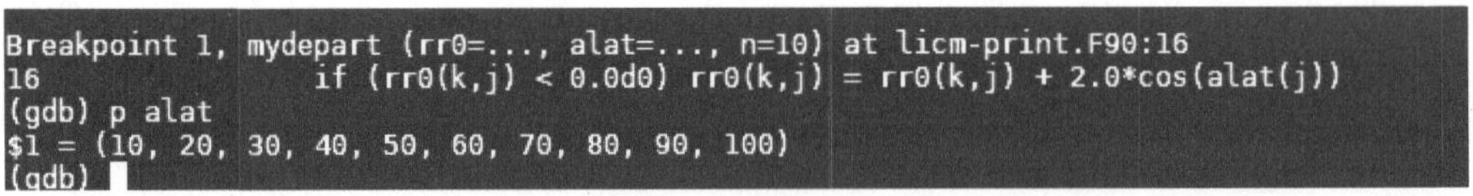

```
Breakpoint 1, mydepart (rr0=..., alat=..., n=10) at licm-print.F90:16
16              if (rr0(k,j) < 0.0d0) rr0(k,j) = rr0(k,j) + 2.0*cos(alat(j))
(gdb) p alat
$1 = (10, 20, 30, 40, 50, 60, 70, 80, 90, 100)
(gdb)
```

图 8-1　预期输出

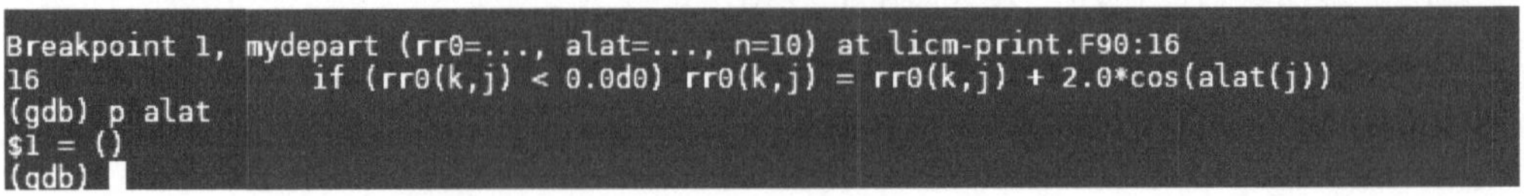

```
Breakpoint 1, mydepart (rr0=..., alat=..., n=10) at licm-print.F90:16
16              if (rr0(k,j) < 0.0d0) rr0(k,j) = rr0(k,j) + 2.0*cos(alat(j))
(gdb) p alat
$1 = ()
(gdb)
```

图 8-2　实际输出

2. 无法进入 FORTRAN 代码的函数内部进行单步调试

使用 GDB 调试毕昇编译器编译 FORTRAN 代码所产生的可执行程序时,在某些场景下存在无法正常进入函数调试的问题,导致用 n 命令无法正常进入函数进行单步调试。预期输出如图 8-3 所示,而实际输出可能如图 8-4 所示,即无法通过 s 命令后使用 n 命令进行单步调试。

```
(gdb) b in29.f90:53
Breakpoint 1 at 0x1284: file in29.f90, line 53.
(gdb) r
Starting program: /home/yansendao/boole-compiler/llvm-project/flang/test/f90_correct/src/a.out

Breakpoint 1, p () at in29.f90:53
53          call checkc4( cf_rslt, cf_expct, N, rtoler=(0.0000003,0.0000003))
(gdb) s
check_mod::checkc4 (reslt=..., expct=..., np=10, atoler=<error reading variable: Cannot access memory at address 0x0>, rt
    ulptoler=<error reading variable: Cannot access memory at address 0x0>, ieee=<error reading variable: Cannot access m
640         anytolerated = present(atoler) .or. present(rtoler) .or. present(ulptoler)
(gdb) n
641         ieee_on = .false.
```

图 8-3   预期输出

```
Breakpoint 1, p () at in29.f90:53
53          call checkc4( cf_rslt, cf_expct, N, rtoler=(0.0000003,0.0000003))
(gdb) s
0x0000000000216a0c in check_mod::checkc4 (reslt=..., expct=..., np=<optimized out>, atoler=<optimized out>, rtoler=<optim
    ieee=<optimized out>)
(gdb) n
Single stepping until exit from function __check_mod_MOD_checkc4,
which has no line number information.
test number 3 tolerated res 14825725.000 -12091979.000 (0x4B6238FD) (0xCB38824B) exp 14825724.000 -12091979.000 (0x4B6238
test number 4 tolerated res -17384.793 -4576.485 (0xC687D196) (0xC58F03E1) exp -17384.793 -4576.485 (0xC687D196) (0xC58F6
test number 5 tolerated res 6.142 15.724 (0x40C48C87) (0x417B96B1) exp 6.142 15.724 (0x40C48C88) (0x417B96B1)
test number 8 tolerated res 11335543.000 -13773353.000 (0x4B2CF777) (0xCB522A29) exp 11335543.000 -13773354.000 (0x4B2CF7
10 tests completed. 10 tests PASSED. 4 tests tolerated
 PASS
p () at in29.f90:54
54          call checkc8( cd_rslt, cd_expct, N, rtoler=(0.0000003_8,0.0000003_8))
```

图 8-4   实际输出

使用 lldb 可以正常调试。

8.5.3   通过升级 GDB 版本解决部分问题

使用 GDB 调试毕昇编译器编译 FORTRAN 代码产生的可执行程序时,在某些场景下会报以下警告,导致无法正常调试。预期输出如图 8-5 所示,而实际输出可能如图 8-6 所示,即打了断点后无法进行调试。

```
BFD: warning:libflang.so: unsupported GNU_PROPERTY_TYPE (5) type: 0xc0000000 from gd
```

若 GDB 版本高于 8.3.1 则可以正常调试。

```
(gdb) b hello.f90:1
Breakpoint 1 at 0x8ec: file hello.f90, line 1.
(gdb) r
Starting program: /home/yansendao/tmp/a.out

Breakpoint 1, MAIN__ () at hello.f90:1
1        print*,"Hello World!"
(gdb) n
 Hello World!
2        end
(gdb) q
A debugging session is active.

        Inferior 1 [process 14188] will be killed.

Quit anyway? (y or n) y
```

图 8-5　预期输出

```
(gdb) b hello.f90:1
Breakpoint 1 at 0x2109b0
(gdb) r
Starting program: /home/yansendao/tmp/a.out
BFD: warning: /home/yansendao/software/boole-compiler-binary/lib/libflang.so: unsupported GNU_PROPERTY_TYPE (5) type: 0x
BFD: warning: /home/yansendao/software/boole-compiler-binary/lib/libflang.so: unsupported GNU_PROPERTY_TYPE (5) type: 0x
BFD: warning: /home/yansendao/software/boole-compiler-binary/lib/libflang.so: unsupported GNU_PROPERTY_TYPE (5) type: 0x
BFD: warning: /home/yansendao/software/boole-compiler-binary/lib/libflang.so: unsupported GNU_PROPERTY_TYPE (5) type: 0x
BFD: warning: /home/yansendao/software/boole-compiler-binary/lib/libflang.so: unsupported GNU_PROPERTY_TYPE (5) type: 0x
BFD: warning: /home/yansendao/software/boole-compiler-binary/lib/libflang.so: unsupported GNU_PROPERTY_TYPE (5) type: 0x
BFD: warning: /home/yansendao/software/boole-compiler-binary/lib/libflangrti.so: unsupported GNU_PROPERTY_TYPE (5) type:
BFD: warning: /home/yansendao/software/boole-compiler-binary/lib/libflangrti.so: unsupported GNU_PROPERTY_TYPE (5) type:
BFD: warning: /home/yansendao/software/boole-compiler-binary/lib/libflangrti.so: unsupported GNU_PROPERTY_TYPE (5) type:
BFD: warning: /home/yansendao/software/boole-compiler-binary/lib/libflangrti.so: unsupported GNU_PROPERTY_TYPE (5) type:
BFD: warning: /home/yansendao/software/boole-compiler-binary/lib/libflangrti.so: unsupported GNU_PROPERTY_TYPE (5) type:
BFD: warning: /home/yansendao/software/boole-compiler-binary/lib/libflangrti.so: unsupported GNU_PROPERTY_TYPE (5) type:
BFD: warning: /home/yansendao/software/boole-compiler-binary/lib/libflangrti.so: unsupported GNU_PROPERTY_TYPE (5) type:
BFD: warning: /home/yansendao/software/boole-compiler-binary/lib/libflangrti.so: unsupported GNU_PROPERTY_TYPE (5) type:
BFD: warning: /home/yansendao/software/boole-compiler-binary/lib/libflangrti.so: unsupported GNU_PROPERTY_TYPE (5) type:
BFD: warning: /home/yansendao/software/boole-compiler-binary/lib/libflangrti.so: unsupported GNU_PROPERTY_TYPE (5) type:
[Thread debugging using libthread_db enabled]
Using host libthread_db library "/lib/aarch64-linux-gnu/libthread_db.so.1".

Breakpoint 1, 0x00000000002109b0 in MAIN ()
(gdb) n
Single stepping until exit from function MAIN,
which has no line number information.
 Hello World!
0x000000000021098c in main ()
(gdb) q
A debugging session is active.

        Inferior 1 [process 60581] will be killed.

Quit anyway? (y or n) y
```

图 8-6　实际输出

参考文献　本书写作过程中参考的文献请扫描左侧二维码查看。